接受美学与象思维
接受美学的『中国化』

窦可阳／著

| 感 谢 |

本书获得教育部人文社会科学研究青年基金项目《接受美学"中国化"问题研究——以中国古代"象思维"为参照系》资助（12YJCZH033）。

目 录

序 ································· 张锡坤 1
序 ································· 李春青 7

绪 论 ··································· 1

上编 争鸣与和合

第一章 象思维通说 ························· 13
 一 本真之我:"概念"与"概念思维" ············ 14
 二 生生之象:"原象"与象思维 ················ 24
 三 整体直观:象思维之运思 ·················· 31
 四 同归殊途:象思维的包容性 ················ 41

第二章 接受美学初探本 ······················ 50
 一 接受美学:一个开放的理论体系 ············· 52
 二 期待—视野:接受美学的读者之维 ············ 61
 三 召唤—结构:接受美学的本文观 ·············· 69
 四 对话—交流:生命的交融与阐释的循环 ········ 77

第三章 接受美学与象思维 ···················· 85
 一 述要:接受美学"中国化"的历程 ············ 86
 二 反思:接受美学的"中国化" ··············· 116

三　自觉：象思维学理体系的形成 ………………………… 130
四　契合：接受美学与象思维 ……………………………… 138
五　融汇：中国接受批评体系之建构 ……………………… 146

下编　融会与生发

第四章　论《易传》对《易经》的接受 ………………………… 159
一　"易与天地准"：作为接受本文的《易经》 …………… 160
二　"生生之谓易"："意"层面上的经传接受 …………… 180
三　"尽意莫若象"："象"层面上的经传接受 …………… 197
四　"吉凶存乎辞"："言"层面上的经传接受 …………… 215

第五章　从《易传》到《文心雕龙》 …………………………… 230
一　自然之道：《文心雕龙》的美学来源 ………………… 231
二　象外之隐："隐秀"与易学 …………………………… 245
三　取类感通："物色"对《易传》的接受 ……………… 263

第六章　李白诗歌对《庄子》的接受 ………………………… 280
一　不言之言：作为接受本文的《庄子》 ………………… 281
二　定向与创新：李白对《庄子》的期待视野 …………… 293
三　雪泥鸿爪：李白诗歌对《庄子》的直接接受 ………… 304
四　历史之链：李白诗歌对《庄子》的间接接受 ………… 321

参考文献 …………………………………………………………… 327
后　记 ……………………………………………………………… 345

序

张锡坤

这本书付梓前，窦可阳博士向我索序，他跟我多年致力于中国古代美学、文论研究，以师生之谊，理当出力捧场，况又确实有些话要说，就应承下来。

不过，我为之写序，主要还是出于对该书的认可。它的底本是可阳的博士毕业论文，当初答辩时即深获好评，受邀的清华大学陈永国教授和南开大学的王立新教授，都力主评优，接下来是"校优"、"省优"，这一连串的"优"，全仗论文本身的实力，而无时下颇盛行的关系背景帮衬，自然是当之无愧的。本人忝为指导教师，面子上感到有光的不只是这一篇，可阳的几位师兄师妹的毕业论文，亦都因质量俱佳而获"优"。此处不妨列一下：姜勇的"宗白华的美学思想与现代新儒家"，宋阳的"伽达默尔诗思研究"，路静的"德里达解构主义阅读观研究"。还有张国杰的"海德格尔诗意之思的阐释"，只因一点瑕疵而与"优"失之交臂。仅就诸篇论文选题看，无一不是当今哲学美学研究的热点、难点。把宗白华美学思想与现代新儒家的关系作为专题探讨当属首次。另外几篇从论海德格尔现象学美学—伽达默尔阐释学美学—尧斯、伊泽尔接受美学—德里达解构主义，亦都是涉及西方后现代哲学美学最引人注目的论题。至于论文的内在功夫如何，在一一问世之前，尽可于网上一观究竟，这一点我还是充满自信的。

可阳的此番成书，除以毕业论文为底本外，还加入了几篇《文心雕龙》的研究成果，就这几篇，也称得上是别具匠心的力作，其眼光之独到，阐发之精湛，令人耳目一新，尤其是在"自然之道"等一系列关键问题上，取得了突破性进展。在此，我仅谈谈他的毕业论文。自接受美学引入并应用于中国文学研讨以来，应该说硕果累累，特别是朱立元、陈文忠、余元涛诸先生的著述格外令人瞩目，贡献颇多。但把接受美学与中国传统象思维联系起来加以比较，讨论"接受美学中国化"问题，这还是首例。作者认为，以往的研究比较常常着眼于具体的理论主张，实际上这些都是"末节"，是两种理论体系之用，只有从"本"那里发掘，梳理两者的契合点，接受美学这一有价值的理论才能非常舒适地在中国生根、发芽，成为中国学术之林的一棵参天大树。就是说，象思维是中华文化之根，关乎数千年的文化体统，接受美学是二十世纪西方现象学、阐释学思潮的延续，是对十九世纪以来大行其道的科学主义的一个反思，把主客合一的体验式思维方式提到了第一性的地位。二者分别触及东方和西方文化的根本问题，那么，从接受美学与象思维出发讨论"接受美学中国化"问题，就站在美学的高点上，这是与以往讨论接受美学中国化的最大不同，是"彻底的中国化"。

"彻底的中国化"，即接受美学与象思维的相通相契。要解决这个问题，首要的前提是充分理解和把握接受美学和象思维的精髓。这在他都做到了。关于中国传统思维方式的认定，几十年来每每被涉及，已不是新鲜的话题，只是直到王树人先生《回归原创思维》一书问世，才真正建构起完整系统的中国思维理论，其所定名的"象思维"，因切合中国思维以"象"为核心的根本特点，故能成为被学界一致认可的称谓，可惜王氏一书的行文散而碎，不够通透，难以把他所诠释的几大基本要素有机结合起来。窦可阳则把王氏的思想吃得很透，从中逐级梳理出四个层面：1. 本真之我："概念"与"概念思维"，2. 生生之象："原象"与象思维，3. 整体直观：象思维之运思，4. 同归殊途：象思维的包容性。由于结合广博的文献资料加以阐发，"象思维通说"一章，区区几万字出来，就把其内涵说得通通透透，清晰而明了，难怪此文深得成中英先生的偏爱。

至于对接受美学的理解和把握，更是得心应手，他的硕士论文就是这个论题。然而此次著文的重心却是寻找接受美学与象思维的契合点。这是接受美学中国化的必由之路,在这方面,作者看得很清楚,中国目前的研究范式,还处于概念思维范式的笼罩之下,以发端于五四时期的科学主义、客观主义为引导,这种"科学化"、"客观化"、"概念化"的思维范式与中国几千年的思维方式完全是两个路子。只有从这种西方传统思维方式的话语权中走出来,回归中国文化的终极依据——重象、重直观、讲体验的"象思维",才能圆融地吸纳接受美学的精髓,从哲学高度找出它们的契合点。于是,此文便以更广的接触面和更深的角度阐发它们的相同之处。如指出接受美学的渊源"在之中"与象思维视野下的"天人整体之象"颇为契合;接受美学是读者与文本整体性的内在对话—交流,文本与接受者在接受过程中形成一种"主客合一于意向性活动之中"的关系,而中国自古便有一个接受—阐释传统,以一种超越性的整体直观实现主体与客体的审美交融;接受美学认为作品与读者的互动所产生的"视野"融合是不断连续发生的,形成作者—作品—读者再到作者—作品—读者的循环。这动态之链的不断被接受,即意味接受美学连续不断阐释的创新性。这与象思维生生不已的"阐释循环"深有相得。象思维本身就是"象的滚动与转化",此以循环复归于原象之后又勃发新的生机,使得"创而生"、"生而创"的流动与转化终则有始地运行下去等等。正因为此,中国古代诸多经典文献总是保持强劲的生命力,为人代代传授,历久弥新。值得注意的是,诸多相通之论,不惟创意深巨,且运思缜密,引证宏阔,连贯中西,行文舒卷自如,得心应手,如此成熟老道的功力,乃当今众多青年学者所难为,足以令人称奇。在我看来,却是意料中事。他一向治学扎实,读书甚多,学识广博,加之有良好的理论素养,长于英文的优势,做起比较文论的课题,只要肯下功夫,所著自然不负众之所望。作者于形上深度开启了接受美学中国化的通道,在理论上有着突出的建树,而这种建树还表现在将其应用到具体的接受批评中。文中的"论《易传》对《易经》的接受"和"李白诗歌对《庄子》的接受",堪称具体应用的成功典范,或者说具有值得效法学习的样板效应。这并非言过其实的溢美之词,而是明摆着的事实。前者讨论复杂纠结的经传关系,是至今仍未从根本解开的公案。虽然易学界多人不大赞同"以经观经","以传观传"的"经传分观",但由于缺乏强有力的理论支撑,一直未向割裂经传关系的谬误发起正面挑战,于是乎"经传分观"几成百年来的指导原则。而该文受接受美学的启示,旗帜鲜明地提出贯通经传的"合一"主张,认为易学从经到传的发展,是一个阐释性创造的过程,要想真正把握易学经典"经"和"传"的关系,就必须对二者进行整合性的处置和理解,走出"经传分观"的误区。可贵的是,文中对此一公案的了解,有"四两拨千斤"之妙,它采取迂回策略,自始就没有陷入与"经传分观"的杯葛,只是仅仅从作为《易经》三大核心因素的"言、象、意"入手,在《易传》的由"意"到"象"、再由"象"到"言"的接受上大做文章,以这种"阐释的循环",无可辩驳地确立起"经传合一"的合理性实质。这无疑是接受美学中国化给易学研究带来的重要突破。

与经传接受相比,李白对《庄子》的接受是另一种情况。接受与被接受者相隔千年,接受关系复杂,鉴于此,该文采取不同的研究模式,而没有机械地恪守唯一的研究模式,"一把钥匙开一把锁"。文中把接受美学强调的整体性、流动性观念与李白的接受实践有机结合起来,重点分析了李白的期待视野和对《庄子》的直接接受和间接接受。这些分析就李白的复杂接受关系,结合他的人生经历和诗作,广征博引,精心研讨,其视野的开阔和阐发的精湛,都是前所未有的,显示了丰沛的文学素养和坚实的理论功底。依我看,在对李白的接受研究上,这是迄今最有分量的力作。

接下来我想就"接受美学中国化"的启示意义,谈谈自己的管见。在这方面,以往谈论最多的是文学历史的追寻和文学史的重建。除此,我想再谈两点。

1. 对当代文艺理论原创性体系建构的启示

有人说,你是不是要否定通行的"文学概论"体系?可以这样认为,这种想法由来已久,文学概论的研究对象是文学艺术,不同于其他学科的概念式研究,应以体验式研究为主。待接触到西方接受美学和阅过王树人先生的《回归原创之思》一书后,这种想法更加坚定了,于是写了"中国当代文艺理论原创性体系建设的初步构建"(见《吉林大学学报》2012年

第1期)。开篇即讲现行"文学概论"本本大同小异,在体例上舞步因循西方主客二元的概念思维,非"原创性"可言。那么什么样的体系才是原创的呢?我以为其立足点当建立在中国古代文论与西方接受美学契合的基础上。这样的体系虽尚未见诸著述,但朱良志先生提出的"审美意象构架"不失为就此展开思考的先导。该构架以象思维之"象"为艺术论的基元,将文学发生的整体流程分为四象:"自然之象"、"意中之象"、"艺术之象"和"象外之象"。又将这一流程用三个生命美学命题贯穿:"观物以取象"、"立象以观意"、"境生于象外"。三个命题本是在文献中分别提出,未形成直接联系,而运用接受美学则是把它们有机地结合在一起,并将"观物以取象"归结为"创作论",将"立象以观意"归结为"本体论",将"象外之象"归结为"接受论",构成一个既符合现代学术要求又不失中国古代文论精神的动态系统。而这一系统又涵盖作者—作品—读者的动态循环,从中不难看出,此构架建立在中国古代文论与接受美学契合的基础上。当然,朱氏的构架仅相当于对原创性体系起支撑作用的骨骼,还有待于完善整体生命的建构,为此,我在行文中对这一构建的哲学美学基础作了论证,并尝试分别对构架的"创作论"、"本体论"、"接受论"的细微内涵加以阐发,恕不赘述。

2. 对重建中国古代文学批评的启示

所谓"重建",即以"大文论"取代"小文论"(借用党圣元先生的提法)。"大文论"指中国古代文论的原生态,本是文史哲合一的。"小文论"指上世纪初由陈钟凡、罗根泽、郭绍虞等开创的纯化文学理论的研究范式,即把具有明显文学理论批评遗憾的话语,从整体文本中析离出来。二者区别的底线反映了象思维与概念思维的对峙。"小文论"对传统文论的剥离和切割,明显受到西方概念思维的影响,其结果使论域平面狭窄,遮蔽了文学以外的其他指向功能,以致改换语境,造成整体性的失落与意义感的残断。如郭绍虞等人《中国文学批评史》的撰写,以预先接受了西方"纯文学"和达尔文"进化论"的先入之见,来筛选中国传统文学理论的材料并归纳其发展趋势,恰好严重违背了中国文论发展的"大"的实际。这种削足适履的研究范式不仅会影响到今人对古代文论的理解和评价，也阻断了它与"大文"母体的联系，因此很难完成现代转化，并应对现代西方文论的挑战。如今，这一研究范式在民族文化复兴引领下的中国文论体系构建中，面对西方后现代思潮及海外文学研究成果带来的启示，愈益暴露出缺乏大理论视野和全方位把握历史文化的弊端。因此以"大文论"取代褊狭的"小文论"，可以说势在必行。

  称"大文论"为"文史哲合一"，只是粗略的说法。要真正把握和理解它，需回归到春秋战国的轴心时代。因为"大文论"的基本格局就奠基于这一时期，从此对整个中国文论史产生了深刻的塑造作用。考虑到这一点，姜勇和我合作撰写了"中国古代文论与轴心时代"（《吉林大学学报》2013年第5期）。全文分四个层面，揭示轴心时代"大文论"范式的初创，中国文史哲合一的传统当由此发端，回归这一传统，重建中国文学批评史，亦当由此立足。所说的四个层面是这样：1."文"的渊源与"大文"格局的建立，重点讲轴心时代的"大文"不仅仍然保持先前的固有格局，而且参与了哲学本体化建构；2."道"、"虚气"、"兴感"与文学批评，阐释此一时期为文论提供了直接而又内涵丰富的批评大范畴；3.诠释学精神和范式的建成，讲轴心时代开创了文本诠释传统；4.走向成熟形态的"象思维"，具体论说最终定型的象思维的基本特征。中国轴心时代"大文论"的格局及其内在潜力，可供发掘之处尚不止本文所及。唯愿投石问路，引起学界对"返本"的重视，以为真正地"开新"创造充分条件。

  序写到此处，感到特别欣慰，因为以上两点"启示"，就是由他当初的毕业论文引发的。此论文的成功，也预示了他的前景，以他的资质，深信今后会有一本接一本的新著问世，续写成功！

二零一四年五月二十八日于长春吉林大学南校寓所

序

李春青

写序的方式有多种：叙往事的、论私谊的、赞歌式的、商榷式的，不一而足。我这篇序有些不同，打算写一写从拜读窦可阳博士的这部大著而想到的，可称为"读后感式"。既然是"读后感"，自然是零零碎碎，不成系统的。可阳的著作着重论述了"象思维"，旨在辨析中西方思维方式的差异，这无疑是一项艰巨的任务，常常是费力不讨好的。本人的读后感也只好围绕这一难题谈些片段的感想。

或许可以说，中西方文化的差异在根本上乃基于思维方式的不同。关于中国思维方式的特点论之久矣！命名者众多，诸如关联性思维、类比思维、无类思维、具象思维、意象思维、圆形思维、象思维，等等。关于西方的思维方式的说法也不在少，有逻辑思维、概念思维、概念形而上学、逻各斯中心主义、主客体二分模式、对象化思维，等等。大体言之，这种种命名确实都从某一个角度揭示出了中西思维方式的差异所在。

抽象是人的一种能力。德国学者沃林格曾指出，抽象乃是基于人对大千世界的恐惧。为了摆脱这一恐惧，人们把世界抽象化、概念化，从而在观念上把握了世界。无论以怎样的方式把握世界，对人来说都是一种满足，因为任何一种把握世界的方式都确证着人的本质力量。马克思曾把人类把握世界的方式概括为四种：整体的、宗教的、艺术的、实践—精神的。将世界万物概念化也就是"整体地"或者理论地把握世界。这一概念化过程也就是去感性、个别性的过程，也就是去生命特殊性的过程。于是，人的活生生的感觉、人的活泼泼的生命被概念世界所取代。鲜活无比、瞬息万变、波诡云谲、生机勃勃的大千世界变成了"单一、静止、非生成"的概念世界。世界的具体性被概念的抽象性所置换了。这也许就是怀特海所批评的"具体性误置"吧！

抽象是人们认识世界必不可少的方式。特别是当人们向外在世界追寻、探讨时就更是如此。可以说，概念化的思维方式既是指向客观知识论的，也是指向自然科学的。在追问客观世界的奥秘方面，西方推崇的这种思维方式是合理的，有效的；然而，人类的追问绝不仅仅是指向外部世界的，更是指向人自身的。自我意识始终是人区别于动物的主要标志之一。人文学科的主要任务是向内追问，探讨人性价值，人生意义，人的奥秘。在这方面，那种概念化的思维方式显然就不那么有效了，而且常常是有害的。内省、想象和体验在这里可能更具有重要性。应该说，在这方面中国传统思维方式是有优势的。

中国古代哲人，无论是儒家还是道家，在运思方式上有着深刻的一致性，都是植根于中国古代学人必须应对的社会历史需求以及由此而产生的对世界，特别是对人与世界的关系的基本考量。其与有着"逻各斯中心主义"特点的西方传统学术的运思方式的确大相径庭。在中国古代学术话语中，"体"，也包括"体道"、"体物"、"体认"等语词，可以说最为集中地呈现着中国古人的这种运思方式的总体特征。这种特征的核心之点是在"物""我"浑融中呈现"物"之价值与特性，或者说是通过将"我"置于"物"的境况中来凸现"物"与"我"的某种关联性、相通性。这显然是一种非对象化的思维方式。

在中国古人心目中"道"的内涵无疑是大相径庭的，其所寄予的价值指向甚至是相悖的。但是这并不妨碍他们所言之"体"，即接近"道"，或者获得"道"的方式是相通或相近的。在他们看来，"道"不是可以靠感官来认知的固定之物，而是一种变幻不定、生生不息的状态，人作为主体不能在一定距离之外审视它，而只能通过自身的自我调整而进入它或者成为它，也就是将自己的身心提升到这个状态之中，这样才能够把握到它。在人与"道"之间不能建立对象性的认知关系，而只能建立一种契合与包裹的关系。因此这个"把握"也不是人对于外在于自己的存在物的了解，而是使自己进入对象之中，彼此达成浑然一体的契合。"体"正是这样一种拒绝对象化认知而进入对象并与之契合为一的有效方式，其核心是将自己的精神状态提升到一定高度并按照其所指的方向去行动。这个"体"便是后世"知行合一"思想的渊源，其本质上不是要知道什么，而是要成为什么。在这一点上，无论是儒家还是道家抑或是后来的佛释，都是一样的。因此我们可以把"体道"视为中国古代哲学所倡导的最基本的运思方式。这种运思方式贯穿于古人的包括关于诗文之言说的全部学术话语建构之中。然而中国古人心目中的"道"并不像西方哲学传统中的"理念"、"绝对精神"之类的本体论范畴是指实存之物，即所谓"实体"，而是与天地万物浑然一体的，故而"体道"就不可能是纯粹的逻辑推演或形而上玄思，作为一种运思方式，"体道"不可完全脱离开"物"，于是便自然而有"格物"与"体物"之说，而其核心之点便是"体认"。

"体认"的基本方式是设身处地地去揣摩、感受、理解。是"置心在物中究见其理"或"是将自家这身入那事物里面去体认"。用现代哲学术语来说就是："体认"是非对象化的思维方式，也就是不把被体认者视为外在于体认者的自在之物，而是看作与自己有着密切关联性的东西，甚至就是自己的一部分。例如上述儒者谈对"仁"的体认，不是客观上有一个"仁"在那里，只需去弄明白其含义即可，也不是要弄清楚其字面意思，而是要自己去揣摩、感受这个"仁"的意蕴，最终达到理解。"体认"的功能是"构成性"的，即建构一种精神状态，使那些抽象的道理内在化、心灵化，成为一种活泼泼的当下体验。由于"体认"之所得不是客观知识而是心灵世界的改造，因此是难于用语言表达出来的，这里需要的是"默识心通"。通过"体认"，中国古人走向丰富多彩的精神世界而远离了客观的自然存在与奥秘。这也许正是中国古代学问重视"自得"的原因。

在儒家典籍中，"自得"最早见于《孟子》和《中庸》。《孟子》云："君子深造之以道，欲其自得之也。自得之，则居之安。居之安，则资之深。资之深，则取之左右逢其原。故君子欲其自得之也。"《中庸》云："素富贵，行乎富贵；素贫贱，行乎贫贱；素夷狄，行乎夷狄；素患难，行乎患难：君子无入耳不自得焉。"据宋儒注释，所谓"自得"就是"反求诸己",就是"反身而诚,乐莫大焉"。就是"发明本心",其前提则是"万物皆备于我"与"浑然与物同体"。用现代汉语来表述,"自得"就是从自己心中生发出来,就是发掘自身的潜能或可能性。从"自得"的角度看,所谓"体认"就是借助于某种外物或他人言说自觉到自己本自具足的心性潜能,使之展现出来,成为心灵之主宰,从而完成人格的提升或精神空间的拓展。

  以上是阅读可阳博士的著作所想到的。可阳在王树人教授《回归原创之思》一书的基础上对"象思维"的特点进行了深入阐发,对中西思维方式的差异进行了进一步辨析,是很能给人以启发的。可阳博士对西方接受美学有深入而系统的研究,而且力求运用接受美学的一般原理和方法探讨中国文化史上的具体问题,诸如《易传》对《易经》的接受、李白对《庄子》的接受等,都是很有独到见解。唯独对于"象思维"和"接受美学"之间的关联,恕在下愚钝,对其中之深意尚缺乏领会,这里只好置而不论了。

  可阳博士早年就读于北京师范大学中文系,曾选修过我的课。后来到吉林大学文学院攻读硕士、博士学位,并留校任教,近年又曾在加拿大阿尔伯塔大学访学。去年以来回母校做博士后,请我为合作导师,接触日多,相知渐深。其人博学多闻、好学勤思,富有积极探讨学术问题的兴趣与能力。其身体虽难称强健,却是精力充沛,敢于承担重任,于学术一途,辛勤耕耘,昂然前行,毫无倦怠之感。可阳如此热衷于学术,假以时日,必有大成。

二零一四年六月八日于北师大京师园

绪 论

"象思维"的提法最先为王树人等先生推出，此后他又在《回归原创之思》一书中针对西方概念思维而对中国传统思维方式作了一个总结。然而，中西方思维方式的差异并不是一个新问题，早在中西文化激烈碰撞的民国时期，梁漱溟、熊十力、宗白华等学者便已经指出了东西方哲学的根本差异。但是，自五四运动以来，西方的概念化思维方式，连同体系严密、应者云集的科学主义一起，逐渐浸染了中国思想界，在科学主义的进迫中，中国传统思维方式不断处于被反思、被批判的状态。在二十世纪九十年代初出版的《中国思维偏向》一书中，国内思想界诸多重量级学者们能够从中国传统思维方式的立场出发来总结中国文化传统，却依然取一种批判的态度；而且，对于中国传统思维方式，他们所下的定义以及优劣评判都不甚一致。更为重要的是，国内学界对传统思维方式的总结主要还处在形态总结上面，对它的哲学核心以及在具体文学现象的应用方面，都还没有深入挖掘。因此，王树人先生在上世纪末提出的"象思维"理论，正可以弥补这一不足，一方面，以最具中国思维特色的"象"为核心，系统地建构中国思维理论体系；另一方面，重新审视中国象思维的"体验"式的思维方式，并对以往的科学主义倾向作一个反思。

与之相应，"接受美学中国化"问题正可与"象思维"问题互为表里，递相呼应。接受美学虽然产生于西方哲学话语背景，却与"象思维"问题有诸多相通之处。接受美学理论强调文学活动中读者之维的能动作用，此点与中国那种体验式的思维方式颇有契合；接受理论的微观接受研究，那种本文与读者的互动作用，也对应着中国"象思维"的整体思维特性；当然，最主要的是，接受理论延续了二十世纪西方现象学、阐释学的思潮，从哲学层面上讲，它是对十九世纪以来大行其道的科学主义的一个反思，在这种理论的统照下，主客合一的体验式思维方式被提到了第一性的地位。与"象思维"研究类似，"接受美学"研究也是一个开放的理论系统，对两者的研究，分别触及了东方和西方文化的根本性问题，前者关乎整个中华民族的文化传统，以及两千多年来的哲学、文学积淀；后者处于西方文化思潮的风口浪尖，既是西方哲学话语环境的一面镜子，也是西方哲学本体论、认识论和文学批评理论的一次认真的反思。因此，接受美学与象思维的比较研究，应该能够以较大的接触面和较深的阐发角度，从"接受美学中国化"这个具体问题出发，分别从宏观和微观的层面上认真地总结中西文化的异同。

接受美学从二十世纪八十年代早期译介到中国来之后，大约经历了三个发展阶段：第一个阶段为译介阶段，张黎、张隆溪、章国锋等学者分别发表了简短的理论介绍，而紧随其后的，便是周宁、金元浦、朱立元、刘小枫、张廷琛等学者对接受美学原著译作的出版。此一阶段伴随着八十年代西方文论的流行热潮，主要关注对原著的普泛译介，至于深入的理论探讨，则是在九十年代初第二个阶段开始的。朱立元、金元浦、王岳川、金惠敏、张廷琛等学者纷纷深度发掘接受理论的哲学体系和话语背景，同时，相当一批同接受美学深有渊源的哲学著作连同传记等等纷纷出版。但此一时期，接受美学的热潮已经褪去，很多学者十年磨一剑，忍受着"西风凋碧树"的冷清，终于在二十世纪末结出累累硕果，朱立元的《接受美学导论》、金元浦的《接受反应文论》、陈文忠的《中国古典诗歌接受史研究》、尚学锋、过常宝、郭英德等先生的《中国古典文学接受史》纷纷出炉，它们不但从一个更为宏观的视角重新审视了接受美学的理论土壤、哲学体系、方法原则，更为重要的是，各位学者都能够自觉地将接受美学同中国传统批评理论相结合，纷纷提出了自己的创见。这一阶段的理论成果自然刺激了第三阶段的爆发。据陈文忠先生统计，千禧年之前，国内对接受美学的研究论文总数将近百篇，而进入二十一世纪之后，几乎每一年都有过百、甚而两百篇以上的接受美学相关论文发表。与接受理论直接相关的论著在此阶段也大量出现。这些研究成果已经远远不限于理论的介绍，而是自觉地将接受理论应用于具体的文学问题和哲学理论问题，尤其是中国古代文学研究，比如李商隐接受研究、陶渊明接受研究、辛弃疾接受研究、李白接受研究等等，都在一些中青年学者的带动下，成为新的兴奋点。还有一个值得关注的现象是，进入二十一世纪以来，接受美学的方法论应用几乎涵括了文学研究所有领域，包括文论建设、比较文学研究、古代文学研究、现当代文学研究、翻译文学研究，乃至与之交叉的文学心理学研究、戏剧研究、传媒研究、图书编辑和中小学阅读研究、民族文学研究，甚至艺术研究、政治理论研究等等都沾溉了接受美学方法理论的影响。

综观二十多年的接受美学在中国的筚路蓝缕到枝繁叶茂，我们可以发现，国内学界对接受理论的认识越来越客观和深入，接受美学方法论的实践也越来越广泛。然而，我们也发现，国内的接受美学研究还存在一些进一步解释的空间。比如接受美学理论的中国化进程中，学界的主要注意力仍然在理论形式的探讨，对于接受美学的哲学内涵及其与中国传统文化的契合研究，还有很大的阐释空间；在接受美学理论的应用上，则存在两个明显倾向，一个倾向是套用接受美学的概念体系和理论形式，采用了外科手术似的表层研究方法，而未能从哲学高度自如地运用接受原则；另一个倾向则只是蜻蜓点水地摭取了接受美学的若干说法，在研究形态和研究对象上，几乎是新瓶装旧酒，所谓的"接受研究"很接近于变相的文献学研究或者文学史研究。这其中还伴随着对中国传统思维方式的忽视和种种不理解。因此，我们有必要对那种"入乎其内而未曾出乎其外"的理论研究，以及"仅及腠理而未至膏肓"的理论实践作一个全面的反思，以图重新审视"接受美学中国化"的问题。

所谓"接受美学中国化"，既不能生搬硬套，也不应走马观花。一个是舶自西方的美学理论，一个是原汁原味的中国文化，两者只有"深度契合",才能真正实现接受美学的中国化。要想实现深层的契合,就应该先理解两个理论体系的精髓。从接受美学的角度来讲,它首先表现为对二十世纪上半叶文学研究领域那种偏于作者或者偏于作品(主要针对后者)的倾向之反拨,它唤醒人们重新重视文学活动中久已为人们所忽视的读者的一极,并将他们推到了决定性的、极富本体意义的地位。更进一步说,接受美学认为,接受活动中存在着"两极",即"作品一极"和"读者一极",两极之间在接受活动中互相交流、互相影响,进而互相渗透、互相生成,通过这种对话一般的交流活动,作品本身所蕴含的视野与读者本身的主体视野完成了一次融合,而这种呈现在读者意识中的新的视野正可以看作作品之生命的延续。在这个过程中,读者不再是"失语"者,因为他参与了作品意义的生成,以其独特的"偏见"融入了作品的生命之中。这种讲求交流、互动的接受理念显然要比以往的传统文学观更关注文学活动的整体性,因为读者的介入终于补足了读者—作品—作者的整体图式。这便是接受美学的理论精髓。如果我们由此上溯,就能够发现,接受美学这种"革命性"的发现实际上是十九世纪以来西方美学界一种主体性思潮的延续,而这种思潮又表现为对那种在当时的西方文化领域中大行其道的概念思维认识的一种反拨,其中又以出现在二十世纪的哲学现象学和哲学解释学最为深刻,两者对接受美学的影响也最为直接。不管现象学和解释学在具体的逻辑推演中存在着多么大的分歧,他们都对传统的认识论发起了冲击,在这个过程中,对生命之存在的体验成为了彀中之义,而古典哲学中那种外在的、客观的、"科学的"视角已经不能很好地解释以上这种思潮中所翻涌出来的各种问题,因为,西方传统的概念思维,在本质上是不关心人的生命的。

因此,在接受美学"中国化"的过程中,只有溯其源头,询其本旨,最终会聚到生命美学的深度上,也才能完全地接受和吸收"接受美学"的理论,才能反过来把这种理论的尺度应用到具体的文学批评中来。因此,在以往的接受美学研究中,常有学者举出中国传统文论中的各种理论,或者仅是一个提法,将之与接受美学对照、比较,找到相同点相似点,便就此探讨"中国的"接受美学。实际上，这种面上的联系并没有真正地深入，因为它既没有把接受美学的真正精髓挖出来，也没有把中国古代文论背后的那个"终极依据"找出来。可是，经过一番深入的比较，我们却可以发现，接受美学所由产生的那种思潮，与中国传统的象思维在生命美学的深度上竟然能够找到很多真正的契合点。只有这种深层次的契合才会成为接受美学在中国落地生根、为学界普遍接受和使用的根本依据。对此问题的探讨，详见本文的上编：《争鸣与和合》。

除了理论的探讨，本文也选取了三个典型的接受现象作为具体的研究对象。在此我们应该强调的是，虽然我们力图寻找接受美学与中国传统文化的深层契合点，但是在具体的批评现象中，我们并不主张那种唯一的批评模式。《周易·系辞传》曰："天下同归而殊涂，一致而百虑。"这便是说，天下道术本来就是同归于一个本旨，而在这个本旨之下，各种学说、各种法门，都笼罩在道的统驭之内，因此，这是一个包容万有的统一整体。所以，本文在不同的接受现象中，采取了不同的研究模式。

《周易》的经传关系问题是一个历久而常新的问题，虽然两千年来聚讼纷纭，但是，直到现在，很多学者囿于科学实证论，还是难以接受以"经传合一"为核心的整体易学的诸多观点。本文受到接受理论的启发，力图重新审视这个问题。首先，对作为接受本文的《易经》的存在方式作了探讨。在此，英加登的本文层次理论与王弼提出的"得意忘言"理论找到了契合点。虽然两者的出发点不同，但是两种理论对于接受本文的存在方式都提供了完整的理论构架。以《易经》为例，它在历史的长河中流传了两千多年，其存在方式决不仅限于实在的文字和符号。在每一次接受现象中，研易者在接触到《易经》的文字之后，必然会在意识中构筑一系列"易象"，这些易象是由接受者对每一个卦爻象和相对应的卦爻辞的体验共同构成的。经由这些易象，接受者总能够对《周易》产生一个整体性的体验，它通联于生生之道，至大无外，至小无内，是中国古代生命美学的终极本旨所在。这就是作为接受本文的《周易》的"言、象、意"的多层次存在。其次，接受者对《易经》本文的接受,必然是由"意"到"象",再由"象"到"言"。如果说"言、象、意"的本文层次是接受本文在接受者意识中次第呈现的方式的话,接受者在形成了对本文的整体体验之后并不能说明接受活动已经完成。接受者只有在把自己的体验落实于实实在在的文字之后,接受活动才能完成,这也便与曾经让西方哲学家头痛不已的"阐释的循环"找到了契合点。接受者对于接受本文的体验已经融入了他的主观因素;在他的进一步创作中,他又以自己的认识和体验构筑了一系列整体之象,再以具体的语言和符号把这些象、数描绘出来,表达出来。从接受本文的文字——"言",再到接受者所创作出来的实实在在的"言",既是一个阐释的过程,也构成了一个循环。然而,这种循环并不是同义的反复,而是融入了接受者主观"偏见"的视野融合。最后,接受者所创作的文字并不意味着整个接受现象的完结。他留下的文字必然被后来者代代接受,不断推进着这个阐释的循环。在此意义上来说,《周易》的历史存在并不在于本文问世的那一刻,而在于接受本文在整个历史进程中被接受者不断阐释、与接受者不断地交流和对话的"接受之链"。

《易传》以整齐有序而又变动不拘的卦爻体例展现了它对于生命的体验,而这种生命体验正是《文心雕龙》"自然之道"的美学来源。考以往各家对刘勰"原道"的阐析,实际上可以归结为"生成论"与"本体论"两种认识,具体表现为对"自然之道"之学派归属的论争。然而,刘勰所原之"道"并不是简单地杂糅众家或者偏于一家,进一步说,刘勰的"自然之道"超越了各家学派,是一个文化意义上的自然观。它反映出魏晋六朝时代那种调和精神,又因为文学理论自身所具有的阐释上的巨大优势,使得刘勰的"自然之道"说成为一个承前启后的典范,为后人所津津乐道。此外,《易传》对儒道各学派的包容性也与刘勰的《文心雕龙》颇有契合。"隐秀"说之提出,使得"隐"正式成为了一个美学范畴,进入了中国文学研究的视野。不过以往对于"隐秀"说与《周易》的关系,一般都举"化成四象"为据,并没有深入到"隐秀说"的精神实质。此中有三个方面的原因,首先便是《隐秀》篇"补文"真伪的问题;其次,在

《隐秀》篇"残文"中，刘勰对"隐"与"秀"作了解说，参以全书其他篇章的说明，则"隐秀"的概念、内涵和审美效应并不难以判定，学界对此实际也没有太大分歧；最后，《隐秀》中所见的"互体"、"变爻"、"四象"等说都是《周易》"用象"的方法。而这种曲折隐蔚而又秘响旁通的易学范式又可以为"隐秀"那种象外之美作最权威最直观的注脚。考虑到《周易》对于《文心雕龙》全书的巨大影响，学界一般都承认刘勰的"隐秀"论必然以《周易》为论述的依据和起点，对此本无疑义。但是，细论起来，这三个问题却都指向了一个最核心的问题，也便是对《隐秀》文本的超越性阐释的问题。比如，《隐秀》篇补文的真伪，虽然涉及一种"客观真实"的问题，但我们在研习《文心雕龙》的时候，却应该超越那些机械的、客观的文字，而关注那些超越了形而下的文字的刘勰的本然体验。对这一点来说，补文所体现的文学思想，确实是与"残文"以及整部《文心雕龙》一致的；而对于《隐秀》篇与《周易》的关系，我们认为，《易传》那种超越性的思维范式才是"象外之隐"的本源，也就是说，中国意境美学的发轫，与《易传》息息相关。这是因为，刘勰援易以为说，以"互体变爻而化成四象"来比方"隐之为体"，其深层意蕴正在于易学中那种"象思维"的思维范式是"隐秀"这种美学范畴的终极依据，而第一次由刘勰所标举出来的"隐秀"，又可看作"象思维"的最生动的诠释。与之相应，刘勰的"物感说"也系统梳理了主体与客体、心与物那种相反相成、物我契合的关系，提出了"取类感通"的美学模态。这也可以说是意境美学的另一个理论来源，而其发轫亦在于《易传》的象数建构。从《原道》中的"自然之道"出发，到《隐秀》的"意中之象"，再到《物色》的"心物感应"，最后又回到了"自然之道"的原点上来。不过，在这个过程中，我们已经清晰地看到了刘勰《文心雕龙》对《易传》的深刻把握。他的《文心雕龙》确实是一部论说文学理论的著作，但他必然是从他那深沉的生命体验出发，进而铺演全书的。而这种生命体验，又必然受到《易传》所描述的那种象数体系的深刻影响，乃至于，全书五十篇之数，乃至整整部书的框架，都暗合《易传》所说的

"大衍之数"。这样说来，刘勰的《文心雕龙》又可看做是对《易传》的又一次阐释。这正是"百龄影徂，千载心在"（《征圣》）。不过，这个循环并不会在刘勰这里终止，《易传》的生命美学还会通过彦和的后学，从《文心雕龙》的字里行间去体验那种"天地之心"，让这个接受的链条循环下去，生生不已，周流不息。

《庄子》和李白作为中国诗学研究的两个典型现象，其接受研究意义非常。两者跨越了千年的时光，却有着鲜明的承乘接受关系。在以往古代文学的"学习与继承"研究中，找到两者诗文中在用典、用韵、句法结构乃至生活经历等等各方面的相同点和相近之处，进而证明两者之间存在学习和继承的关系。但是，在文学接受这个整体性、动态性的现象中，任何一位诗人、一位散文家都处在中国诗学的接受之链当中，当我们找到李白与陶渊明诗句中共同出现的意象的时候，我们如何能够排除那些影响陶诗的因素？又如何能确定李白能够跨越三百年的时光，只是"学习"了陶诗而对陶渊明与李白之间那些同样影响李白诗歌创作的文学现象熟视无睹呢？因此，本文除了解析了作为接受本文的《庄子》之后，重点分析了李白的期待视野、李白对《庄子》的直接接受和间接接受。在李白诗歌接受现象中，李白的期待视野是不容跳过的一个大问题。只有理清了李白作为接受主体的视野构成，我们才能够更好地再现李白对前人的接受。不过，我们也应当承认，李白的期待视野总是处在变化中，在不同的环境中，他的视野也会有很大不同。因此，他的期待视野并不能成为一个静态不变、孤立地起着决定性作用的因素。只有在接受现象中，李白的期待视野才能真正地发挥作用，与接受本文的视野形成融合，最后物化为一篇又一篇的诗作。至于李白对《庄子》的接受，也分为直接接受和间接接受两种。直接接受指那些具有明显联系的语言上的化用、借用、典型意象的再现和《庄子》哲学精神的直接体现。这种直接接受具有整体性、流动性和直观性的特点；间接接受则指那些经由《庄子》本文之接受者的影响而实现的接受现象。这种接受体现在范围更加广阔的李白诗作中，它是中国文学整体性的接受之链中一个特定的文学现象。

总的说来，接受美学的理论体系之所以能够与中国传统文论相契合，首先就在于它与中国文化传统中的生命精神有着本质上的契合。在具体的批评实践中，中国传统文论在象思维的笼罩下，那种重象、重直观、讲体验的动态整体的体验模式正可以成为接受研究的一种成功范型，很好地诠释中国文学接受史上一个个典型的接受现象。

上编　争鸣与和合

第一章　象思维通说

自先秦以来，中国便有一个重象、重直观、讲体验的思维传统。作为一种始原性思维，它在先秦时期便已经成熟、定型，此后就一直自在自为地伴随着中国文化进程的始终，两千多年来，它不断吸纳、融合外来文化的影响，成为了古代中国最具统治力、极富生命力的文化现象。这种思维传统并不重视概念化的反思，也不讲求逻辑推演，因此，从先秦诸子到魏晋玄学，从中古禅宗到宋明理学，都对这种直观性的思维传统极深而研几，却又都是以直观性的描述来形容它，以诗化的语言来构筑它，而不是以清晰的归纳演绎来规定它，以精确的概念分析来确定它。于是，这种思维传统绵延既久，生生不息，总是以"显诸仁，藏诸用，百姓日用而不知"的形态存在着。在近代，中国传统的思维方式受到了西方文化的猛烈冲击，中国的知识界在逐渐接受西化影响的同时，也经历了教育的基本西化。在此情况下，中国本有的重象、重直观的思维方式因为难以为西方那种以概念为中心、以逻辑推演为理论形式的思维方式所容纳而为中国的知识界所生疏，甚至贬低、排斥，如王树人先生在他的近著《回归原创之思》一书中所说："值得反思的是，自近代特别是上世纪五四运动以来，由于西方话语通过教育、科学、思想、文化在中国取得强势地位后，对于中国传统思想文化的研究，就一直处于在概念思维方式下的切割状态……这种经过概念思维洗礼的中国文化，多半是冲淡了甚或失去了原味的中国文化。"①

---

① 王树人：《回归原创之思·导言》，南京：江苏人民出版社2005年版，第2页。

对于中国思维传统与西方思维方式的差异，中国学界是早有认识的。自近代以来，中外学者见仁见智，纷纷提出了自己的看法。但是，很多学者都是以西方概念化的思维理论为参照来审视中国的思维传统的，他们总是力图把中国的思维本体——"道"作为一个概念来分析、归纳，希望从各方面对之进行规定和阐述，却总是发现这个"道"是无法用概念规定清楚的。针对这种困境，王树人先生提出了"象思维"的说法，尝试着在学理上摆脱概念思维的束缚，以唤起中国思想文化界对于象思维的关注，并试图在于西方理性的、逻辑的概念思维比较中提供一个几乎被忘记的原创思维视角。

一 本真之我："概念"与"概念思维"

概念思维作为主客二元的对象化思维方式，不可能使人回归"本真之我"。例如提出：我是谁？那么这个问题的提出，已经把我对象化。如果再对这个作为对象的我加以规定，那么这种规定则是把我进一步对象化，也就是离开"本真之我"越来越远。只有"象思维"，由于能超越主客二元这种对象化思维方式，才能使人回归"本真之我"，从而能体悟"生命之本真"。"本真之我"的"生命"，就在于这个"我"和"我的生命"，都不是如西方形而上学所设定的那种"实体"，或者说，都不是现成的、对象化的、静止固定的东西。相反，这个"我"及其"生命"，乃是非现成的、非对象化的，并且处于"生生不已"的"创生"动态之中。①

王树人先生在《回归原创之思》一书的第一页，便提纲挈领地提出了概念思维与"象思维"的根本差异：概念思维是不可能使人回归"本真之我"的。那么，何为"本真之我"呢？

---

① 王树人：《回归原创之思·导言》，第1页。

这个问题，在哲学发展的最初阶段就被提出来了。我们甚至可以说，哲学的追寻历程，本来就是一个探寻"本真之我"的过程。德国哲学家恩斯特·卡西尔（Ernst Cassirer）在《人论》（An Essay on Man）开篇处说道："认识自我乃是哲学探究的最高目标——这看来是众所公认的。在各种不同哲学流派之间的一切争论中，这个目标始终未被改变和动摇过，它已被证明是阿基米德点，是一切思潮的牢固而不可动摇的中心。即使连最极端的怀疑论思想家也从不否认认识自我的可能性和必要性。"①

对于西方哲学而言，哲学的基本问题首先表现为思维与存在的关系问题。在西方文明的"轴心时代"——古希腊时期，这一问题便隐含在哲学家们对宇宙本原的思考之中。早期的"自然哲学家"以古希腊神学为依托，最先展开了对他们所处的世界的终极存在的探讨。然而，"在对宇宙的最早的神话学解释中，我们总是可以发现一个原始的人类学与一个原始的宇宙学比肩而立：世界的起源问题与人的起源问题难分难解地交织在一起。"在恩斯特·卡西尔看来，从"认识你自己"到赫拉克利特的"我已经找寻过我自己"，人的问题"在某种意义上说是内在于早期希腊哲学之中的，但直到苏格拉底时代才臻于成熟"。在苏格拉底的哲学世界中，"人被宣称为应当是不断探究他自身的存在物——一个在他生存的每时每刻都必须查问和审视他的生存状况的存在物。"② 因此，对外部世界的外向探求，必然会导向思考者的内省，对认识客体的追问终将指向对认识主体的反思。这样，客体化的"存在"和主体化的"思维"问题在西方文明的发轫阶段就得到了认真的总结和思考，尽管这种总结和思考还带有朴素的思维特征。这种思考模式早在苏格拉底之前的巴门尼德那里就已经初具模型了。

巴门尼德（Parmenides）哲学是古希腊哲学史的重大转折："真正的哲

---

① 〔德〕恩斯特·卡西尔：《人论》，甘阳译，上海：上海译文出版社2004年版，第3页。
② 〔德〕恩斯特·卡西尔：《人论》，第6—8页。

学思想从巴门尼德起始了，在这里面可以看见哲学被提高到思想的领域。"① 这是因为，在巴门尼德对"存在"的追问过程中，通过对"意见之路"和"真理之路"两种认识之路的区分，指出："如果只借助感官去接受外物，那么所得到的不外是意见；相反，如果以理智来把握自然，就能获取真理。"② 这样，巴门尼德就第一次把哲学家从单纯地面向世界的视野转向了对认识形式与认识关系的反思，进而提出了"思维与存在同一性"的观点："能够被思维的事物与思想存在的目标是同一的；因为你绝不能发现一个思想是没有它所要表达的存在物的。"③ 这个判断"在西方哲学史上是对理性认识、概念认识的本质的第一个规定"。④ 在对于存在的认识历程中，巴门尼德通过考察自身的认识形式，成为最早把主体性的思维作为认识对象纳入到哲学体系中的哲学家。

更为重要的是，巴门尼德是通过逻辑判断来区分两条"认识之路"的，而这种区分则在思维方式上开创了逻辑论证的先河。此前的自然哲学家们常常使用直言判断式的陈述，他们的说服力自然要逊色于巴门尼德的逻辑推导。正是由巴门尼德开始，西方的哲学家们纷纷采用了这个"从思想和语言来推论整个世界"的思维方法，也即"设定一个基本的前提，然后依照形式逻辑的规则，推论世界的本原"。⑤ 巴门尼德在他的推导过程中，总结出了存在的特性：存在是永恒的，存在是唯一的，存在是不动的。这就是说，所谓绝对的存在一定是永远静止不动的、非生成的单一的存在。这又奠定了西方哲学"实体论"的基础。如罗素（Bertrand Russel）所云："'实体'这个字在他的后继者之中并不曾出现，但是这种概念已经在他们的思想中出现了。实体被人设想为是变化不同的谓语之永恒不变的

---

① 〔德〕黑格尔：《哲学史讲演录》第一卷，贺麟、王太庆译，北京：商务印书馆1997年版，第267页。
② 韩水法：《康德物自身学说研究》，北京：商务印书馆2007年版，第2页。
③ 〔法〕罗素：《西方哲学史》，何兆武、李约瑟译，北京：商务印书馆2002年版，第79页。
④ 苗力田、李毓章等：《西方哲学史新编》，北京：人民出版社2002年版，第26页。
⑤ 韩水法：《康德物自身学说研究》，第3页。

主词。它就这样成为哲学、心理学、物理学和神学中的根本概念之一，而且两千多年以来一直如此。"①

与众多开创者一样，巴门尼德的理论在本体论和认识论的启示意义远远超过了他的理论本身的逻辑完善性。作为古希腊哲学的集大成者，亚里士多德极大地完善了开启于巴门尼德的逻辑推导，分别对概念、命题、判断、三段论、证明等等作了明确的论述。这种通过各种前提来区分真命题假命题以做出正确的逻辑判断的思维方式不但成就了一个形式上非常完整的思维体系，为此后各种哲学思维形式作出了系统化的规定。正如巴门尼德以逻辑推导来探求终极的存在一样，亚里士多德也把逻辑思维和概念的体系应用于他对"作为存在的存在"的分析和规定上面。因为逻辑思维必须以确定的概念为前提，通过一系列的判断、推理与论证，得出一个"新的、较深刻的"概念，所以在亚里士多德（Aristotle）的哲学体系中，一切研究的对象都必须首先被概念化，然后才能被纳入到逻辑思维的体系之中。又因为概念总有前提，事物总有原因，哲学既然是追寻最终极存在的"形而上学"，所以，亚里士多德的本体论就表现为对终极存在的终极原因的推导。根据"无限后退不可能"的逻辑原则，亚氏把宇宙万物之存在的根本原因，即"本原"归结为"神"，它寂然不动，自在自为，又是引发万物运动的终极的、至高无上存在。可见，亚氏以得之于巴门尼德的逻辑思维推导出了与巴门尼德相类似的结论：单一、静止、非生成。

于是，在古希腊哲学家们朴素的理论实践过程中，一个概念化的思维范式就此形成了。它从此奠定了西方概念思维的基本模式和框架，成为了建构在西方形而上学基础上，以概念范畴为思维中介，以逻辑的推演为思维形式，以主客二分的对象化为认识模式，以寻求终极确定性为根本追求，以逻各斯中心主义为整体特征的西方化的思维模式。这种思维模式肇始于古希腊自然哲学家，在柏拉图（Plato）和亚里士多德师徒（或许还要算上苏格拉底）那里得到了完善化和规范化。在亚里士多德

---

① 〔法〕罗素：《西方哲学史》，第83页。

之后的两千年里,这种主客二分的概念思维早已深入人心,不论西方哲学的发展面临何样的严峻挑战,抑或"新发现"了何样的思考内容,思考者总是力图把认识对象当做自外于认识主体的"认识对象",并总是力图对这个认识对象作出各种规定。这种思维方式是如此深入人心,它已经达到了"百姓日用而不知"的地步,乃至于,在西方哲人的眼中,唯有此种对象化的概念思维才是认识事物唯一正确的思维方式。黑格尔(Georg. W. F. Hegel)在《哲学史讲演录·导言》中说:"唯有当思想不去追寻别的东西而只是以它自己——也就是最高尚的东西——为思考的对象时,即当它寻求并发现它自身时,那才是他的最优秀的活动。"① 在这样一个对哲学的提纲挈领式的总括中,"对象化"是一个前提。在这一前提的指引下,"概念"的体系成为了西方哲学体系赖以繁衍和发展的唯一参照系,从中世纪神学,到笛卡儿,到康德,再到黑格尔,他们总是力图建构一个概念的,或者说范畴的体系。

这一思维体系本是伴随着哲学家对终极存在的探寻而逐渐形成的。因此,它就必然与西方哲学本体论密不可分。在西方哲学家的认识里,以概念思维方式,或者说逻辑思维方式构筑的抽象空间里找寻到的本体自然就是终极的存在了。而正因为概念思维的"终极确定性",这种思维形式又涉及了认识论的"真"的问题。在概念思维系统的框架下,"真"首先是思维主体对思维对象之存在的认识。因此,在"求真"的过程中,哲学家们一方面在探究着世界的终极本原,另一方面又不得不以自己——认识主体为对象,力图使认识主体的概念规定同认识客体的概念规定实现统一,从而达到求真的目的。正如孙正聿先生在《哲学通论》中所总结的:"'真'的问题需要从人与世界、思维与存在的总体关系中去思考。"② 同时,"求真"还关系到人的"合目的性"的问题。因为,哲学之求真不仅仅在于求得"真理","更重要的是为了获得规范人的思想与行为的'根

---

① 〔德〕黑格尔:《哲学史讲演录·导言》,第10页。
② 孙正聿:《哲学通论》,上海:复旦大学出版社2005年版,第159页。

据'、'标准'和'尺度',从而奠定人类自身在世界中的'安身立命之本'或'最高的支撑点'。因此,在哲学的意义上,对'真'的寻求,深层的是对'善'——人自身的幸福与发展——的寻求。"①

这种对"本"、"真"与"善"的相一致的寻求当然就是对"本真之我"的寻求。黑格尔在《哲学史讲演录》中对此阐述道:

> 举凡一切在天上或在地上发生的——永恒地发生的,——上帝的生活以及一切在时间之内的事物,都只是力求精神认识其自身,使自己成为自己的对象,发现自己,达到自为,自己与自己相结合。精神自己二元化自己,自己乖离自己,但却是为了能够发现自己,为了能够回复自己。只有这才是自由……当精神恢复到它自己时,它就达到了更自由的地步。只有在这里才有真正的自性,只有在这里才有真正的自信。②

在黑格尔看来,只有在通过对宇宙终极本体的认识过程中"溯本"而"求真",才能实现自身的"规定性",完成"本真之我"对于自身的回归。这实际上也是概念思维论者的认识。虽然在西方哲学发展的历程中,不同的哲学家反思的内容和观点不尽相同,但是基本的思路还是能够统一在概念思维体系下对"本真之我"的探寻上面的。无论是巴门尼德的"真理之路",普罗泰戈拉的"人是万物的尺度",亚里士多德的"神",笛卡儿的"我思故我在",斯宾诺莎的"心灵说",康德的"认识何以可能",还是黑格尔的"真正的自由",都隐含着对存在论的"本"、认识论的"真"与伦理学的"善"的追求。

然而,将世界统一于概念化的思维体系中,常会发现世界上还有很多思想认识难以被概念化的思维所接受。黑格尔的《哲学史讲演录》宏阔地

---

① 孙正聿:《哲学通论》,上海:复旦大学出版社2005年版,第171—172页。
② 〔德〕黑格尔:《哲学史讲演录》第一卷,第28页。

展现了西方哲学的演变过程，但是在他谈到中国哲学的时候，孔子却被说成"只是一个实际的世间智者，在他那里思辨的哲学是一点也没有的——只有一些善良的、老练的、道德的教训，从里面我们不能获得什么特殊的东西。"再如《周易》，黑格尔的评价是这样的："中国人说那些直线（阴阳爻）是他们文字的基础，也是他们哲学的基础。那些图形的意义是极抽象的范畴，是最纯粹的理智规定。[中国人不仅停留在感性的或象征的阶段]，我们必须注意——他们也进到了对于纯粹思想的意识，但并不深入，只停留在最浅薄的思想里面。这些规定诚然也是具体的，但是这种具体没有概念化，没有被思辨地思考，而只是从通常的概念中取来，按照直观的形式和通常感觉的形式表现出来的。"至于老子，在黑格尔眼中，"也是说得很笨拙的"。总之，中国的哲学"没有能力给思想创造一个范畴（规定）的王国"。①

当然，黑格尔是典型的西方中心论者，而且以十九世纪西方人对东方文化的认识水准和翻译水平，得出黑格尔那样的偏见似乎并不为怪。在明清两代东西方文明的碰撞过程中，西方人敏锐地发现中国的文化体系对于"科学意识"的欠缺，中国人也在清末对外战争的屡战屡败中意识到了自己的"落后"。自鸦片战争以来，中国人在内忧外患的逼迫下，作了很多救亡图存、更化改制的尝试，从龚自珍、魏源德痛定思痛，到洋务运动的艰难实践，从康梁变法筚路蓝缕，再到辛亥革命的前赴后继，中国人在短短几十年间完全改变了自己对在中国绵延了两千年的传统文化的认识，这种转变在五四运动时期达到了一个高潮。这场声势浩大、波澜壮阔的运动伴随着新文化运动的蓬勃发展，冲击了儒学"孔教"，形成了一次空前的"思想解放"，民主与科学自此成为了整个民族的追求目标。但是，这场运动对中国传统文化的批判和轰击却又过于偏激、绝对，以至于儒学传统被扣上"吃人的礼教"的高帽，进而出现了"打倒孔家店"的呼喊。它的负面影响便是成就了中国的教育体制和文化体系的西化，中国人学日本，学

---

① 〔德〕黑格尔：《哲学史讲演录》第一卷，第119—121、129—132页。

欧美，学苏联，就这样，西方话语在中国文化中占据了强势的地位。不知不觉中，西方人的概念化、对象化的思维方式便也成为中国学界正统的思维方式，西方人的学术思路也成为中国学界重构重组过程中的权威尺度。如果说当年黑格尔以为中华民族"笨拙到不能创造一个历法，他们自己好像是不能运用概念来思维"①的话，那么，中国的研究者在五四运动以后便自觉地采用了概念思维的研究思路和系统的逻辑演进。近百年来，概念思维的思维模式是如此深入人心，直到今天，我们还能在专著里，在课堂上，看到、听到"中国古代没有逻辑"、"中国人的学问没有理性的分析，只有感性的体验"、"《周易》这部书中没有什么哲学，只有一些可怜的辩证法"等等说法。

　　应该说，概念化的思维方式本身并没有错。它也的确是人类思维发展的必由之路，如果没有概念认识的发展，人类社会的文明也不会取得今天这样的进步，因为科学的发展是最离不开概念思维的。而概念思维也理应是人类的一个最重要的思维方式。在这个角度上来说，西方哲学家历经两千年所积淀下来的感性、知性、理性的分析是颇具合理性的。然而，概念思维，以及与其紧密相连的实体性的本体论、对象化的认识论仍然有其难以克服的思维缺陷。对此，王树人先生说："近代以来，西方中心论（即罗各斯中心论或语言中心论），一直到十九世纪中叶，还是西方大多数思想家引以为骄傲并借以评价东西方思想的框架。但是，到十九世纪后半叶，这种思想框架，首先在西方发生了危机。从叔本华、尼采开始，对于西方陷入传统形而上学的概念思维方式不能自拔的异化情形，发起反思和批判。这种批判一直继续下来了。其中包括克尔凯郭尔、柏格森、胡塞尔、海德格尔、萨特、福科、德里达等人从不同角度所作的批判，至今方兴未艾。"②

　　与这种情况相类似，早在先秦时期，中国的哲学家们便也展开了一场

---

① 〔德〕黑格尔：《哲学史讲演录》第二卷，第275页。
② 王树人：《回归原创之思·绪论》，第2页。

"反概念思维"的运动。虽然中国没有严格西方意义上的概念思维,但是,概念化的思维方式一直存在于中国的哲学文化之中。概念化的思维形态,作为一种人类精神的反思,是任何一个文明都不可能跨越的。在解决实际问题的过程中,理性的逻辑思维方式永远是不可或缺的。在中国的"轴心时代",中国哲学的庞大体系中也常有概念思维的影像。比如,后期墨家的《墨经》中即有比较明晰的逻辑类推的思路,乃至于梁启超、胡适之都以墨家思想来对应西方的"Logic"①;而公孙龙子的"白马非马"、"物莫非指"、"坚白"、"名实"的辩论,也都可见一种概念抽绎的思想认识。更有学者指出,《老子》五千言,多有形式逻辑的判断句,如:"天地所以能长且久者,以其不自生,故能长生。"(《第七章》)"夫唯不争,故无尤。"(《第八章》)"是以圣人为腹不为目,故去彼取此。"(《第十二章》)而在儒家思想中,对人的概念化的规定、限定似乎更能说明问题。孔子云:"名不正,则言不顺;言不顺,则事不成;事不成,则礼乐不兴;礼乐不兴,则刑罚不中;刑罚不中,则民无所措手足。"(《子路》)这就是一种概念化的逻辑推导。它的起点是"正名",即概念的确定化。由此概念出发,一步步地达到了"事成"、"礼乐兴"、"刑罚中"等等"事功",如果这些事功不成,民便无所措手足,儒家的社会理想就难以实现。可见,儒家的一套礼乐刑政的社会理念都是以"正名"为前提的。杨伯峻先生认为此处的"正名"主要是伦理和政治的问题,并不是一般的用词不当,即"语法修辞范畴的问题"。②然而,恰恰是以概念的确定化为前提,儒家的道德、伦理体制才能和谐地展开,如孔子所云:"其身正,不令而行;其身不正,虽令不从。"(《子路》)在这里,孔子显然在强调一个"正"字。虽然在本句中,"身正"解为"行为正当",但是,何为"正"?这是一个前提。而为儒家所坚持和提倡的"礼制"正好能够回答这个问题。礼制的基本特征,李泽厚在《孔子再评价》一文中概括道:"是原始

---

① 参见吴克峰:《易学逻辑研究》,北京:人民出版社2005年版,第7页。
② 参见杨伯峻:《论语译注》,北京:中华书局2000年版,第133—135页。

巫术礼仪基础上的晚期氏族统治体系的规范化和系统化。"① 因此，我们看到，儒家的一套社会、伦理思想总是内在地含有对规范和确定的追求。这种规范化和系统化的行为准则又反过来时刻约束着人们的言行起居。在《论语·乡党篇》中，我们看到孔子处处以身作则，行不违礼："入公门，鞠躬如也，如不容。立不中门，行不履阈。过位，色勃如也，足躩如也，其言似不足者。""祭于公，不宿肉。祭肉不出三日；出三日，不食之矣。""食不语，寝不言。""席不正不坐。""升车，必正立，执绥。车中不内顾，不疾言，不亲指。"如此种种，足见在礼治的约束下，人的行为已经规范到了何种程度。然而，这种规范、约束对于"自然而然"的人来说，其终极意义只能是对人的异化。正是在此意义上，老子提出了"绝圣弃智，民利百倍；绝仁弃义，民复孝慈；绝巧弃利，盗贼无有"的口号。所谓"圣智"、"仁义"和"巧利"，推其根则都可以看做是概念化的知识体系。在此种概念体系中，"圣者创制立法，智者舞巧弄诈"（蒋锡昌语），这种物质文明的进步对人的本性进行了人为的扭曲和异化，正如《庄子·缮性》所言："德又下衰，及唐、虞始为天下，兴治化之流，枭淳散朴，离道以善，险德以行，然后去性而从于心。心与心识知，而不足以定天下，然后附之以文，益之以博。文灭质，博溺心，然后民始惑乱，无以反其性情而复其初。"在老庄道家眼中，概念思维下的文博仁义使人心惑乱，难以把握人的本真性情，也就距离本真之道越来越远。

　　因此，王树人先生针对概念思维之弊而提出了"象思维"的说法，并把它作为与概念思维相对举的中国化的思维方式来阐发。实际上，自近代以来，当中西方文化发生激烈碰撞之时，中西方传统的思维方式之差异早已为学者们所注意。除了以西方的学术尺度来衡量中国文化的"比附"的思路之外，还有很多学者站在客观的立场上对比中西思维方式的异同。比如金岳霖先生把中国的"中坚思想"归于"元学"来区别西方的知识

---

① 李泽厚：《中国思想史论》，合肥：安徽文艺出版社1999年版，第12页。

论①；牟宗三先生认为中国文化是"综和的尽理之精神"下的文化系统，西方文化是"分解的尽理之精神"下的文化系统②；张世英先生则认为中国哲学史是"长期以天人合一为主导"的，西方则是"以主客二分为主导"。此外，像宗白华、熊十力、方东美等等众多学贯中西的思想家也都是或从美学角度入手，或从新儒学角度生发，都能够排除五四运动的影响，跳出马列主义的藩篱，以自己的具眼来看待中西文化各自的本真本然。而王树人先生"象思维"的提法，则从学理的角度对中西思维方式的差异作了明确的、系统化的归纳和区分，为我们进一步地探究中国传统思维方式提供了一个理论构架。

二 生生之象："原象"与象思维

在象思维的研究中，"象"无疑是最重要的一个范畴。

象，《说文解字》解为"长鼻牙，南越大兽，三年一乳，象耳牙四足之形"。③ 经多位学者考证，已知象这种动物本是黄河流域一种常见的动物，但大约在殷周之际，因为气候的变迁，中原地区已经见不到这种动物了。"象"这个概念，逐渐变成"某物的心理记忆与印象"④，如韩非在《解老》中所云："人希见生象也，而得死象之骨，按其图以想其生也，故诸人之所以意想者皆谓之象也。"大约在这段时期里，"象"的意义开始超越它原本的内涵，意想的成分逐渐增强，在用法上便也发生了改变，如《易·系辞下》云："易者，象也。象也者，像也。"这种转变，一方面使得"象"与"意"发生了结合，为后世的"意象"理论奠定了基础；另一方面，"象"在先秦哲学中逐渐具备了本体化的意义，成为了与"道"相对待的"原象"、"大象"。这也便是王树人先生以"象思维"为这一中

---

① 参见金岳霖：《论道》，北京：商务印书馆1987年版，第16页。
② 参见《当代新儒学引论》，北京：北京图书馆出版社1998年版，第423页。
③ 许慎：《说文解字》，北京：中华书局1995年版，198页下。
④ 王振复：《中国美学的文脉历程》，成都：四川人民出版社2002年版，第530页。

国传统思维方式命名的原因。在象思维的过程中,"象",或者说"原象"是思维出发的起点,是思维得以生发的根本,也是思维之超越和升华的终点。如果说,概念思维以概念的逻辑推演来达到最终的确定化的话,则象思维在"象的流动与转化"过程中完成对原象的体验。

那么,象思维之"象"具有什么样的特征呢?王树人先生在《回归原创之思》中说:

> 首先,也是最重要的,必须承认中国思想文化中的最高理念,诸如"无"、"道"、"德"、"太极"、"自性"等范畴与西方形而上学的实体性范畴根本不同,而是属于非实体性范畴。①

可见,象思维诸"原象"涵括了中国思想文化中的诸多最高理念,这其中既包含了老庄道家的"无",也有《周易》的"太极",禅宗的"自性",以及儒道诸家兼而有之的"道"。对于这一点,王树人进一步解释道:"象思维之'象',就其本真本然而言,就是'大象无形'之'象',或'无物之象'。""这种原象或精神之象,在《周易》中就是卦爻之象;在道家那里就是'无物之象'的道象;在禅宗那里就是'回归'心性的开悟之象。"② 这些最高理念本属于不同思想流派,在其本意的阐释上,各家说法多有不同。但是,之所以能把这些"原象"统贯在一起,统称为象思维之"象",是因为它们在本质上都属于"非实体性范畴"。这也便是原象最根本的属性。

所谓"实体性",已如前文所言,是概念思维体系中的"终极本体"的根本属性。在西方哲学看来,世界的终极本体都可以归结为一个现成存在的实体,在逻辑上逆推到最高的实体,必然是静止不动,而又是一切运动变化的"第一推动者"。这样的终极实体难以为人感知,因此西方的形

---

① 王树人:《回归原创之思·导言》,第2页。
② 王树人:《回归原创之思·导言》,第3—5页。

而上学又总是和神学纠缠在一起。象思维的诸原象则不然。它们并非现成的存在物，而是永远处于周流不息的运动之中的动态之象；《周易》、《老子》、《庄子》以及禅宗诸原典对于最高理念，即"道"、"太极"或"自性"等原象只有描述式的表达，而不是概念化的逻辑分析。因此，概念化的规定当然是难以把握它们的，如《老子·二十一章》所云："道之为物，惟恍惟惚。惚兮恍兮，其中有象；恍兮惚兮，其中有物；窈兮冥兮，其中有精；其精甚真，其中有信。"再如《老子·四十一章》："大象无形，道隐无名。"道，或者"大象"，总是恍惚窈冥，不可捉摸的，释德清解释道："恍惚，谓似有若无，不可指之意。"① 所谓"指"，即概念化的"指"，也就是以概念规定来认识。但是，与概念之"显"相对，道是"隐"的，因此它是"无名"的，无法对它进行指称。对此，《庄子·大宗师》以一大段汪洋恣肆的"重言"来描述它：

> 夫道，有情有信，无为无形；可传而不可受，可得而不可见；自本自根，未有天地，自古以固存；神鬼神帝，生天生地；在太极之上而不为高，在六极之下而不为深，先天地生而不为久，长于上古而不为老。……

因为道的"可传而不可受，可得而不可见"，强行对它进行概念式的把握，反而会破坏它的本真状态。《庄子·应帝王》中有这样一则故事：南海之帝儵与北海之帝忽感念中央之帝浑沌知遇之德，商量道：人都有五官七窍，可以视听食息，但浑沌却没有，我们为他凿出七窍吧！结果"日凿一窍，七日而浑沌死"。可见，在概念思维的视野中，人总是要有七窍的；但是，作为"道"、"大象"的浑沌，其生存之本真，并不是常人所以为的那样，它并不是一个实体性的存在。

"道"之所以是非实体性的，还在于它并不是静止不动的，而是处于

---

① 参见陈鼓应：《老子注译及评介》，北京：中华书局2003年版，第149页。

永不止息的"流动与转化"之中。《老子·二十五章》这样形容它:"有物混成,先天地生。寂兮寥兮,独立而不改,周行而不殆,可以为天地母。""周行而不殆",正是作为象思维中最具本体意义的"道"或"象"的本真状态。这一点在《周易》中体现得更为明显。在《周易》的世界图式中,宇宙万物总是处在"刚柔相摩,八卦相荡"的变易之中。"鼓之以雷霆,润之以风雨,日月运行,一寒一暑",阴阳二气交相推荡,易道便如同自然界的雷霆风雨日月寒暑一般,以四时的延续为节奏而变易不息。"范围天地之化而不过,曲成万物而不遗,通乎昼夜之道而知,故神无方而易无体。"(《系辞上》)可见,正是由于《周易》之道模拟天地万物的周流变易,所以它必定是"无方无体"的非实体性的存在。因此,《周易》的六十四卦由《乾》《坤》两卦开始,取"有天地然后万物生"之意;继之以《屯》、《蒙》、《需》、《讼》诸卦,展示了事物生发演化的全过程,到了《既济》卦,以"涉水已成"之象象征事物发展的完成。然而,在六十四卦的图式中,它却是倒数第二卦,因为"物不可穷",所以在《既济》之后又受之以《未济》,如《韩注》所云:"物穷则乖,功极则乱,其可济乎?"这样,物极必反,本是六十四卦的最末一卦,却又成了事物继续发展的新的起点。与之相对,概念思维在探寻终极概念的过程中,总是以终极概念为逻辑运动的终点。然而,象思维却是永不停息的,这样的模拟似乎更接近事物存在的本真本然吧!象思维之中的"流动与转化"并不是单向度的运动,之所以说它是"周流",是因为它经历了一系列衍生变化之后,总要"复归于象"。此意与《周易》中的"周"是相通的,因为"周"在此便有"周遍"的含义。再如《老子·二十五章》曰:"大曰逝,逝曰远,远曰反。""大"是"大象无形"。一切事物都出于大象,其出就是大象的"逝"。一切事物出于象又各有生长变化,是大象的"远"。"反"是一切事物生长变化之后,又复归于大象。在此过程中,"逝、远、反"尽管非同一的象,它们总是由一个替代另一个,但终归都是"原象"的"流动与转化"。在中国古代经典中,处处可见这种"象的流动与转化"。比如《易·泰卦》九三爻辞:"无平不陂,无往不复";比如《老子·四十章》："反者，道之动"；比如《庄子·秋水》："年不可举，时不可止。消息盈虚，终则有始。是所以语大义之方，论万物之理也。物之生也，若骤若驰。无动而不变，无时而不移。"

以上对"象的流动与转化"的阐发，其意犹有未尽。《老子·四十二章》："道生一，一生二，二生三，三生万物。万物负阴而抱阳，冲气以为和。"这说明，"道"作为混沌未分之气，是天下万物的创生之源，如《老子·四章》："'道'冲，而用之或不盈。渊兮，似万物之宗；湛兮，似或存。"冲，古字作"盅"，训为"虚"。可见，道的本真与"实"相反，是虚中的。然而就是这个虚中，"含藏着无尽的创造因子，因而它的作用是不穷竭的"①。天下万物由阴阳两气之激荡而生，所以才有《庄子·田子方》中的"至阴肃肃，至阳赫赫。肃肃出乎天，赫赫发乎地。两者交通成和而物生焉，消息满虚，一晦一明，日改月化，日有所为而莫见其功。生有所乎萌，死有所乎归，始终相反乎无端，而莫知其所穷"。可见，由"道"到天地再到"万物"的创生也并不是单向度的发展，而是随着日月盈虚而终始无穷地循环着。再如《老子·十六章》："致虚极，守静笃。万物并作，吾以观复。夫物芸芸，各复归其根。"在象思维的宇宙创生图式中，万物总要各归其本根，因此，这种创生图式同时又是"象的循环流动与转化"的图式。天下万物以"道"为始，为母，为本原，在经历了对"道"本身的体验之后，便也完成了对自身的认识，这便是"既得其母，以知其子"；认识到自己的本真本然之后，便会自然而然地回归本真，也就是："既知其子，复守其母，没身不殆。"（《老子·五十二章》）人的这种"本真本然"被比作"赤子"、"婴儿"，"'婴孩'没有受到文明的教养，也没有受到文明的'遮蔽'这种负面影响。因此，'婴孩'虽然显得'混沌未开'，但却充满发展的生机。……'复归于婴孩'，也就是找回思或精神的原发生机。"② 于是，我们看到，"道"，或者说"原象"总是处

---

① 陈鼓应：《老子注译及评介》，第77页。
② 王树人：《回归原创之思·绪论》，第33页。

于混沌未开的"非实体性"状态；因为它的非实体性，其中便蕴含着勃勃生机，所以能够创生万物；而万物又终究要复归于原象，这也便是一个"象的流动与转化"的循环。然而此一循环在复归于原象之后却又勃发了新的生机，使得"创而生"、"生而创"的流动与转化终则有始地运行下去。《易·系辞上》曰："生生之谓易，成象之谓乾，效法之谓坤"。在此意义上来说，"道"或"原象"便又可称作"生生"之象。

在"原象"的"生生"之图式中，人总是被包含在内的。在《老子·二十五章》中，于前文所引的"大曰逝，逝曰远，远曰反"这种对象的流动与转化的描述之后，便是这样一段话："故道大，天大，地大，人亦大。域中有四大，而人居其一焉。"所谓"域"，即"空间"。然而这个空间并不是自外于天地人的空间，而是道、天、地、人生生不已的生存空间，所以才有"域中有四大"的说法。对此，范应元曰："人为万物之灵，与天地并立而为三才，身任斯道，则人实大矣。"① 可见，人的生存获得了与天地之存在并立的地位，并共处于"象的流动与转化"的空间中。而《易传》则明确地把人与天地并称为"三才"，并以卦爻象的流动变易来效法它："《易》之为书也，广大悉备：有天道焉，有人道焉，有地道焉。兼三才而两之，故六；六者，非它也，三才之道也。"（《系辞下》）又云："六爻之动，三极之道也。"（《系辞上》）于是，《周易》之象就囊括了天地人，形成了三才六爻八经六十四卦的整体之象。在这整体之象中，人并不是被动的存在。《老子》云："人法地，地法天，天法道，道法自然。"（《二十五章》）这个"法"并不仅仅是"效法"的意思，它还意味着复归于本根的体验。对于此，《易传》说得更明白："是故君子所居而安者，《易》之序也；所乐而玩者，爻之辞也。是故君子居则观其象而玩其辞，动则观其变而玩其占，是以'自天佑之，吉无不利'。"《周易》的"易道"就体现在卦爻的变易之序中，体现在"以辞筑象"的卦爻辞中："八卦成列，象在其中矣；因而重之，爻在其中矣；刚柔相推，变在其中矣；

---

① 《老子道德经古本集注》，见陈鼓应：《老子注译及评介》，第166页。

系辞焉而命之,动在其中矣。……爻也者,效此者也。象也者,像此者也。爻象动乎内,吉凶见乎外,功业见乎变,圣人之情见乎辞。"因此,学易者通过"观象玩辞"实现对"道"的体悟、体验,最终实现"道通为一"。这既是人"法天地"的过程,也是人"复归于道"的过程。在这个过程中,"道生天地万物"的流转变易依然是周流不殆的。所以,《庄子》发出了"天地与我并生,而万物与我为一"(《齐物论》)的呼喊。这种与天地万物道通为一的整体之象,正是使人发现自身存在的本真本然,实现精神自由的大境界。因此,《易》赞曰:"自天佑之,吉无不利。"《老子》则云:"昔之得一者:天得一以清;地得一以宁;神得一以灵;谷得一以盈;万物得一以生;侯王得一以为天下正。"(《三十九章》)"得一"即"得道",或者说"通于道"。天下万物都能够通达于道,因为他们本就共处于天地人的"整体之象"中;而经历一番体验最终通达于道那一刻,天地清正,万物滋长;云销雨霁,彩彻区明。这正像海德格尔所描述的"澄明之境"那样,"万千事物在这一境域中被敞开了,连幽冥的深渊也被带入澄明之中,被贯通了,获得允诺和认可,而各安其位,各守其性。在这一片明朗、喜悦的澄明境域中,天地万物摆脱了功用、性质的束缚,而沉浸于物成其物的神圣之中。人也化解消融了由欲望和成见带来的种种苦恼,而融入与万物为一的极乐之中。"①

"原象"的非实体性、原发创生性和流动与转化等等属性使其近似于"形象思维"中所使用的"形象"这个范畴,而又远远超越了它,因为所谓"形象"依然是一个实体化的范畴:"形象总是具体的,尽管形象也包含抽象,在具体的形象中包含有普遍或一般性",但"原象"所包含的意蕴要远远高于"形象"。因此,象思维"在其一定层面上包括'形象思维',但并不归结为'形象思维'。"此外,"'象思维'也与心理学中表象及其抽象有关联,但是,'象思维'的'象'及其活动并非等同于心理学

---

① 那薇:《神圣与澄明之境:心与物融为一体——论庄子与海德格尔对人与世界原初关联的哲学思考》,载《南昌大学学报》2004年第5期。

中的表象及其抽象。"①

于是，我们看到，象思维之"象"作为非实体性范畴，它周流不息、永远处在生生不已的流动与转化的状态之中，它与人的关系并不是外在的"对象化"的关系，而是处在一种"道通为一"的整体之象之中。这样，象思维之"象"就完全可以被形容为"合天人、通物我"的、动态整体的生生之象。

三 整体直观：象思维之运思

可见，中国传统象思维以生生之象为"原象"，则必然延展出一条与西方的"概念思维"不同的运思方式。总的来说，象思维之运思方式可以用四个字来概括，即：整体直观。

海德格尔在说到人与世界的关系，即"在世界之中存在"（In-der—Welt-sein）的时候，说到了两种意义上的"在之中"。一种"在之中"好比水在杯子之中，水和杯子分别是两个现成的存在者，而水就存在于杯子的"肚子"里。与之相应，人与世界的关系就成了两个现成的存在物的共处，人的存在实质上独立于世界，人与世界都是彼此外在的。另一种"在之中"则是"此在和世界"的关系，在此关系中，人和世界并不是相对待的现成的存在者，人乃是"融身"、"依寓"在世界之中。"人在认识世界万物之先，早已与世界万物融合在一起，早已沉浸在他所活动的世界万物之中。""人（'此在'）是'澄明'，是世界万物之展示口，世界万物在'此'被照亮。"② 如果说前一种"在之中"是概念思维视野下的人与世界的关系的话，后一种"在之中"便与象思维视野下的"天人整体之象"颇为契合。

---

① 王树人：《回归原创之思·绪论》，第1、3页。
② 张世英：《天人之际——中西哲学的困惑与选择》，北京：人民出版社2007年版，第3—4页。

海德格尔的"存在"哲学颇有向道家哲学趋近的意味，这是因为它们都是"回归本真"派，试图与"本真"的"存在"一体相通，此其一。其二，道家与禅宗在本体论上有相通之处，道家之道最终归结为"无"，禅宗之道最终归结为"空无"。虽然海氏的"存在"未必就是"道"，但他所说的"存在"确实具有某种"道性"。更为关键的是，海德格尔的"存在"学说就像"象思维"理论的补充说明，使我们更清楚地看到了"原象"的生命特征。

在概念思维的视野里，人的存在被视为一个精神和肉体的复合体，是一系列确定化的概念所规定的实体性的个体。人的思维被严格区分在感性、理性、知性，或者知、情、意的层级结构中，不同的认识层次针对着不同的认识范畴。人的生命可以用科学的角度来审视，人的思想、认识乃至生命的延续都可以用科学的尺子来度量。这样，人的生存便总是处在一个网格状的、交织着诸种概念范畴之规定的经纬化的空间当中，连时间都被空间化了。与之相对，西方的形而上学作为研究"第一存在"的哲学，它所找到的世界的终极概念，与人的距离十分遥远。因为它超出了人的认识范围，比如康德就认为"人的理智的'综合'能力是有限度的，它永远达不到它不可能认识的对象"。"所谓'不可能认识的对象'，并非'不存在'；但它们只存在于我们的认识范围之外"。① 因此，王树人先生认为，西方哲学中这种概念思维的"对象化"的认识"对于人本身是一种疏远化的思维方式。它在本质上是不关心人的，特别是对处于整体性中活生生的人性，它是不关心的。"② 同时，"在西方哲学史上，由于长期把存在者混同为'存在'，所以'存在'这个最根本的问题被遗忘了"③。而海德格尔以"此在"（Dasein）或"去—在"（Zu-sein）说打破了西方哲学自苏格拉底以来的"实体论"对存在的遮蔽，指出人的存在是非对象性的，即"此

---

① 高宣扬：《德国哲学通史·第一卷》，上海：同济大学出版社2007年版，第205—206页。
② 王树人：《回归原创之思·绪论》，第6页。
③ 王树人：《回归原创之思·绪论》，第17页。

在"。人或"此在"从一出生就处于"向死亡存在"的动态整体的流动过程之中,它决非"静态的规定性"的其他存在者,而是存在于从生到死过程中的生存,有思想、感情、情绪、下意识心理活动的"在场"、"去—存在"的生命。这个特殊"存在者"比其他存在者的优先地位是,他能"体悟"自己的在,通过自己开展出世界的在,我在即"我在世界之中",与世界一体,并对宇宙(包括自然、社会、人及其文化等)本真内涵及其意义展开根本的求索和根本的体悟。

因此,人的本真存在意味着人对自身存在的本真本然的体悟、体验,同时,人在每一时刻的存在又由于人的能动的体验而闪烁着"道",或者说,"原象"的灵光,就如同禅宗所说的"一花一世界,一叶一乾坤"。"花既是可供观赏的自然物象,又是体现佛性的一种符号"①。参禅者因观花便可悟道——可是,他所观的花仅仅是在他的生存过程中所经历的一个瞬间物象而已。可就是这或许转瞬即逝的体悟,却可以帮他找回自性,可见自性之流溢与"象的流动与转化"一样,它就蕴含在人的存在过程中,或者说,它们一直是一体相通的。从另一个角度讲,"原象"之存在便同人的存在具有了同样的德性,或者说,"原象"的存在与人的存在是同一的。因此,人的存在绝非实体性的存在,则"原象"之非实体性可明矣;人的存在决不等同于静态的存在者,则"原象"也不是亚里士多德所说的"寂然不动"的"神"(nous);人的本真存在处处显现着"开悟"的光芒,而"原象"也是在永不止歇的"流动与转化"的过程中,开放着自己,展示着自己,与对"原象"的体悟者一体相通。在此意义上说,"原象"与"生存"同义,与"生命"同义,对"原象"的描摹就等同于对"生命"的描述,象思维就相当于"生命的思维"。因此,《周易》、《老子》、《庄子》既是最早系统化阐述中国古代象思维的文献,同时也处处显示着生命的辉光。其中,《周易》体现得最为明显。"昔者圣人之作《易》也,将以顺性命之理。是以立天之道曰阴与阳,立地之道曰柔与刚,立人

---

① 周裕锴:《中国禅宗与诗歌》,上海:上海人民出版社2000年版,第2页。

之道曰仁与义。兼三才而两之,故《易》六画而成卦。"(《说卦传》)"古者包牺氏之王天下也,仰则观象于天,俯则观法于地,观鸟兽之文与地之宜,近取诸身,远取诸物,于是始作八卦,以通神明之德,以类万物之情。"(《系辞下》)

正是在此意义上,人与自然界的万物形成了生命的契合,构成了一个天地人一体的整体之象。如前文所言,此整体之象并不是一个实体,它更多地像是一个功能结构,其功能正在于"生生",其结构依然在于"生生":人之主体既合于自然界的生生,自然世界亦合于人的生生。这就是所谓"整体直观"的整体性,它描述的是主体性的人和与人相对待的自然(天)之生命契合的关系:天人合德(合一)。对于此种关系,蒙培元先生在《中国思维偏向》一书中总结道:

> 人和自然界不是处在主客体的对立中,而是处在完全统一的整体结构中,二者具有同构性,即可以互相转换,是一个双向调节的系统。它也不是西方那样的身心二元论,把精神和物质、灵魂和肉体堪称两个实体,而是身心合一、形神合一的结构——功能系统,精神和物质、思维和存在是完全统一的。表现在思维模式上,虽然有形上与形下、体和用之分,但形上不离形下,本体不离作用,浑然一体,不能区分。①

可见,在整体之象中体验人的本真之"生生",并不能被看做哲学认识论,"而是以实现真善美合一的整体境界为最终目的"②。而这一境界的实现,并不依靠概念化的逻辑推理,而是以直观性的思维来实现的。

在概念化的西方哲学体系,尤其是西方古典哲学的认识中,直观或直

---

① 蒙培元:《中国传统思维方式的基本特征》,见《中国思维偏向》,北京:中国社会科学出版社1991年版,第21页。

② 蒙培元:《中国传统思维方式的基本特征》,见《中国思维偏向》,第22页。

觉常常被等同于感性认识，认为它仅仅是认识的一个阶段，人的认识由感性认识起步，经过知性的树立，进而达到理性的把握。这便是将思维统一于逻辑思维的认识了。实际上，直观作为一种思维的模式，决不是杂多的感性材料的组合，它是一种整体性、超越性的把握，一方面，直观总是联系着整体，是整体之内的直观，如王树人先生所言："当我们谈到'直观'或'观'时，这种'直观'或'观'总是在'整体'之中；而当我们谈到'整体'时，这种'整体'也总是在'直观'或'观'中的整体。"①另一方面，所谓"整体直观"，是一种思维的超越，它中断了概念化的思维程序，排除了概念化认知的干扰，而直通达道："堕肢体，黜聪明，离形去知，同于大通，此谓坐忘。"（《庄子·大宗师》）《庄子》的"坐忘"，正可以为这种思维的超越做一个很好的注脚。所谓"肢体"、"聪明"、"形知"，都是实体化的概念范畴和概念化的逻辑认知。只有中断它、废除它、超越它，才能同于大通，达到"天人合一"的澄明之境，实现思维主体对于"生生之象"的直观体验。对此，蒙培元先生总结道："直觉思维的特点是整体性、直接性、非逻辑性、非时间性和自发性，它不是靠逻辑推理，也不是靠思维空间、时间的连续，而是思维中断时的突然领悟和全体把握。这正是传统思维的特点。就是说，它不是以概念分析和判断推理为特点的逻辑思维，而是靠灵感，即直觉和顿悟把握事物本质的非逻辑思维。"②

说到这种超越性的整体直观，我们又不能不提一提中国传统象思维理念中"得意忘言"的问题。在《周易略例·明象》中，王弼曾有这样一段精彩论述：

> 夫象者，出意者也；言者，明象者也。尽意莫若象，尽象莫若言。言生于象，故可寻言以观象，象生于意，故可寻象以观意。意以

---

① 王树人：《回归原创之思·绪论》，第29页。
② 蒙培元：《中国传统思维方式的基本特征》，见《中国思维偏向》，第24页。

象尽，象以言著。故言者所以明象，得象以忘言；象者所以存意，得意而忘象。犹蹄者所以在兔，得兔而忘蹄；筌者所以在鱼，得鱼而忘筌也。然则，言者，象之蹄也，象者，意之筌也。是故，存言者，非得象者也。存象者，非得意者也。象生于意而存象焉，则所存者乃非其象也；言生于象而存言焉，则所存者乃非其言也。然则，忘象者，乃得意也；忘言者，乃得象也。得意在忘象，得象在忘言。故立象以尽意，而象可忘也；重画以尽情，而画可忘也。

我们知道，这段话本是一段解易的例言，是王弼《周易》言意观的总括性阐述。此段话首先强调了言与象的来源：意、象、言三者递相生成，而意是这个多层结构的生成之本源。其次，言用以尽象，象用以尽意，总的说来，言与象可看做一种过渡性的手段或者工具，就如同捕鱼所用的筌和捉兔所用的蹄一样。因之，这段话的第三层意思便是说，作为工具的言与象之存在到底是为了"得意"，一旦实现了"尽意"的目的，则言、象都可以忘却了。从这段话，我们可以看到王弼以玄解易的一个大体思路，那就是：崇本抑末，扫象数而重义理。这是对汉代象数易学繁琐僵化的解易思路的一个反拨，也是对汉代那种"皓首穷经"的经学阐释思路的一种挑战。对此问题的解释，前人所论极多，本文不拟赘述。然而，王弼能够以一个弱冠少年而卓荦于玄学诸家，以有限的若干文字影响中国易学、乃至中国哲学、文化一两千年之久，究其原因，恐怕不只限于他在解易方面的贡献。这段话实际上是从易学中的言意关系出发，进达于"语言与存在"之关系的探讨，最终触及了中国文化中最核心的部分：思维方式。对此，汤用彤先生的一段话最具启发："迹象本体之分，由于言意之辨，依言意之辨，普遍推之，而使之为一切论理之准量，则实为玄学家所发现之新眼光新方法。王弼首唱得意忘言，虽以解易，然实则无论天道人事之任何方面，悉以之为权衡，故能建树有系统之玄学。"[①] 牟宗三先生一直以为

---

① 汤用彤：《魏晋玄学论稿》，北京：人民出版社1957年版，第27页。

王弼以道家的玄理解易，就难以得到《周易》的真旨。① 实际上，王弼的思想是深得儒道"象思维"之妙旨的，如高怀民先生所云："殊不知易学原起源于对宇宙万象的观察思考，由观察思考创制了卦象符号，而寓宇宙万象的理则于卦象符号中。今易学由卦象符号倒推上去，去认识宇宙万象的理则，非做纯理论的推求思考不为功。""我们应知易道广大，理无不赅，人人可得而从象上、从数上、从术上、从推理上、从经验上、从文字上、从其他一切智力所及之处去探讨它、了解它、认识他，儒家务实用，由人道中见易道，道家重玄思，由天道中见易道，都无不可。王弼《易注》之为儒家义理，抑为道家义理，又何必斤斤计较呢？"②

由以上几段话，我们可以看到，王弼的"得意忘言"之说，实际上已经超越了早期玄学的名理之辨，由月旦品题而直寻本体，从以玄解易的技术层面上升到了象思维的文化层面。之所以能够实现如此的飞跃，关键就在于一个"忘"字。

忘，《说文》作"不识也，从心从亡。"而"亡"则解为"逃也"。③可见，"忘"之古意为"逃之于心"，也便是忘记，从自己的记忆中抹去。《论语·述而》："发愤忘食，乐以忘忧。"《孟子·万章》："父母爱之，喜而不忘。"《战国策·赵策一》："前事不忘，后事之师。"以上几条中之"忘"就是这个意思。然而，王弼所言之"忘"却并不是从脑海中彻底抹去的意思。"夫象者，出意者也；言者，明象者也。"这段话首先就言明：言与象在思维过程中是客观的存在。而至于"尽意莫若象，尽象莫若言"这句话，更强调了言、象对于更高层次理解的不可或缺。可见，王弼并不是完全否定"言"与"象"。那么，为什么还要"忘"了它们呢？这是因

---

① 牟宗三在《周易哲学演讲录》中曾这样说道："王弼是按照道家的玄理来解释《易经》的，他的解释也是玄理，但你能说那是儒家的玄思吗？王弼依据道家的玄理注《易》，他那个注就不对了，不相应嘛。王弼的头脑根本是老子《道德经》的头脑，他注乾卦象、象、文言，统统不对，这是可以检查出来的。"见牟宗三：《周易哲学演讲录》，华东师范大学出版社2007年版，第5—6页。

② 高怀民：《两汉易学史》，南宁：广西师范大学出版社2007年版，第224—225页。

③ 《说文解字》，第220页下、第267页下。

为，王弼所强调之"忘"，其实质是一种超越性的思维过程，在此过程中的"忘"，与现象学方法论中的"加括号"类似，是一种"悬置"（Epoche）。更展开来说，王弼之所以强调"忘"，正是对概念化思维那种对象化、客体化的僵化认识的一种反拨。在前面我们说过，王弼所说的"言、象、意"并不是一般意义上的言、象、意，言指卦爻辞，象指卦爻象，意则应理解为《周易》的"道"，它是"圣人之意"，是幽深难测而又极广大极具包容性的易道。在此意义上来说，"得意忘象"之象并不是"象思维"中的"原象"，只有"意"这个层面才对应着原象。所以，王弼才说："意苟在健，何必马乎？类苟在顺，何必牛乎？"（《周易略例·明象》）在王弼看来，汉代象数易学联系阴阳灾变，将卦爻象僵化地固定为一些概念化的认识上面，所谓"或者定马于乾，案文责卦，有马无乾，则伪说滋蔓，难可纪矣。"（《周易略例·明象》）实际上，此种认识并不是王弼的独创，先秦时期的"言不尽意"说便是此种认识的本源。《老子·一章》曰："道可道，非常道；名可名，非常名。"《易传·系辞上》云："子曰：'书不尽言，言不尽意'。"《庄子·天道》："语之所贵者，意也，意有所随。意之所随者，不可以言传也，而世因贵言传书。"《庄子·知北游》又云："道不可闻，闻而非也；道不可见，见而非也；道不可言，言而非也。知形形之不形乎！道不当名。"所有这些论述，都在说明一个问题，即所谓"常言"、"常名"这类概念化的规定属于"形下"的领域，重实；"道"属于"形上"领域，体无，集虚。因此，"言"是很难准确把握"道"的本体的，而不是说"言"完全不能把握"道"。对此，王振复先生从符号学的观点作出了阐释："王弼所谓'言'、'象'，文化与审美之符号也。用索绪尔语言学的概念来说，即所谓'能指'。能指必有'所指'。但所指与能指并不一一对应，或称之为并非对应同构，绝对传真。"① 这就是说，王弼所说的言与象可以"明意"，却又不能完全显现"意"的真实存在。在此，言、象作为一种阐释的工具，追求一种固定的、

---

① 王振复：《中国美学的文脉历程》，第369页。

概念化、客观化的对应性规定，是一种实体化的外在认识，滞于言、象，只能在幽深灵动的接受过程中束手束脚。因此，"存言者，非得象者也。存象者，非得意者也。"与"存"相对的，就是"忘"。在这里，我们可以清晰地看到王弼在言、象的基础上"得象忘言"、"得意忘象"的超越性思路。余敦康先生总括道："意也不是离开言与象而悬空存在的，所以必须'寻言以观象'，'寻象以观意'，只是在'得意'之后，应该'忘言'、'忘象'，以摆脱形式的束缚，使思维来一次飞跃，去领悟那漂浮游离于言象之外的意义本身。"①

是的，思维的飞跃。陶渊明《饮酒·其五》："此中有真意，欲辨已忘言。"清人王士禛评曰："一片化机，天真自具，既无名象，不落言诠，其谁辨之？"② 这种"不涉理路，不落言诠"的境界，其妙处就在于超越眼前的具象而直寻真意的"忘言"。所谓"得意忘言"，正是一种破除言象的僵化束缚，而直接体验原象、体验本真存在的思维的超越。王树人先生说："它解除了对象化僵化的束缚，感受力最强，触角最多，还在于这种'我'的本真状态，具有概念思维所不可比拟的广阔自由的思维时空。"③ 张世英先生更赞道："没有超越就没有自由，没有哲学。人不能老停滞在有限的个体事物之上或有限的个人之上，也就是说，不能执著于事物的有限性或个人的有限性，而应该从流变着的宇宙整体以观物、观人。"④ 可见，"超越性"正是象思维之运思方式的一个重要特征；也正是在这层意义上，王弼的"得意忘言"才能有这样强劲的生命力，在中国文学批评的历史中为人代代接受。

在此，我们需要注意的是，以"整体直观"为主要思维模式的象思维，是与西方话语背景下的"概念思维"相对待而存在的，象思维本身并

---

① 余敦康：《汉宋易学解读》，北京：华夏出版社2006年版，第123页。
② 王士禛：《古学千金谱》，引自龚斌：《陶渊明集校笺》，上海：上海古籍出版社2005年版，第222页。
③ 王树人：《回归原创之思·绪论》，第9页。
④ 张世英：《天人之际——中西哲学的困惑与选择》，第229页。

不是一个具体的思维方式,它的思维体系也并不像一些学者所说的,是"一个封闭的循环系统"。对中国传统思维方式的研究,是近几十年来活跃起来的话题。虽然象思维早在先秦时便已混成具足,但前人似乎并不将思维方式的反思看作一个问题,因为思维方式本就和儒、道、释的整体之学混融一体,单独探讨思维方式很有一种将中国古代的天人一体之学肢解的倾向。因此,在中国哲学文脉的历程中,并没有一部像亚里士多德的《形而上学》或者《范畴篇》那样条分缕析、逻辑严谨的本体论和认识论的概念化、确切化的反思。这同时也便造成了中国传统思维方式的体用不分,已详前文。近代以来,尤其是五四运动之后,西方的科学主义话语体系逐渐侵染了中国的知识界,"思维方式"作为一个独立的认识对象,逐渐进入了学者们的视阈。然而,近百年的研究实践表明,我们越是以一种方法论或者认识论的思路来看待中国传统的象思维,我们就越难以廓清它、把握它、认识它。蔡尚思先生的《中国传统思想总批判》中以社会历史的视角,自觉地接受了阶级分析的方法来看待中国传统思维,系统地"揭批"了中国传统思想的内容,其中的"批判"远远多于"继承"①;上世纪五六十年代和七八十年代两次"形象思维"的大讨论,虽然能够在马克思主义哲学认识论的统照下强调了独立于"逻辑思维"的"形象思维"与中国传统文化的诸多联系,但是,将中国传统思维对应于"形象思维",依然是把象思维中本应"不可凑泊"的"原象"概括为"形象",后者作为一种实体化的概念,其所包含的信息量远不足以与象思维之"象"同埒。八十年代中期以来,学界对中国传统思维方式的探讨倾注了更多的精力,对中国传统的思维方式作了十分精准的拿捏,重象、重直观、讲体验、好类比、求效验等思维特点都得到了比较充分的总结;然而,这种把握依然属于外部的把握,他们既然把中国传统的思维方式看成一个"思维方法",便力图"强名之"曰"直觉思维"、"意象思维"、"唯象思维"、"传统思维"、"天人合一"等等。这其中有的是"总名",有的则用以命名某一被

---

① 蔡尚思:《中国传统思想总批判》,上海:上海古籍出版社2006年版。

抽绎出来的思维方式。仅从这一点上，我们就能够看到，将中国传统的思维方式等同于思维的方法论，未免显得局促。虽然以上的诸种概括都很准确，却都只是一种外部形态的概括，这些称谓之间既难以统一，对中国传统思维的整体把握也流于概念化。实际上，以象思维的提法来把握中国传统思维方式，其妙处就在于，它一方面抓住了中国传统思维中体用不二的"象"之生命化的存在，使我们对传统思维的认识统照到对"原象"的把握和体认上面，这一点是非常符合中国传统思维方式的逻辑建构的；另一方面，所谓"象思维"，避免了方法论的研究倾向，它涵纳了中国传统文化中各家的哲学本体，融会了儒、释、道诸家的运思方式于一体，体现了强大的包容性和开放性。因此，所谓"象思维"，更像是一个思维的体系，它紧紧围绕着"生生之象"而又包容了多种整体直观的途径，《周易》的"仰观俯察"，《庄子》的"心斋"、"坐忘"，《孟子》的"反身而诚"，禅宗的"直指人心，见性成佛"，各具致思却殊途同归，都能够在瞬刻的体验中实现本真之我的超越性把握。所以，我们说，象思维并不是一个具体的思维方式，更多地像是一个思维的体系，它也不是封闭的，而是极具包容性和开放性的思维系统。

四 同归殊途：象思维的包容性

在《易经》中，有这样一条爻辞："无平不陂，无往不复，艰贞无咎。勿恤其孚，于食有福。"（《泰·九三》）对此，《说文》解道："陂也，一曰池也"，《段注》："陂得训'池'者，陂言其外之障。"① 因此，"无平不陂"是一句警示，它告诉人们：没有任何一条路会是一片坦途，平地总会遇到险阻。至于"无往不复"，则是在这一现象之上的一个总结：有来必有往，有去必有复。可见，这是一个极富生活哲理的认识，短短八个字，就讲出了一个"泰否相寻"的道理。而"艰贞无咎，勿恤其孚，于食有

---

① 参见黄寿祺、张善文：《周易译注》，第109页。

福"则是对此条爻辞的进一步阐释。《正义》云:"'艰贞无咎'者,己居变革之世,应有危殆,只为己居得其正,动有其应,艰难贞正,乃得'无咎'。'勿恤其孚,于食有福'者,恤,忧也;孚,信也。信义先以诚著,故不须忧其孚信也。信义自明,故于食禄之道,自有福庆也。"显然,这是唐人依照《易传》解经的路子所作的阐发,其中"信义先以诚著"之说缘于九三爻"居不失正,动不失应"的解卦原理,而这种象位说并没有在《易经》本文中得到系统的体现。因此,高亨先生纯粹从字面意义出发,将"孚"解为"罚":"孚读为浮,罚也。其孚,谓饮酒之罚也。"因此,此条爻辞的后半段的意思就成了"正谓在食之时,有福酒可饮也。筮遇此爻,勿忧其罚,乃在祭祀之时,受饮祭神余酒之罚也。故曰勿恤其孚,于食有福"。① 不过,虽然解法不同,此爻告诫人们"否极泰来"的意义是不可否认的,则这条爻辞从"无平不陂,无往不复"的人生体验而续以"勿恤其孚,于食有福",显然是以后者所描述的景象来补充说明"无往不复"的道理,而此爻所处的特殊位置也让人不难体会到一种坚定信心,在险难中不绝望的吉利信息。这也便是前文中我们所强调的:"吉凶存乎辞"的阐释力量。平地出现险阻,这是极平常的自然现象;有往必有返,逢凶必终于吉,这是从那些被万千次证明了的自然现象中悟出的人生体验。而"坚贞无咎",又是人们在占卜时所要得到的行为启示。因此,仅从这条爻辞,我们就可以清晰地看到一个由实在的"言"到"象"再到"意"的体验过程。《易传》显然是看到了这一点,并将这种人生体验归结为:"无往不复,天地际也。"若排除掉虚字眼"也",以及本就出现在爻辞中的"无往不复"四个字,那么,《象传》则把他们的体验熔炼到"天地际"三个字中,只这三个字,就包含了他们对《泰卦》九三爻的全部理解。可以说,这是对于所谓"三易":"不易"、"变易"和"易简"原则中"易简"原则的最好体现。但是,在这易简的文字中,却蕴含着最重要的易理。

---

① 高亨:《周易古经今注》,北京:中华书局1984年版,第193—194页。

往与复，天与地，本来都是相反相对的属性。但是，这些相反相对的属性却共存于同一条爻辞，并成为了一则纲领性的理论概括。而且，这两种属性的共处也并不是简单的并列，而是处于一种互相呼应、互相转化的动态图式之中。再进一步说，往与复的互相转化完全成为了不可违背的天地之道，因此，两者的关系决不是一种对立的、外在的、静止的对待，而是互相转化、互相包容，两者所构成的运动永无止歇。与之相近，"一阴一阳之谓道"的描述更是一则精彩的概括。阴与阳本是决然相反的两种属性，从原初的意义上看，它们一为向阳，一为背阴；然而，在《易传》作者看来，正是两者的消长斗争和相交相应，才构成了六十四卦二百八十四爻的卦爻之象，才能模拟出天地、三才、期年，乃至万事万物的生存状态，呈现出太极之道的本真本然。因此，在《易传》的世界图式中，这样的相反相对的属性不但可以并存共举，还会在互相作用的生生之动的作用下共同构成整个易道的核心。我们虽然不能说这是《周易》的独创，但是《周易》以其独特的卦爻体系很好地展示了"一阴一阳之道"那种"无往不复"的生生之动，这种漫布着卦爻象之流动和转化的整体化的图式无疑为中国形而上学的建构写下了厚重的一笔。它也就此决定了中国的形而上学必定是一个强调立面之间互相包容和转化，共处于一个天人合一的整体之象中的哲学。

　　在西方那种概念化的思维体系中，同一律是绝对至上的法则。它要求概念的清洗明辨，要求逻辑推断的丝丝入扣，要求纯粹自我的绝对等同，它的表现形式就是 $A = A$。所谓"$A = A$"，就是"用自身来定义自身，也是最完美的理念形式，它是自身的同语反复，却是西方理性原则的思想基点，为西方的形而上学。"[①] 我们知道，这种"同一律"的逻辑总结是在亚里士多德那里获得普遍形式的，但这一原则在古希腊哲学中却得到了充分的探讨，在巴门尼德的"真理之路"的辩说中，在芝诺的为其老师的存在论所作的辩护中，在高尔吉亚对前者的批驳中，在苏格拉底和柏拉图的总

---

① 吴前衡：《〈传〉前易学》，武汉：湖北人民出版社2008年版，第386页。

结和归纳中，我们总能看到这种同一律的使用。虽然它只是亚里士多德"逻辑三律"中的一条，虽然这条定律在西方哲学界受到了不小的挑战，但是它终究为西方哲学定下了一个基调，成为西方人看问题、作判断、下定义的认识前提和理论核心。那么，这种严格地追求确定性和唯一性的逻辑定律就绝不可能容许"一阴一阳之谓道"这样的理念存在，因为作为决然相反的两种范畴，它们的共存就相当于破坏了 A＝A 的公式；至于"无往不复"的生生之动，在概念思维的框架中，也被看成了"既存在又不存在"的悖论。对此，吴前衡先生强调：

> 在形式思维形态中，"A＝A"的真理性是至高无上的，否则就被认为是非理性的，病态的，悖理的，虚假的或诡辩的。在"A＝A"统治下，只有形式符号，没有象符号；只有形式变换，没有相像关联，"相像关联"被当作模棱两可（触犯排中律或不矛盾律）而予以排除；"阴阳消长"、"刚柔相济"之类的情况是"A＝A"不可能接受的；所谓"一阴一阳之谓道"，与"A＝A"是直接对立的，是"A＝A"的悖论形式"A≠A"。因此，中西形而上学的分野是明明白白的，它们不是程度上的差异，而根本是性质的对立。①

与西方的"同一律"相对，中国的形而上学可以由"一阴一阳之谓道"和"无往而不复"来描述。这两句话并不是一个严格的规定，因其自身就不能构成一个严格的、确定的、静态的概念，但它却体现出了极为强大的包容性。它容许两种性质激烈的属性共容并存，并且承认了对立面之间的相互转化。整个卦爻体系便展示了这种动态的转化过程，而卦爻辞和十翼也都用以描述、阐释这种变化的过程。在整个变化的过程中，对立属性如阴与阳之间就不单单是对立的关系，还构成了交感的关系。

所谓"无往不复，天地际也"，本是用以描述《泰·九三》这一爻的。

---

① 吴前衡：《〈传〉前易学》，第387页。原文存在印刷错误，笔者在引文中已经更正。

这是下卦三阳爻中最上一爻，再向上发展便进入了上卦三阴爻，整个卦的"六爻之动"便进入了一个相反的状态。这种阴阳交替的时刻，也便是"天地际"，最能体现万事万物的运动和变化，因此最为《周易》所重视。在《易传》中，阴阳之交具有至为重要的意义，我们从以下这些赞颂中就可以看出来："天地交而万物通，上下交而其志同也。"（《泰·彖》）"天地感而万物化生，圣人感人心而天下和平；观其所感，而天地万物之情可见矣！"（《咸·彖》）"天地睽，而其事同也；男女睽，而其志通也；万物睽，而其事类也；睽之时用大矣哉！"（《睽·彖》）"天地不交，而万物不兴。"（《归妹·彖》）"日往则月来，月往则日来，日月相推而明生焉。寒往则暑来，暑往则寒来，寒暑相推而岁成焉。往者屈也，来者信也，屈信相感而利生焉。"（《系辞上传》）"是故爱恶相攻而吉凶生，远近相取而悔吝生，情伪相感而利害生。"（《系辞下传》）可见，阴阳、天地、日月、男女、刚柔、寒暑、爱恶、上下、内外、屈伸、往来、远近、情伪这些对立的属性互相之间相互作用，在天、地、人合一的整体之象中互相激荡，既是一个无法否认、不可忽视的自然现象，更能够产生不可想象的积极作用：观其所感，而天地万物之情可见矣！反之，如果两种属性在某一时刻体现不出相交、相感的趋势，就会被《易传》形容成为非常不吉利的状态：天地不交，而万物不兴。这是因为，《易传》认为，阴阳的交和、天地的相感、刚柔的推荡，体现出了一种交融、和谐的状态，而不是分裂、对抗。在前面我们说过，阴阳两种属性之所以能够交感，首先就在于两者的同构。《乾·文言》曰："同声相应，同气相求；水流湿，火就燥。云从龙，风从虎。圣人作而万物睹。本乎天者亲上，本乎地者亲下，则各从其类也。"这就是说，"同声同气"是交感的前提。阴也好阳也好，都是由气所构成，如程颐所云："阴阳以气言。"则两者因同构而具备互相感应的潜质。同时，这种交感理论之所以极具包容性，也在于它容许多样性的存在，即"各从其类"。这种因交感共存、互相转化而形成的包容性，一如《系辞上传》所说："天下同归而殊涂，一致而百虑。"所谓"殊涂"，即天下万物的各种存在状态，其中既有相亲相近，也有相反相对；而"同归"，则是这相反相对的事物在交感之后的必然归宿：太和。

所谓"太和"，实际上就是人与自然的一种整体和谐。在象思维的思维体系中，"太和"既可以用来描述"整体之象"的本真状态，其自身也可以被看做一个"整体之象"，因此，这是一个即体即用的范畴。这一范畴的确立早在先秦时期就已经完成，如《老子》中那句著名的"道生一，一生二，二生三，三生万物。万物负阴而抱阳，冲气以为和"（《第四十二章》），便是一个包容了天下万物的整体之象的标准模型。从生成论上讲，天下万物都生发于道；从体用论上讲，天下万物处在阴阳二气激荡状态下的整体和谐之中。对于《周易》来说，"和"也是一种包容万有而又统归于易道的整体和谐，如《乾·彖》："保合太和，乃利贞"。在《易传》看来，最形而上的易道应当是一个至大无外、包容万有的整体之象，它容许其中的各种"杂多"在生生不息的运化中"各正性命"，但这些个性的呈现在整体上却终归要和谐地交融在一起。而且，如前面所说的，《周易》以一种暗合天道的象数体系演化出了这种天人间的和谐，又以"一阴一阳之谓道"和"无往不复，天地际也"这样的断语为中国形而上学定下了一个基调，这是先秦各家都没有达到的高度。对此，余敦康先生写道：

> 先秦时期，天下大乱，礼坏乐崩，社会人际关系受到了严重破坏，面临着一个如何重新整合使之归于和谐的问题。各家都提出了自己的整合方案，墨家的方案是兼爱尚同，道家的方案是无为而治，儒家的方案是礼乐仁义，方案虽互不相同，整合的目的却一致，都是围绕着社会和谐问题所进行的探索。《说卦》所说的"立人之道曰仁与义"，显然是选择了儒家的整合方案，继承了儒家的社会和谐思想。因此，《易传》的天、地、人三才之道包括了自然和谐与社会和谐两个方面。如果合起来说，"一阴一阳之谓道"这个命题所表述的就是天与人的整体和谐，自然与社会的整体和谐。《易传》的这种整体和谐的思想是以天人关系为主轴从两方面来展开的：一方面是通过人道

来看天道，把天道看作一个客观外在而又与人的生存息息相关的自然运行的过程，其中贯穿着一条自然和谐规律；另一方面是参照天道来看人道，强调人应效法天地，根据对客观外在的自然和谐规律的准确理解，来谋划一种和谐自由舒畅的社会发展的前景，使得社会领域的人际关系能够像天地万物那样调适畅达，各得其所。可以看出，这就是中国思想所普遍追求的那种由是而之焉的道，既有理智的了解，也有情感的满足，思想精髓与价值理想、自然主义与人文主义是紧密结合、融为一体的。①

因此，中国传统的象思维之所以能够有如此强大的包容性，首先就在于这种天人一体的整体和谐所具有的无与伦比的亲和力和说服力。它的终极落脚点是人的生存论，所以这种天人和谐观是一种深刻的生命哲学。牟宗三先生认为，西方哲学以"知识"为中心，中国哲学则以"生命"为中心，其根由正在于此。在前面我们说过，西方的知识论与西方的概念思维互为表里，它们都以一种外在的、静态的、客观的认识方式来看待客体，但是这种观察已经把观察者排除在外，因此，牟宗三先生说此种体认方式是"不关乎人生的"。② 因此，在包容性上面，它也无法与中国传统象思维比肩。在概念思维的视野中，不符合概念规定的都会被冠以"不科学"、"不客观"的高帽，并且被排除在概念和逻辑体系的图式之外。五四运动以来，中国传统文化的各个领域所遭受的猛烈冲击就是一个最鲜明的例子。一个自在自为地存在了两千多年的文化传统竟可以被一个概念化的思维体系鞭策挥楚如斯，实为可悲。

因此，王树人先生在他的书里提出了"中止概念思维"的主张。所谓"中止"，不是"终止"，而是一种思维的"转换"，王先生将之形容为"换脑筋"，也就是让思维的主体回归"象思维"。他说："'象思维'乃是

---

① 余敦康：《易学今昔》，北京：新华出版社1993年版，第50—51页。
② 牟宗三：《中国哲学的特质》，上海：上海古籍出版社1997年版，第6页。

人生来的一种本能，一种本原性的思维。只是这种'本能'或'本原'在概念思维占统治地位之后，或者说概念思维成为思维'常态'之后，人的这种'本能'或'本原'就经常被遮蔽或被抑制，久而久之，甚至有所退化。例如，现代以前的中国文人，许多人都是琴、棋、书、画四会的。至少，也通音律，会作诗。但是，现在，就是从中文系毕业，从事文化或文艺事业的人，不用说琴、棋、书、画四会，就是能作诗的，又有几人？"①这种说法虽然很直白，却搔中了当前中国文化界的痛处。百年来，中国传统文化的原汁原味已经日渐稀释、淡泊，中国人的文化性格也发生了巨大的转变，其根源正在于思维方式的替换，而补蔽的根本方法也在于思维方式的回归。若要让人真正地回归象思维，又必须先重溯这个思维传统的刘与源，不再以概念思维的"科学"尺度去"科学"地丈量象思维、"批判"象思维。"子非鱼，安知鱼之乐？"只有以一种内在的视角来看待中国传统的象思维，我们才能真正理解这种本原性的思维。

不过，所谓"中止概念思维"，并不是就此排斥概念思维。如果说象思维是人类的一种本原性的思维，而概念思维则是人类文明在发展过程中必然形成的一种反思性的思维，在任何民族的文化中，概念的归纳、总结都是不可或缺的。在中国的文化历史上，体制周详严密的概念体系和思辨逻辑也发挥了巨大的作用，这一点已为众多前辈学者所证实。只不过，这种以"名实论"为形态的思维方式与象思维的思维方式和谐地融会在中国文化传统中，其间自然少不了激辩、斗争，却呈现出一种整体和谐的圆融状态，因为它们最终总会落实到人的生存这一根本问题上面，而这正是《易传》所说的"天下同归而殊涂，一致而百虑"之意义所在。在这种整体和谐的视野中，象思维与概念思维的关系，正像《周易》中"一阴一阳之谓道"那种关系一样，处于一种"相反相成"的状态。

有关"概念思维"与"象思维"的论述，至此已经告一段落。总的说来，中国传统的象思维是一个极具包容性的本原性思维，因为它的终极意

---

① 王树人：《回归原创之思·绪论》，第 23 页。

义在于人的生存，所以这种生命美学总是能够吸收、融化各种外来的文化，在中国这片神奇的土地上焕发出新的生命，来自"西牛贺州"的佛学能够在中国演变为中国味的禅宗就是明证。因此，纯粹从西方的文化土壤中成长起来的"接受美学"虽然与中国文化各异其趣，却未必不能融会到中国文学批评的理论体系之中。在下面的文字中，我们就对这种美学理论作一个扼要的介绍。

第二章　接受美学初探

接受美学（Rezeptionsästhetik），又译作接收美学、接受理论（Rezeptionstheorie）或接受研究（Rezeptionsforschung），是一种以读者为中心来解释阐发诸种文学现象的理论体系。

1967 年，德国美学家汉斯·罗伯特·尧斯（Hans Robert Jauss）在坐落于联邦德国南部博登湖畔的康斯坦茨大学（Universität Konstanz）作了一场著名的演说，题为《研究文学史的意图是什么、为什么?》。在文中，尧斯尖锐地指出："在我们的时代"，文学史研究已经"日益落入声名狼藉的境地"。① 一方面，实证论的文学史观把历史中的文学现象当作一个个"客观事实"，文学史的写作完全变成了编年史一般的事实堆积或是各个类型的"登记注册"，这种外在的、对象化的、静态化的文学史只能是一个"伪历史"。与之相对，反实证论的"精神史"（Geistesgeschichte）研究"寻找非时间性的思想和母题的反复出现的文学的内聚力"②，却只能加深文学与历史之间、历史方法与美学方法之间的裂隙。同样，马克思主义文论和形式主义文论虽然超越了前两者，但是，在长时间的激辩中，两种截然对立的文学观念依然没能解决文学史问题，其根本原因在于"两种方法中都缺少真正意义上的读者"。尧斯进一步指出，"在这个作者、作品和大

---

① 〔德〕H. R. 尧斯:《文学史作为向文学理论的挑战》，见《接受美学与接受理论》，周宁、金元浦译，沈阳：辽宁人民出版社1987年版，第3页。

② 〔美〕R. C. 霍拉勃:《接受理论》，见《接受美学与接受理论》，第337页。

众的三角形中，大众并不是被动的部分，并不仅仅作为一种反应，相反，它自身就是历史的一个能动的构成。"① 在此，尧斯提出了七个论题，希望在文学历史性的寻绎中建立一种接受和影响的美学。在这七个论题的演绎中，接受理论的主要范畴，诸如期待视野、审美距离、视野融合、共时性、历时性等等，都被巧妙地编织在讲稿中。这篇讲稿后来更名为《文学史作为向文学理论的挑战》（1970），它切中时弊，提出了一系列尖锐的问题，同时又抓住"文学史悖论"的要害，极具颠覆性地提出了一个有着独特思维重心的理论框架。就此，接受美学正式进入了文学研究的视阈。

与尧斯共称为接受美学"双子星座"的德国美学家沃尔夫冈·伊泽尔（Wolfgang Iser）② 则被看做是接受美学的另一位创始人。他的《本文的召唤结构》（1970）从本文的现象学分析入手，一反以往的本文解读中那种将本文中的意义客观化、对象化的阐释传统，强调本文中的意义是本文与读者相互作用的结果。因此，本文应该被看做一个非实体化的图式化方面的框架，其中遍布着未定性和空白，它们使本文向接受者开放，召唤着他们来填补这些空白，在阅读过程中，将未定的意义现实化、具体化，这样下来，本文意义的生成才告完成。这就构成了伊泽尔研究的三个领域：处于潜势的本文、阅读中本文的进程和文学的传达结构。

尧斯与伊泽尔的论文出版后，均被译成多种文字，以两人为代表的"康斯坦茨学派"在世界范围内引起了广泛而深刻的影响。上世纪八十年代初期，接受美学传入我国，马上引起学界的注意，经历了国内学者对之的译介、探研，并应用于批评实践的接受美学已经成为国内文论研究领域中一个相对比较成熟、认识比较深入的学科。鉴于接受美学的理论此前在

---

① 《接受美学与接受理论》，第 23—24 页。

② 接受美学这两位先行者的译名并不统一，前者还有姚斯、耀斯的译法，后者则有伊塞尔、伊瑟尔等译法。为了行文的方便，除了引文中他们的译名与引文一致之外，正文部分一律采用尧斯和伊泽尔的译法。再如伽达默尔、英加登、瑙曼等人的译法也是如此处理。

国内已有非常详尽清晰的阐述①，在本章中，我打算试着对接受美学的基本理念和哲学基础作一个简单的梳理，其目的在于找到接受美学与中国传统文化的真正的契合点。

一 接受美学：一个开放的理论体系

接受美学是一个开放的理论体系。在这个理论体系中，有很多方法论意义上的突破，但接受美学的理论意义并不局限于方法论的层面，在"接受美学中国化"这个课题中，这一点尤为重要。下面，我将分别从三个方面来解释我的观点。

我们强调接受美学是一个开放的理论体系，首先就在于接受美学两位草创者的"博采众长"。

接受美学中的主要范畴，几乎罕有"原创"，它们全都是汲取于他人的理论体系。比如，作为尧斯的"方法论顶梁柱"：期待视野（Erwartungshorizont）的范畴，其直接来源就是科学哲学家卡尔·波普尔（Karl Popper）和社会科学家卡尔·曼海姆（Karl Mannheim）；其远源则是早已存在于德国现象学和解释学传统中的"视野"（Horizont）这一范畴，胡塞尔、海德格尔和伽达默尔都曾经赋予这一范畴以本体论层面上的意义。至于所谓"效果史"（Wirkungsgeschichte）的说法，更是直接来自伽达默尔。此外，接受的"历时性"、"共时性"，用以评判作品艺术特性的"审美距离"等等，无不直接汲取自先于接受美学而存在的文学历史之中。伊泽尔的情况更是如此。在他的理论中，各种文学术语如走马灯一般纷繁复杂，但他的主要理论和范畴，如本文的"召唤结构"（Appell Struktur）、"潜在的读者"（Implizite Leser）、"未定点"（Unbestimmtheitsstelle）、"空白"（Leerstellen）、"保留剧目"（Repertoire）、"游移视点"等等也都取自前

---

① 在这方面比较有代表性的著作包括朱立元《接受美学导论》、金元浦《接受反应文论》和胡经之、王岳川主编《文艺美学方法论》等，详见本书第三章。

人。无怪乎接受美学的研究者们在阐发接受美学的主要观点之前,都一定要详细介绍他们的"理论先驱"了。因此,德国学者冈特·格里姆(Gunter Grimm)和美国学者罗伯特·C. 霍拉勃(Robert C. Holub)对于中国接受美学研究来说,无疑起到了"第一读者"的作用,其中,又以霍拉勃的体例最为合理。霍拉勃分别列举了俄国形式主义、布拉格结构主义、英加登的现象学、伽达默尔的解释学以及"文学社会学"五种影响作为接受美学的先导,这一方面是由于"它们对理论的发展具有显著的影响,在接受理论主要理论家的脚注和理论来源中就足以获得证明";另一方面,"它们都重新着眼于本文—读者的关系,从而有助于解决文学研究中的危机"。①

此外,接受美学产生前,在西方,尤其是德国的政治、文化甚至经济领域的巨变也都是接受美学的直接源泉。"二战"后德国批评界的"文体批评派"(或称作"内涵阐释派")曾经旗帜鲜明地反对文学政治化,强调文学作品的独立自足性,如瑞士批评家沃尔夫冈·凯塞尔(Wolfgang Kayser)在《语言的艺术作品》(1948)中强调:"一个作品不是作为任何别的事物的反映,而是作为作品它本身中就包含不可分离的语言构造而诞生和存在。""诗歌……是完全独立的。它与它的创造者完全脱离开来,因此也是自足的。在诗歌中除了写着的东西外,没有别的东西。……意义不指示现实,一切表达出来的内容都在整体之中。"② 这种理论体现了德意志人民对纳粹的政治化意识形态的决裂,张扬了文学艺术的纯粹性和独立性,为人们广泛接受。20 世纪 60 年代中期,曾经高速增长的西德经济"奇迹时代"结束了,经济衰退了、柏林墙树立起来了,西欧各国爆发了一场声势浩大的反传统、反权威、反资本主义的青年学生运动。在这样的社会背景中,德国文化界也开始反思旧有的僵化的方法和体制,政治化倾

---

① 见《接受美学与接受理论》,第 209—291 页。
② 〔瑞士〕沃尔夫冈·凯塞尔:《语言的艺术作品·序言》,上海:上海译文出版社 1984 年版,第 1 页。

向也逐渐取代了非政治化的、中立化的学术态度，冲击着德国文学研究的格局，其中首当其冲的就是曾经统治德国批评界二十多年的"文体批评派"理论。于是，那种把文学限制在艺术本文上，切断文学与历史、社会的联系的观点，日益地衰落、解体了。正是在这种历史环境下，尧斯才提出了"范式革命"的理念，意在说明自己的理论是对于当前文化领域危机的反拨。当然，所谓"范式"的说法，也是直接取自科学哲学家托马斯·库恩（Thomas Kuhn）的《科学革命的结构》（1962）。

因此，尧斯才在他的《文学范式的改变》开篇处指出："方法并不是从天上掉下来的，而是从历史中产生的。"① 可见，接受美学完全是在整体性的西方文化历史中发轫的。整个西方话语环境都是接受美学的土壤，接受美学的每一个角落都能看到历时的和同时代的各种视野的渗透。在这种意义上说，接受美学相对于（西方的）历史来说，是敞开着的。

其次，接受美学的开放性，还在于它自身的理论建构未能成为一个自足的、完整的理论体系这个事实。

我们知道，尧斯和伊泽尔等人早在1963年就组成了"诗学与阐释学"的跨学科研究小组，1966年，成立不久的康斯坦茨大学把尧斯和伊泽尔等五位教授请来②，才促成了尧斯、伊泽尔等人极具互补性而又一以贯之的难得的协作研究。但是，这两位创始人的理论渊源和研究倾向，毕竟是各异其趣的。对此，霍拉勃这样写道：

> 我们并不能混淆他们之间的基本区别。尽管二者都把注意力从作者和本文转移到本文—读者的关系上，但重视文学理论的重建，他们各自采取的途径却大相径庭。小说学者姚斯从文学史探讨走向接受理论，伊瑟尔是一个英国文学学者，他是从解释新批评和叙事理论起步

---

① 见《接受美学与接受理论》，第287页。
② 五个人中除了尧斯和伊泽尔，还包括了沃尔夫冈·普莱森丹茨（Wolfgang Preisendanz）、曼弗雷德·弗尔曼（Manfred Fuhrmann）、尤里·施特里德（Yurij Streider）。

的。姚斯首先依靠解释学，受汉斯-乔治·加达默的影响尤为深远。而对伊瑟尔影响最大的则是现象学，由此来看，最为重要的当是罗曼·茵格尔顿的著作。伊瑟尔的基本范型和一些关键性概念都是从茵格尔顿的著作中借鉴而来。最后。姚斯即便在晚近的著作中，也对广泛的社会和历史性质问题带有浓厚的兴趣。例如他考察审美经验的历史，就是在广大的历史范围内进行，其中个别作品只作为例证。对比之下，伊瑟尔则重视个别本文和读者与之的关系。尽管他并不排除社会和历史因素，这些因素明显处于从属地位，或运用到更为精微的本文思考中。如果我们说姚斯研究的是宏观接受，那么，伊瑟尔研究的则是微观接受。①

这种现象其实并不难理解，如果说接受的关键在于"视野融合"，那么，尧斯和伊泽尔分别以自己的独特视野介入到接受的研究中，既共同专注于读者—作品—作者之间"对话与交流"的整体关系中意义的生成这一核心课题，又形成了不同的理论体验，便是理所当然的事情。而且，两人间的这种差异更方便了他们理论的接受者。

"登高一呼，应者云集"，这是金元浦先生对接受美学在诞生时引起的轰动效应的描述。接受美学不但向着过去的历史传统敞开，同时也向未来的接受者敞开。

一方面，尧斯等人的"后学"们，如汉斯·乌尔里奇·冈布莱希特（Hans Ulrich Gumbrecht）、卡尔海因兹·斯梯尔（Karlheinz Stierle）、拉尔夫·葛雷明格（Rolf Grimminger）、冈特·瓦尔德曼（Gunter Waldman）等人，各自对文学接受与交流的理念提出了自己的看法，推进了理论的发展。这一点是与尧斯等人发起的各种教育、传播活动分不开的。他在《我的祸福史或：文学研究中的一场范例变化》中不无得色地回忆道："康斯坦茨学派的许多纲领性文件和发表出版的许多论著都被译成多种外国文

---

① 见《接受美学与接受理论》，第366—367页。

字；大批的学生、博士研究生和士瓦本州以外的其他大学的学者们如潮水般地向康斯坦茨大学涌来，这一事实就证明了康斯坦茨学派这些文献和著述的巨大影响。"①

另一方面，接受美学更多地面临着"批判的"研究者，他们既受到了接受理论的启发，又尖锐地指出了接受理论的不足。这其中，既包括了东德、苏联的众多学者，还包括了欧美等国的各个流派，包括尧斯的老师伽达默尔。比如，东德学者曼弗雷德·瑙曼（Manfred Naumann）等人从马克思主义的生产—消费的视野出发，对生产与消费、接受与流通以及文学的社会功能等问题提出了自己的见解，同时也对尧斯、伊泽尔等人的接受范型和"历史主观化"倾向提出了尖锐的批评。以雅克·德里达（Jacques Derrida）、罗兰·巴特（Roland Barthes）等人为代表的"后结构主义"更是与尧斯等人展开了长时间的交流和论辩。在霍拉勃看来，"在接受理论家们将其阐释中心由本文移向读者的时候，后结构主义则通过将读者本文化取消了任何中心"②。而以美国为活动中心的"读者反应批评"理论更能体现出接受美学的首倡者与此理论的接受者之间的对话与交流的特征。尧斯、伊泽尔等人因其学术背景的关系，都直接参与了英美批评界的读者反应学派的活动中，至于斯坦利·费史（Stanley Fish）、乔纳森·卡勒（Jonathan Culler）、保罗·德曼（Paul de Man）等人与伊泽尔等人极有渊源，又常年激辩不休，更是促进了尧斯、伊泽尔等人对自身理论的调整和更新。

总的说来，接受美学远远没有成为"铁板一块"，它在与接受者的对话与交流中不断深化问题，又不断调整自身，我们完全可以断言，接受美学并不专属于尧斯和伊泽尔两人，每一个接受美学的研究者和接受者都以其自身的期待视野与接受理论的视阈发生了融合。他们共同构成了接受美

---

① 〔德〕H. R. 尧斯：《我的祸福史或：文学研究中的一场范例变化》，见〔美〕拉尔夫·科恩主编《文学理论的未来》，北京：中国社会科学出版社1992年版，第148—149页。

② 见《接受美学与接受理论》，第445页。

学的生命历程。在今天，接受美学依然被人们接受着、探研着，这正可以被看做是接受美学生命的延续。

最后，从哲学层面上讲，接受美学的理论内核也决定了它必然是一个开放的理论体系。

通过前面的论述，我们知道，接受美学完全是西方话语环境中一个动态的存在。但是，接受美学之所以能够以一个整体化的理论体系，在西方的文化传统中汇成一个影响极为深远的、极具生命力的流派，其原因就在于这貌似松散的体系背后，有一个幽深的理论依据，对于接受美学来说，这个理论依据就是由现象学和解释学所代表的反概念思维的思维倾向。王岳川先生在《文艺美学方法论》中说："只有对接受美学的哲学基础作出分析，才能正确把握接受美学的本质和特征。"① 是的，只有把握了接受美学的哲学依据，我们才能真正地体会接受美学的内涵。

在现代西方的哲学体系中，"现象"是一个本体化的范畴。现象作为存在的显现，在康德的哲学体系中与物自体（本体）是对立的。人们的感知局限于现象，却不能由之而实现对终极存在的体验。在黑格尔的哲学体系中，"现象"也处于比较初级的地位。直到埃德蒙·胡塞尔（Edmund Husserl）的《逻辑研究》（1900—1901）问世，现代现象学（Phenomenology）获得"洗礼"②，现象才成为"本体之象"。胡塞尔采取"本质直观"（Wesenschau）的观相法，力求在现象的把握中"寻求绝对真理"，实际上也就是探寻本真的存在。在此，胡塞尔指出：现象即本质；现象是通过直观得到的。可见，现象学是一次终极意义上的反思，是针对概念思维认识论的一次认真的反思，同时，也是认识的主体性的张扬，因为胡塞尔认为，通过对意识的现象学还原而认识到的"所有存在背后存在着的先验自

---

① 王岳川、胡经之主编：《文艺美学方法论》，北京：北京大学出版社2003年版，第335页。

② 此说法来自瓦尔登费尔茨（Waldenfels）的《现象学引论》（1992），见倪梁康主编：《面对事实本身：现象学经典文选》，北京：东方出版社2000年版，第1页。

我或先验主体性的存在是'所有发现之中最伟大的发现'"①。在胡塞尔的理论体系中，"意向性"（Intentionalität）是一个非常重要的范畴，它是意识的基本结构，"意味着：意识总是指向某个对象，总是有关某对象的意识；而对象也只能是意向性对象，只能是被意识到的客体"②。这就说明，在"接受"的意识活动中，接受的主体和客体是互相敞开、互为依据的；这种对认识主体的张扬和对现象的本体化确立必然引向了"对话与交流"的理论，这些理念直接影响了波兰学者罗曼·英加登（Roman Ingarden），又间接地泽被了尧斯和伊泽尔等人。在英加登的早期理论中，《文学的艺术作品》（1930）和《对文学的艺术作品的认识》（1937）是影响最为深远的两部著作。他从现象学的角度出发，把文学作品看成"纯粹意向性的对象"，从本体论的角度来看，这种纯粹意向性的对象是一个"图式性"的存在，其中存在着大量的"未定点"（Spots of Indeterminacy），有待读者去填补，于是，在阅读活动中，作品得到了"具体化"。这样，文学作品就是一个敞开性的存在，它对于所有接受者来说，都是开放的。如此，伊泽尔对本文的"召唤性结构"中那些"空白"、"未定性"以及"具体化"的描述，便在现象学这里找到了理论的源头。对于这一点，我们还会在后面的章节中提到。

如果说现象学是接受美学的一个重要源头的话，哲学解释学（Hermeneutik）则是另外一个"接受之源"。在概念思维范式的影响下，西方传统的文艺理论认为，"意义"客观地存在于文学作品之中，它作为一种对象化、概念化的认识对象，是可以通过概念化的审美判断"确定化"地认识的。但是，随着西方哲学意识中主体性的张扬，作品中的意义不再被看做是可以概念化地切割取舍的封闭的"本意"，因为"意义"体现了作品的一种敞开，而人对意义的理解应该看做是理解者的一种存在方式。这种认识的产生，有一个递进的过程。德国哲学家施莱尔马赫（Schleirmacher）

---

① 王岳川：《现象学与解释学文论》，济南：山东教育出版社2003年版，第17页。
② 王岳川：《现象学与解释学文论》，第27页。

率先看到了理解的主体和客体在情境上的差异,而这种差异又会带来"误解",但是,作品和理解者又具有内在心灵的互通性,理解者是完全有可能通过创造性的直觉实现"客观"的理解的。而被称作"解释学之父"的威廉·狄尔泰(Wilhelm Dilthey)则更进一步,他看到了理解的"体验"(Erlebnis)之特性,并认为理解的过程就是个体生命体验得以延续和扩展的过程,通过理解和阐释,整个"精神世界成为具有相关性与互通性的统一体,使个体之人成为人类,使生命获得超越而臻达永恒"①。这个理念发展到海德格尔那里,理解几乎完全摆脱了概念化认识论的桎梏,而被看做本体论意义上"此在"(Dasein)的存在方式本身。那么,理解就是对本真存在的体验和把握。这样说来,以往的解释学中极力避免的"主观性"反倒成为了理解的前提,阐释的必要条件就是理解者的"先有"(Vorhabe)、"先见"(Vorsicht)、"先识"(Vorgriff)。这种意识的"先结构"就是理解者个人的存在在阐释过程之中的敞开。那么,因为理解者的主观性而造成的"阐释的循环"就成为了一种合理的存在:"决定性的东西不是摆脱解释的循环,而是以正确的方式融入这一循环。"在汉斯-格奥尔格·伽达默尔(Hans-Georg Gadamer)那里,解释学达到了又一个高峰。他的《真理与方法》明确地指出了艺术中的真理(Wahrheit)与科学方法论(Methode)的对立,因为传统认识论中把真理,或者说本真存在看成以命题形式出现的判断与对象的符合,则"社会—历史的经验是不能以自然科学的归纳程序而提升为科学的"②。那么,在理解中,真理是如何获得的呢?在此,伽达默尔创造性地接受了海德格尔的观点:"真理就是存在的敞亮,即展露自己本身并随之解释其他内在者的澄明过程,质言之,真理就是去蔽,就是对人身意义的本真阐明。"③ 伽达默尔进一步强调,"偏见"(Vorurteil)构成了解释者的特殊视野(Horizont),它与本文的视野形

---

① 王岳川:《现象学与解释学文论》,第172页。
② 〔德〕H-G.伽达默尔:《真理与方法》,上海:上海译文出版社2005年版,第4页。
③ 王岳川、胡经之主编:《文艺美学方法论》,第301页。

成了历史的差距,在理解过程中,两种视野形成了"视野融合"（Horizontverschmelzung）,这无疑是一种直观的体验,是一种创造性的超越。在此意义上说,文学本文的意义就处在不断地被理解、被生成的传统之中,伽达默尔称之为"效果历史"。这种视野融合的阐释理论也必然会引向"对话"的理论——尧斯和伊泽尔的接受研究,是从来都没有越出这个"对话—交流"的阐释模式的。

总之,现象学和解释学在节奏化的理论递升过程中张扬了主体性,尤其是克服了概念化思维方式牵引下的对象化、外在化、封闭化的哲学认知,最终通过"现象学追问"和"解释学逻辑",把艺术研究引向了人们对"本真存在"的探讨和追问之链;更为重要的是,在这两大哲学流派的影响下,二十世纪的众多流派之间隐隐地存在着一个开放性的"公分母",即"把人与人之间的交流问题置于……他们研究兴趣的核心"。[①] 这些都成为了接受美学的理论前提。对此,尧斯深有感触:"如果没有这些前提,我的研究是不可想象的。"[②] 正是这种在主体性得到提升前提下,以视野的交融为阐释模式的对话与交流,赋予了接受美学以开放性的根本属性。

如此,我们便完成了作为一个"开放的理论体系"的接受美学的粗略的梳理。通观接受美学的理论表现,一个明显的特征就是"取法乎上得其中",接受美学的启发意义似乎远远大于它在"套用"和"移植"方面的方法论层面上的作用。因此,对于接受美学的把握,应该更多地从它的理论本源上面寻求契合点。在此前提下,我将在后面的章节中从三个方面来进一步梳理接受美学理论,其目的在于找到接受美学与象思维理论的契合点,并不会过多地纠缠于接受美学的具体方法。

---

① Rien. T. Sergers, "*An Interview with Hans Robert Jauss*", 见金元浦:《接受反应文论》,济南:山东教育出版社 2002 年版,第 54 页。

② 〔德〕H. R. 尧斯:《审美经验与文学解释学·作者序言》,上海:上海译文出版社 1997 年版,第 14 页。

二 期待—视野：接受美学的读者之维

1789 年，德国诗人、学者弗里德里希·席勒（Friedrich von Schiller）来到耶拿大学就任历史系教授。在就职仪式上，他以《研究世界历史的意图是什么、为什么?》为题，在法国大革命即将到来的动荡时代，发表了一篇著名的演说。1789 年后，尧斯在康斯坦茨大学发表他的就职演说时便以《研究文学史的意图是什么、为什么?》为题，与席勒的题目仅有两个字的差异。尧斯这种为他的学术前辈"招魂"的行为旨在强调自己的理论创见是针对当前文学研究领域的危机而发动的"范式"（Paradigm）的革命，是对以往的批评策略的一种挑战。这篇文章后来更名为《文学史作为向文学理论的挑战》，其意义正在于此。在这一系列挑战中，"文学史悖论"是第一个突破口。

在《文学史作为向文学理论的挑战》一文中，尧斯开宗明义，指出文学史的研究已经陷入了危机。它的表现就在于，当下的几种文学史研究传统切断了历史与美学的联系。他的矛头随即对准了这样一些文学史观：

首先是"历史主义"的文学史观，以"第一位创立历史学理论的语文学家"乔治·G. 杰文纳斯（Georg Gottfried Gervinus）为代表。在他的研究中，"明确地贯穿着一个基本思想。该思想在这些事件中显现，这些事件与世界事件相互联系着"。在这种精神史观的引导下，历史学家往往先验地规定一个"意识的高点"[1]，并以这种外在的精神目的为主线来贯串历史。尧斯认为这种"目的论"的史观完全是一种"幻象"，因为"我们的历史知识毕竟是不完全的"[2]（更何况历史面前的每个人都带有极具主观色彩的"偏见"），但这种史观无视理解者的偏见，武断地把历史

---

[1] 〔德〕H. R. 尧斯：《文学史作为向文学理论的挑战》，见《接受美学与接受理论》，第 7—8 页。

[2] 〔德〕H. R. 尧斯：《艺术史和实用主义历史》，见《接受美学与接受理论》，第 67 页。

构想成一个超越"局限"的封闭的过程。与"历史主义"史观相对的是莱奥波德·冯·兰克（Leopold von Ranke）的"历史循环论"。他坚决主张："每一时代都直接面对上帝，它的功绩丝毫也不取决于接踵而至的事物，而在于它自己的存在。"① 这种循环论避免了目的论的偏颇，却"以历史的相关性为代价，换取客观性的一个渺茫的理想"②。第三种被批判的史观是实证主义的文学史观。在尧斯看来，这种史观或者把历史看成史实的堆积，历史中不见批评的色彩；或者"根据伟大作家的年表，直线型地排列材料，遵照'生平与作品'的模式予以评价。这里，次要的作家被忽略了，而流派的发展也被肢解了"③。这种冷静的客观性把一般史实的历史性与文学事实的历史性混为一谈，文学作品的历史存在便无从显现。这种客观化的史观，被尧斯直斥为"伪历史"，因为它从根本上忽视了历史参与者的主观创造性，混淆了文学作品的动态生成和一般历史事实。一反实证主义的文学史观，"精神史"由于偏向于"传统的渊源或非时间的连续性"而不注意文学现象的表现及其独特特征，同样不能统一文学与历史。对于后面两种史观，尧斯用了很多篇幅。马克思主义文学史观在二十世纪的德国影响正盛，也给了尧斯很多启发。这种观念将视野扩展到了广阔的社会生活，有助于恢复文学的真正的历史进程；但是，在尧斯看来，这种理论过于注重时代、类型的决定作用，并依照马克思主义的辩证唯物论和唯物史观经典的排他性指导，推重一种模仿或者反映论，反倒影响了文学历史性的显现。质言之，"这种观点的兴起和持续全赖古典美学中的模仿自然说"④。在此，我们应当记得美国批评家艾布拉姆斯（M. H. Abrams）对亚里士多德《诗学》的评价："《诗学》的一个显著特点是从艺术品的各种

---

① 〔德〕H. R. 尧斯：《文学史作为向文学理论的挑战》，见《接受美学与接受理论》，第9页。

② 〔美〕R. C. 霍拉勃：《接受理论》，见《接受美学与接受理论》，第337页。

③ 〔德〕H. R. 尧斯：《文学史作为向文学理论的挑战》，见《接受美学与接受理论》，第5页。

④ 〔德〕H. R. 尧斯：《文学史作为向文学理论的挑战》，见《接受美学与接受理论》，第13页。

外部关系去把握一件艺术品，认为它的每一种外部关系都具有作为作品'成因'的功用。"① 因此，马克思主义文学史观"把文化现象简化为经济、社会或阶级的相等物，认为它们作为既定的现实，决定着文学艺术的发源，并把文学艺术解释成生产出来的现实"。更为致命的是，在这样的社会经济决定论范式的规划之中，艺术形式本身的审美独立性被打入牛棚，成为了"预先设定"的经济基础影响下的被动的现实的表现。要跳出此种局面，"必须把作品与作品的关系放进作品和人的相互作用之中，把作品自身中含有的历史连续性放在生产与接受的相互关系中来看"。② 与马克思主义理论相对，形式主义文论则捍卫了文学的艺术特性。它强调艺术感觉的本体意义，并由艺术的形式演变而拓展到了文学的历时性原则上面，这些成就也都融入了尧斯的理论体系中。但是，对于形式的过度倚重，进而将艺术形式神化为决定一切的因素，以至于文学的历史性要依靠艺术本文的内在演变来决定。尧斯最后总结道：形式主义文论和马克思主义文论各有所长又各具其短。要沟通文学与历史、历史方法与美学方法之间的裂痕，就应该在接受两种理论的同时，找出它们的根本不足："正统马克思主义美学对待读者与对待作者毫无区别：它追究读者的社会地位，或力图在一个再现的社会结构中认识它。形式主义学派需要的读者不过是将其作为一个在本文指导下的感觉主体，以区别（文学）形式或发现（文学）过程。"两种方法都缺少真正意义上的读者；但是，在作者、作品和大众所组成的整体性的文学现象中，读者是不可或缺的，而且绝不是被动的接受者："一部文学作品的历史生命如果没有接受者的积极参与是不可思议的。因为只有通过读者的传递过程，作品才

---

① 〔美〕M. H. 艾布拉姆斯：《镜与灯：浪漫主义文论及批评传统》，北京：北京大学出版社2004年版，第8页。

② 〔德〕H. R. 尧斯：《文学史作为向文学理论的挑战》，见《接受美学与接受理论》，第14、19页。

进入一种连续性变化的经验视野。"①

可见,尧斯通过"文学史悖论"的演述而指出了之前的诸种文学史的症结所在:它们都是封闭性的、不完整的理论体系,它们或将文学封闭于文学现象的一维,或自外于文学现象的某一重要因素。具体来说,历史主义的目的决定论自外于文学的个性精神,也就将文学现象的创造精神拒之门外;实证论的文学史观唯逻辑因果律是瞻,这种看似科学的理论却牺牲了文学历史周流不息的生命特征;马克思主义的经济基础决定论将文学封闭在社会—作者—作品的圈子内,拒斥了个性化的审美体验;形式主义将艺术形式视为唯一一个提供水源的水井,井口外的世界被完全地无视了。这种封闭性使文学现象不能成为一个真正动态的、整体性的过程,更致命的是,直观性的审美体验或者被阻拒在历史之外,或者在理论建构中孤掌难鸣。这样的文学史观所缺乏的正是中国的象思维那种"殊途同归,一致百虑"的真正的开放性和包容精神。

正是在此情况下,尧斯提出了他的接受的文学史观:"接受美学的观点,在被动接受与积极理解、标准经验的形成和新的生产之间进行调节,如果文学史按此方法从形成一种连续性的作品与读者间对话的视野去观察,那么,文学史研究的美学方面与历史方面的对立便可不断地得以调节。"② 如前文所论,尧斯的这种观念从本质上说还是伽达默尔的解释学理念,其中更有胡塞尔、海德格尔和英加登等人的影子。但是,尧斯的高明之处在于,他将理论具体到了文学批评的实践中,在《类型理论与中世纪文学》、《歌德的〈浮士德〉与瓦莱里的〈浮士德〉:论问题与回答的解释学》、《阅读视野嬗变中的诗歌本文:以波德莱尔的诗"烦厌(Ⅱ)"为例》、《审美经验与文学阐释学》等论文和著作中都有体现。即便是他的理

---

① 〔德〕H. R. 尧斯:《文学史作为向文学理论的挑战》,见《接受美学与接受理论》,第23—24页。

② 〔德〕H. R. 尧斯:《文学史作为向文学理论的挑战》,见《接受美学与接受理论》,第24页。

论阐述,也都"文采斐然,思路清晰,力求以喻明人,而不用严谨的论辩"①。前面几位思想家却都是"长于形上思辨,短于批评实践"。因此,尧斯的接受美学甫一提出便语惊四座,各个流派无不回应了他的挑战,也就是理所当然的了。

在肯定了读者在文学史中的地位之后,尧斯便以"期待视野"(Erwartungshorizont)为中心,建构了自己的接受美学理论。"期待视野"又译作"期待视界",尧斯曾经称之为自己的"方法论顶梁柱"。我们知道,"视野"(Horizont)是伽达默尔哲学解释学中一个重要的范畴,它以"地平线"为喻,描述了理解的出发点,它"形成理解的视野或角度,理解向未知开放的可能前景,以及理解的起点背后的历史与传统文化背景"。海德格尔将之理解为人们进行解释的"前结构",波普尔等人又将之与期待连用,艺术史家 E. H. 冈布里奇(E. H. Gombrich)则将之定义为"思维定向,记录过分感受性的偏离与变异"②。尧斯接受了他们的观点,却没有对期待视野作出一个概念化的规定,他只是说:"从类型的前理解、从已经熟识作品的形式与主题、从诗歌语言和实践语言的对立中产生了期待系统。"③ 对此,朱立元先生进一步分析了期待视野的主要内容:(1)对文学作品某种类型和标准的熟识和掌握;(2)对文学史上或当代一些作品的熟识;(3)读者在实践和现实中活动形成的心理体验。④ 总的说来,"期待视野"就是在文学活动中读者的主体性存在的显现。这种主体性的存在在阅读和阐释的过程中不但不应该被悬置,而且还在阅读过程中实现了视野的融合(Horizontverschmelzung)。与之相应的是,"一部作品,即便它以崭新面目出现,也不可能在信息真空中以绝对新的姿态展示自身。但它却可以通过预告、公开的或隐蔽的信号、熟悉的特点、或隐蔽的暗示,预先为读

---

① 〔美〕R. C. 霍拉勃:《接受理论》,见《接受美学与接受理论》,第288页。

② 见金元浦:《接受反应文论》,第121页。

③ 〔德〕H. R. 尧斯:《文学史作为向文学理论的挑战》,见《接受美学与接受理论》,第28页。

④ 朱立元:《接受美学导论》,合肥:安徽教育出版社2003年版,第202—203页。

者提示一种特殊的感受"。进而,作品唤起了读者对以往阅读的记忆,"这一新的本文唤起了读者(听众)的期待视野和由先前本文所形成的准则,而这一期待视野和这一准则则处在不断变化、修正、改变,甚至再生产之中"。① 对于那些"历史中轮廓不清"的作品,可以通过三个普遍架设的途径来建立期待视野:通过熟悉的标准或类型的内在诗学;通过文学史背景中熟悉的作品之间的隐秘关系;通过虚构和真实之间、语言的诗歌功能与实践功能之间的对立运动来实现。

在尧斯的文学史建构中,期待视野甚至成为了衡量作品审美价值的准绳。在他看来,文学与读者的关系中蕴藏着的历史含义是:"第一个读者的理解将在一代又一代的接受之链上被充实和丰富,一部作品的历史意义就是在这过程中得以确定,它的审美价值也是在这过程中得以证实。"尧斯进而推出了"审美距离"这个范畴,它是"既定期待视野与新作品出现之间的不一致",而"期待视野与作品间的距离,熟识的先在审美经验与新作品的接受所需求的'视野的变化'之间的距离,决定着文学作品的艺术特性"。② 在尧斯那佶屈的概念描述背后,我们可以看到这样一个事实:

> 如果一部作品的每句话都符合我们的预测,情节的发展完全在我们意料之中,我们读来毫不费力,但也感觉不到奇绝的妙处,这种作品必然又枯燥乏味,引不起我们半点兴趣。所以,从读者的实际反应这个角度来说,打破读者的期待水平(视野),使他不断感到作品出奇制胜的力量,才是成功的艺术品。③

---

① 〔德〕H. R. 尧斯:《文学史作为向文学理论的挑战》,见《接受美学与接受理论》,第29页。

② 〔德〕H. R. 尧斯:《文学史作为向文学理论的挑战》,见《接受美学与接受理论》,第25、31页。

③ 张隆溪:《仁者见仁,智者见智:关于阐释学与接受美学·现代西方文论略览》,载《读书》1984年第3期。

在此，我们真切地看到了尧斯对读者的偏爱。假如亚里士多德的《诗学》将净化（Catharsis）归结为审美经验的核心范畴，就已经显示了读者的审美体验在文学活动中的存在的话，两千多年来，读者的作用在西方文学批评的历史传统中是频繁地出现的。但是，在概念化的思维范式笼罩下，读者和作品的关系常常被限定为对象化、概念化的逻辑认知，或被看做概念思维体系中比较初级的、杂乱无章的感性材料，以这种概念外延来限定审美体验，则读者的期待视野永远不会得到公正的对待。只有在哲学现象学、哲学解释学的启示下，在接受美学的理论尝试下，文学现象中的读者之维才真正地获得了本体化的地位。

如果说尧斯对"期待视野"的阐发主要是从读解的角度来探讨文学现象中读者的作用和地位的话，伊泽尔的"本文的召唤结构"、"观念的读者"等理论则分别从本文的意义生成和读者对于作者的深层次影响等方面丰富和补充了接受理论。他认为，"文学作品有艺术和审美两极：艺术一极是作者的文本，审美一极则通过读者的阅读而实现。"因此，不论一部文学作品多么意味隽永情深意长，或者磅礴喷涌豪气万丈，蕴含在文中的意义空白总是需要读者通过阅读来填补，只有经过了读者的意向性接受的洗礼，本文中的意义才真正地进入到了文学的动态之链当中："当读者接触到文本提供的一些角度，把不同的所见相互联系起来时，他便使作品及它自身处于运动状态。"① 读者在文学活动中的能动性甚至扩展到了作者的写作过程。"观念的读者"（Der Ideelle Leser）似乎是一个从"现实的读者"（Der Reale Leser）这个范畴的现象学还原之后抽象出来的一个读者范畴，但是它却突出了文学现象的"意向性"。伊泽尔又把"观念的读者"区分为"作为意向对象的读者"和"潜在的读者"两类，前者指"作家在创作构思时观念里存在的、为了作品理解和创作意向的现实化所必需的

---

① 〔德〕W. 伊泽尔：《文本与读者的相互作用》，见张廷琛主编：《接受理论》，成都：四川文艺出版社1989年版，第45页。

读者";后者指"作者在作品的本文中所设计的读者的作用"。① 可见,"观念的读者"代表着在作者创作过程中读者的存在,对此,朱立元先生进一步总结道:"潜在的读者不是谁捏造出来的,而是作家创作心理上一个不可抹杀的存在,它对激发作家创作冲动、欲望,指导作家确定创作的方法、原则和观察、概括生活的视角、方向,帮助作家进行符合读者需求的艺术构思和写作,都有重要的意义。"② 从这个角度来说,读者全方位地介入了文学活动的每一个角落,也只有如此,文学现象才能被看做一个完整的现象,以往那种偏于作者或者作品的理论视野被打破了,对读者的研究正式进入了文学研究的视野。接受美学的启示意义,也正在于此。

在《文学史作为向文学理论的挑战》一文发表后,"期待视野"这个范畴逐渐"淡出"了尧斯的理论视野。但是,"期待视野"作为尧斯对读者之维在文学活动中的存在的描述,依然潜在地影响着尧斯的后续研究。尧斯的文学史建构之完成,在于历史的"共时性"和"历时性"的提出,文学史实际上就是历史的视野与现时视野的交融史;相对于以往的史观多重视历时性的认识,尧斯更重视共时性,因为它是作品视野与读者视野的交融,只有在交融之中,文学的功能才真正体现出来。这种文学史观显然是对伽达默尔的解释学史观的接受。伽达默尔就认为:理解活动是个人视野与历史视野的融合。从理解的先在意义上来说,"个人视野"就相当于"期待视野"。当尧斯把研究重点转向审美经验和对话—交流研究的时候,我们越发清晰地看到了尧斯的接受美学理论的解释学倾向。对于这一点,我将会在本章第四节展开议论。

总的说来,尧斯为今后的文学研究指出了一条通天之衢,他的启示意义永远不能被人忽视。但是,尧斯的理论实践还存在很多考虑不周之处。比如,尧斯对"审美距离"的标榜显示出他对于形式主义文论的"陌生化"(Ostranenie)的过度依赖,这种机械化、概念化的认识反倒影响了

---

① 〔德〕W. 伊泽尔:《潜在的读者》,见《文艺美学方法论》,第344—345页。
② 朱立元:《接受美学导论》,第280页。

"期待视野"理论的深化。此外，尧斯对各种文学史观的尖锐批评也常常带有"偏见"，对此，朱立元先生在《接受美学导论》中作了深入的分析，兹不赘述。

三　召唤—结构：接受美学的本文观

本文（Text），又译作"文本"。在英语中，"Text"一词来自拉丁文"编织"（Texere）①，本意为原文、正文，在文学研究中多被等同于文学作品。在艾布拉姆斯所概括的包含着世界、艺术家、欣赏者和作品四个要素的文学活动之整体图式中，作品总是处于一个中心化的地位，不论是偏向于世界的模仿理论（Mimetic Theories）、偏向于欣赏者的实用理论（Pragmatic Theories），抑或偏向于作者的表现理论（Expressive Theories），都不可能脱离作品而空谈文学；② 而这三种理论都否认作品是独立的存在物，它或者是某些事物的模仿，或者是某种精神的显现。"在这种思维格局下，文论家的目光不可能稳定地停留在艺术作品身上，总是稍作触及便又跳开。"③ 艾氏还列举了第四种批评理论，即以作品为中心的"客观说"（Objective Theories）："它在原则上把艺术品从所有这些外界参照物中孤立出来看待，把它当作一个由各部分按其内在联系而构成的自足体来分析，并只根据作品存在方式的内在标准来评判它。"④ 可见，这是一种将文学本文本体化的理论倾向。但是在艾布拉姆斯的叙述中，这第四种批评理论依然采取了一个外在的视角，这种对象化、客观化（Objective）的视角从认识论的角度来看，与前三种理论没有本质上的区别。大约是因为欧洲大陆

---

① 见傅修延：《文本学：文本主义文论系统研究·绪论》，北京：北京大学出版社2005年版，第1页。
② 〔美〕M. H. 艾布拉姆斯：《镜与灯：浪漫主义文论及批评传统》，第4—5页。
③ 傅修延：《文本学：文本主义文论系统研究·绪论》，第12页。
④ 〔美〕M. H. 艾布拉姆斯：《镜与灯：浪漫主义文论及批评传统》，第24页。

的现象学理论、形式主义对艾氏影响甚微，他在书中并没有阐述他们的观点。真正在哲学层面上赋予本文以本体化的地位的，应当是哲学现象学，其中又以罗曼·英加登为代表。

在前面我们曾经提到，现象学哲学家英加登深受胡塞尔的影响，他创造性地接受了胡塞尔的"现象学还原"哲学方法论，尤其深入地发展了胡塞尔现象学的"意向性"问题。在胡塞尔的哲学体系中，他将现实的存在问题加上括号而悬之高阁，并通过现象的还原（Phänomenologische Reduktion）、本质的还原（Eidetische Reduktion）和先验的还原（Transzendentale Reduktion）三个步骤，排除了一切客观化的因素而返归作为一切意义的基础和意识构成性基础的先验自我。这种穷究本体的思路让英加登颇为振奋，但是英加登却反对胡塞尔完全排斥意向性客体、"从而变相地否认客体客观存在"的立场。在他看来，"独立于认识主体的物质客体是存在着的，世界的实在性是不可回避的"。[①] 他的这种认识促使他深入地探究了文学作品的内在结构和存在方式问题。他首先指出：文学作品既具有实在性，又带有观念性，应该是一种"意向性客体"（Intentional Object），这就意味着：文学作品并不是一种自足的存在，它的意义必须依赖接受者的意向性活动来填补、完成。随后，英加登通过"现象学还原"，描述了文学作品的艺术结构。英加登认为，文学作品有四个基本层次：1. 声音的层面；2. 意义单元的组合层面；3. 再现的客体层次；4. 图式化观相层次。第一个层次是我们面对文学作品时首先接触到的被赋予一定意义的字音。在表音文字符号体系中的西方语言以字音层次为其他层次的物质基础，它显现着其他的层次，尤其是意义单元层次。意义"受制于字音，在与字音的联系中构成词语"。从字音到意义，体现着审美认知的一般顺序。而在文学作品的欣赏中，审美知觉还在于透过意义单位而进入作品的形象。这个形象，就是作者在文学作品中虚构的对象，它具有"模拟的实在性"，

---

① 王岳川：《现象学与解释学文论》，第 50 页。

是读者在意识活动中"再现"出来的。而文学作品中的被再现客体都是以图式化方面（Schematized Aspects）的形态来呈现的。所谓"观相"，指的是客体向主体显示的方式，它依赖于主体的知觉而存在，因而是一种观念化的东西。客体只能以图式化的方式出现，但是图式之中充满着"未定点"，"有待读者去想象性联接和填充，从而使文学客体丰满具体化"。这一"图式化"结构便可以概括整个文学作品的结构特征，因此，它被伊泽尔采纳和发挥，并对这一"骨架"式的文章结构中必然存在的未定点作了大量的阐发。除了以上四个基本层次，英加登又提出了文学作品的"形而上品质"（Metaphysical Qualities）。所谓形而上品质，是指"崇高、悲剧、恐惧、动人、丑恶、神圣、悲悯"的性质，"这些性质不是客体的属性，也不是心态特征"，但是通过这一层面，"艺术可以引人深思"。可见，英加登的现象学作品本体论认为：文学作品由多个异质的层次构成，每一层次都和上下两个层次有着直接的联系，而这众多的层次共同构成一个具有整体性的结构。这一结构中存在着大量的未定点，它有待读者将之"确定化"。

我们如此大费周章地介绍英加登的本文理论，因为它正是伊泽尔的理论体系的直接源泉，是接受美学之"本"（当然，它不是唯一的本源）。除了接受美学，英美新批评和结构主义等等都或多或少地受到了英加登的影响。韦勒克在《文学理论》中接受了英加登的文学作品本体论，并进一步强调："存在一种'结构'的本质，这种结构的本质经历许多世纪仍旧不变。但这种'结构'却是动态的：它在历史的进程中通过读者、批评家以及与其同时代的艺术家的头脑时发生变化。"[①]

如果说这种本文的本体论与艾布拉姆斯所说的"客观化倾向"有何不同的话，强调本文的开放性、动态性和生生不已的生命特征，[②] 而不是把

[①] 〔美〕勒内·韦勒克、〔美〕奥斯汀·沃伦：《文学理论》，南京：江苏教育出版社2006年版，第173页。

[②] 韦勒克在《文学理论》中说："它（作为经验客体的艺术品）具有一种可以称作'生命'的东西。它在某一时刻诞生，在历史的进程中变化，还可能死亡。"见《文学理论》，第172页。

本文看作一个封闭自足的认识客体——正是两种理念的差异所在。在这一点上，接受美学的观点与韦勒克是一致的。"一部文学作品，并不是一个自身独立、向每一时代的每一读者均提供同样的观点的客体。它不是一尊纪念碑，形而上学地展示其超时代的本质。它更多地象一部管弦乐谱，在其演奏中不断获得读者新的反响，使本文从词的物质形态中解放出来，成为一种当代的存在。"① 这是尧斯的一段极有力的宣言，他向世人宣告，文学作品不是一个静态的客体，不是一个被动的、待人读解的对象化存在，它是在文学接受的动态之链中不断被人接受、蕴含在作品历史性中的意义不断被"共时化"的开放性的存在，它真正地恢复了文学作品的历史性，因为只有这种动态的接受之链才是对于文学作品在生命时间之绵延的真正体验。不过，尧斯更多地关注接受现象中的主体经验，最终走向了审美经验阐释学。而伊泽尔更多地关注接受现象中的本文，提出了一个"召唤性"的本文理论体系。

在前面，我们已经多次提到伊泽尔的《本文的召唤结构》（Die Appellstruktur der Texte）。这篇文章同尧斯的《文学史作为向文学理论的挑战》一样，本是一篇讲稿，也是接受美学理论的另一篇重要的宣言。在美国学者霍拉勃眼里，伊泽尔的理论"万变不离其宗，不断地拓展他开始时提出的前提"②。在这篇论文中，伊泽尔主要提出了五点意见。首先，他区分了文学作品的本文与一般性著作的本文。一般性著作，诸如学术论文、新闻报道等等使用的是"解说性语言"（Erlauternde Sprache），相对于文学本文的"描写性语言"（Darstellende Sprache），前者并不具备"文学性"。文学作品的语言包含着意义未定性（Sinnunbestimmtheit）和意义空白（Sinnleerstellen）。正是意义未定性和意义空白构成了文学接受效果的前提。其

---

① 〔德〕H. R. 尧斯：《文学史作为向文学理论的挑战》，见《接受美学与接受理论》，第26页。

② 〔美〕R. C. 霍拉勃：《接受理论》，见《接受美学与接受理论》，第367页。

次，文学作品中的意义并不是静止的、固定的客体，只有在阅读的过程中，作品的意义才能产生，它是作品和读者相互作用的产物。这种认识显然受到了英加登现象学中"具体化"范畴的影响。再次，伊泽尔强调了作品中的未定性和意义空白的本体化的地位，它们是联结创作意识与接受意识的桥梁，促使读者将不确定的意义确定化。因此，未定性与意义空白构成了作品的基础结构，这就是本文的"召唤结构"。其四，因为文学作品中的世界与读者的经验世界不同，在阅读过程中，读者与作者、读者与读者之间的差异使得他们对于未定性的确定和空白的填补异彩纷呈、歧义百出，从接受的角度来看，这种纷繁的现象正是一种再创造的过程，它使得本文的意义在不同的时空中获得了新的生命。最后，文学的特点就在于未定性与意义空白给予读者能动的反思与想象的余地。在提供足够理解信息的前提下，一部作品的意义未定性与空白越多，读者对作品的理解和阐释就越深化，可见，这种召唤性的结构不但不是作品的缺陷所在，反而是作品效果产生的根本出发点。①

我们可以看到，伊泽尔的本文理论与尧斯的接受研究虽然在表述上差异明显，但是两者的理论却很有异曲同工之妙。伊泽尔所提出的"召唤性结构"，其理论的核心在于本文的意义生成有待于接受者的参与，这一点与尧斯的"视野融合"颇有契合之处。而伊泽尔强调作品中的文学世界和读者的经验世界，实际上也就对应着尧斯的"期待视野"，伊泽尔所说的读者与作品/作者/读者所属世界的不同促使读者去填补空白，进而强调"空白和未定性越多，读者的创造性接受就越'华彩化'"，这一点更可以看作尧斯的"审美距离"观点的另一种表述。此种现象的产生，不仅仅是因为尧斯和伊泽尔早在上世纪六十年代初就开始了的"诗学与阐释学"小

---

① 〔德〕W. 伊泽尔：《本文的召唤结构》，载雷纳·瓦尔宁编：《接受美学：理论与实践》，详见章国锋：《国外一种新兴的文学理论：接受美学》，载《文艺研究》1985年第4期，以及金元浦：《接受反应文论》，第42—44页。

组的合作,而更在于哲学层面上的契合。因为尧斯与伊泽尔都是本着阐释学、现象学的深层理念而展开自己的研究的,而阐释学、现象学两种理论虽然在方法论上存在很大的分歧,其自身的理论发展也衍生出了众多流派,但是,它们都有着共同的精神背景,或者说"终极依据",即在十九世纪萌芽,又在二十世纪大行其道的一种理论的反拨,也就是我们在本章第一节中所说到的对于"概念化思维方式牵引下的对象化、外在化、封闭化的哲学认知"的反动,而这种"反动"最终又返归于对人的本真存在的体认上面。在此,海德格尔的理论发展最为典型。他既深受胡塞尔的影响,又对解释学领域中的"阐释的循环"深有体悟,他对"本真存在"的阐发也成为在他身后风行一时的接受美学的理论之源。

在这样的"终极依据"的指引下,伊泽尔和尧斯一样,将自己的理论引向对话—交流的接受范型就是一个非常合理的选择了。在《本文的召唤结构》一文之后,伊泽尔又出版了《潜在的读者:从班扬到贝克特长篇小说的交流结构》(1972)、《阅读活动:审美响应理论》(1976)等专著,在此之后,还有若干论文发表①,继续延展《本文的召唤结构》中提出的理论。其中,《阅读活动》一书当为伊泽尔最主要的论集。在书中,伊泽尔强调:"文学作品具有两极,我们可以称之为艺术极和审美极:艺术极是作品的本文,审美极是由读者完成的对本文的实现。由于这两极截然相反,显然,作品本身既不能等同于本文,也不能等同于读者对本文的具体化,而必定被安置于这两者之间的某个地方。"② 于是,伊泽尔分别论述了文学艺术一极的功能主义模型、审美一极的阅读现象学,最终归结于文学本文的交流结构。实际上,在交流结构中,这两极完全是缺一不可的,不

---

① 如:《文本与读者的相互作用》(1980),见于张廷琛主编:《接受理论》,第44—62页;《走向文学人类学》(1989),见〔美〕拉尔夫·科恩主编,程锡麟等译:《文学理论的未来》,北京:中国社会科学出版社1993年版,第275—300页。

② 〔德〕W. 伊泽尔著,霍桂桓、李宝彦译:《审美过程研究——阅读活动:审美响应理论》,北京:中国人民大学出版社1988年版,第27页。

可能脱离艺术极而专论审美极,反之亦然。

伊泽尔在对文学本文的功能主义模型的描述中,提出了两个主要范畴,即"保留剧目"和"策略"。"我们应当更适当地称建立情境所必不可少的惯例为本文的剧目。我们将把已经得到人们承认的传统做法叫做策略。"① 也就是说,在接受活动中,文学本文之中存在着本来为读者所熟悉的"惯例"和"常规",这是理解活动的前提。以此来推断,所谓"剧目",相当于一种历时性的期待视野,伊泽尔将之看作本文和读者共有的"故土",是一个参照系。而剧目中的内容之组织形式或图示就是"策略"。然而,这个策略并不等同于实体化的结构特征,而是功能化的、非实体化的一种潜势,它使得本文的各种叙述技巧得以发生作用。从这个角度来看:"本文只是作为潜在的现实而存在——它需要一个主体(也就是说,需要一个读者)来具体实现这种潜在的现实。所以,文学本文主要作为一种交流手段存在,而阅读过程基本上是一种成对的相互作用。"② 这正是伊泽尔对本文的根本认识。我们也可以知道,所谓"阅读现象学",也是须臾不能离开本文的。在他看来,"本文和读者之间的关系与客体和观察者之间的关系根本不同:与主体—客体关系相反,这里存在的是在必须理解的本文之内移动的一种活动的视点。读者这种领会客体的方式是文学所特有的。"③ 在此,伊泽尔强调了文学接受"内在体验"的特征,"游移"体现了这一过程的动态性、时间性,"视点"作为内在的"介入",与那种外在的、客观的认识有着根本的不同。如果说此处的叙述已经与象思维很有契合的话,阅读现象学部分中"意象(形象)的建构"的阐发则更令人兴奋。伊泽尔认为,读者在阅读过程中总是在不断地、无意识地构筑形象。他称之为"被动综合"(来自胡塞尔)。正是在本文策略的"刺激"下,

---

① 〔德〕W. 伊泽尔:《审美过程研究——阅读活动:审美响应理论》,第 93 页。
② 〔德〕W. 伊泽尔:《审美过程研究——阅读活动:审美响应理论》,第 89 页。
③ 〔德〕W. 伊泽尔:《审美过程研究——阅读活动:审美响应理论》,第 145 页。

读者的观念投射于本文,在此,"主体和客体的区别消失了"。① 总的说来,伊泽尔所描述的"阅读现象"是一个借助于游移视点这一动态化、非实体化的整体现象而实现的"筑象"的过程。在阅读过程中,"读者从相互作用的本文视野中创造逐渐显现出来的意义整体——正像我们已经看到的那样,而且意味着通过系统表述这个整体,它使我们有可能系统表述我们自己、从而发现一个内在的、我们迄今为止一直没有发现过的世界"②。最能体现伊泽尔的接受观点的,主要在于他对于文学与交流的阐述,而此处最重要的范畴是"空白"。他首先指出,被接受的本文与读者之间的交流是不对称的,一方面,本文不能以其初始的全貌展示给读者,读者的理解也无法证之于古人。而正是这种"不对称",刺激了读者的能动性,使得他们从本文的暗示或者意指中建立一个交流的语境。这样,本文与读者的交互作用决定了接受本文的未定性,而这未定性的根源,又是本文中的"空白"。如果说伊泽尔眼中的未定性指的是意向性对象的图式化序列中的空缺的话,则空白指的是本文整体系统中的空白,它是结构意义上的"留白",在接受过程中是必然要被填补的。在这个填补的过程中,本文的各个图式被联结了起来;当本文的整个图式被联结成一个整体的时候,空白就消失了。

总的说来,接受美学的本文观强调文学接受现象中的文学本文是一个意向性的客体,其中存在着大量的意义空白,有待读者去填补。而这一填补的过程正是读者的期待视野与本文本身的视野发生融合的过程,这一过程更是新的审美经验产生的过程。只有在读者通过阅读而实现对本文的接受之后,本文中的意蕴才能够完成它的呈现,在此意义上来说,读者的接受完全是本文意义之生命存在的组成部分。这样,在接受现象

---

① 〔德〕W. 伊泽尔:《审美过程研究——阅读活动:审美响应理论》,第182—183页。
② 〔德〕W. 伊泽尔:《审美过程研究——阅读活动:审美响应理论》,第216页。正是在此处,伊泽尔找到了他的理论与"现代人关于主体性"的契合点。

中的本文就再也不是一个自给自足的、封闭的、客观化的实体，而是一个连接着读者和作者的召唤性的动态存在。在接受美学看来，作者在创作本文时的"原意"并不能成为作品的唯一意蕴，只有作者写入作品中的意蕴与读者的视野发生了交流，接受本文的意义才完成了一个由发生到交流再到融会的循环。所以，接受美学的必然归宿，只能是交流的理论。

四　对话—交流：生命的交融与阐释的循环

通过前面的论述，我们知道，接受美学之所以能够在其诞生之初形成"一呼百应，应者云集"的效果，其中一个最重要的原因就在于尧斯和伊泽尔等一批学者能够切中时弊，敏锐地发现文学史研究的危机。而他们所提出的读者中心论也确实新人耳目，并从哲学的高度唤起了人们对文学活动中读者一极——一个长久以来一直为研究者所忽略的文学要素的重新认识，形成了一个新的文学研究范式。这种范式的变革往往是最能鼓舞人心也最能够深入人心，因为它能够使逐渐没落的旧有范式焕发新的生命。然而，不论是尧斯的《文学史作为向文学理论的挑战》，抑或伊泽尔的《本文的召唤结构》，都不能算作深思熟虑的产物。其中不免有多种思想流派纠结牵合的痕迹，且其理论的"思维之链"也没有完整地建构出来。因此，"接受美学"从诞生之日起，就注定要伴随着激烈的争论和不断深入的反思。这样尧斯、伊泽尔等人就在激烈的辩论中不断地反思自己的观点，并且逐渐着手建构自己的理论体系，其中尤以尧斯的理论转变最为典型。

"审美经验意味着什么？它在艺术史上是如何表现的？它对现代艺术理论又有什么助益？"在《审美经验与文学解释学》一书中，尧斯又提出了一系列"挑战性"的问题，开始了新的论述。这部专著大约作于他在1967年所作的那篇题为《研究文学史的意图是什么、为什么？》演讲的十年之后（此书的上卷出版于1977年，而下卷则出版于1982年），它既是尧斯的解释学—接受美学思想十年间发展的一次系统的总结，也是旗帜鲜明的"论辩之作"。如尧斯在本书自序中所说的："H. G. 加达默尔德哲学解释学著作《真理与方法》（1960 年），以及 T. W. 阿道诺的遗著《美学理论》（1970 年）是写作本书的直接动力。"① 如果说有关解释经验的理论、这种理论在人道主义主导概念史中的历史再现、他从历史影响的角度来考察通向全部历史理解的途径的原理，以及对可加控制的"视域融合"过程的精细描述②毫无疑问都是尧斯的理论前提的话，则阿多诺（Theodor Ludwig Wiesengrund Adorno）的遗著《美学理论》（*Aesthetic Theory*）是促使尧斯努力恢复审美经验的中心地位的直接动力。

  作为法兰克福学派的代表人物，阿多诺与尧斯等人同处于一个旧有的范式遭遇危机、各种思潮风起云涌的时代，他们的美学思想本有很多相通之处。阿多诺等人的思想与时代气息筋脉相连，他的哲学批判直指资本主义的社会形态，极具颠覆性，其代表性的思想就是"否定"美学。阿多诺力图以自己的反叛精神"颠覆资本主义一体化社会，以哲学和美学作为武器来唤醒人们麻痹的意识，让人们从褊狭的意识形态中摆脱出来，获得心灵的解放"。阿多诺进而把艺术定义为"对现实世界的否定性认识，否定性就是艺术（尤其是现代艺术）的本质特征"。质言之，"阿多诺否定美学的精神实质就是艺术对经验世界的疏远与拒绝，以及现代艺术对传统艺术完美感性外观的抛弃"。③ 在此，阿多诺显然吸收了俄国形式主义学派舍克洛夫斯基的"陌生化"理论和德国美学家莱希特的"间距化"原理并将之推向一个极端，实际上造成了艺术的"高雅化超拔"。与之相对，尧斯、伊泽尔等人同样深受形式主义的影响，他们所说的"视野融合"往往伴随着读者自身"期待视野"的否定；在接受现象中的"否定"也并不仅限于

---

① 〔德〕汉斯·罗伯特·耀斯：《审美经验与文学解释学·作者序言》，上海：上海译文出版社 2006 年版，第 11 页。

② 《审美经验与文学解释学·作者序言》，第 11 页。

③ 刘月新：《解释学视野中的文学活动研究》，武汉：华中师范大学出版社 2007 年版，第 72、74 页。

读者一人的视野,而往往会成为整个社会、整个时代期待视野的超越和否定。正是在这一点上,即"文学艺术对社会的批判与否定功能"上面,以阿多诺为代表的法兰克福学派与接受美学的理论家们是意念相通的。然而,阿多诺等人的"左派"色彩过于浓烈,以至于过分注重形式的悖离,大谈"非完美"、"不和谐"与"破碎之美",这种过度的否定极具片面性,它以单个主体面对艺术作品时产生的纯粹的反应来反对艺术的感性经验与交流功能,也便彻底破坏了文学活动的整体性和交流性。针对阿多诺激烈的反叛精神,尧斯反思了接受活动中的审美经验,重新强调了娱乐(Genuss)对于审美经验的意义。对于这一点,尧斯自信地说:"对于审美经验的历史来说,引进自娱这一概念,其重要性并不亚于通过否定把使用和享受的区分用于主体相互作用的经验。"① 在此,尧斯提出了"娱物中自娱"的主张,即:"认为审美经验在主体与对象的相互作用之中产生审美快乐。因此,姚斯认为愉悦或快乐与艺术的认识与交流功能并不排斥,它是审美经验的题中应有之义。"②

确立了审美经验的中心地位之后,尧斯分析了审美愉悦的三个基本范畴:创作、感受和净化。第一个范畴"创作"(Poiesis)又译作"诗"、"创造"。"按照亚里士多德的说法,'创作'一词指的是制造某物的能力,并表示人们在自己工作中得到的快感。"③ 因此,"创作"这个范畴主要指艺术生产的审美经验。第二个范畴"感受"(Aesthesis)则又可称为"审美感觉"或"审美愉悦",他强调的是审美活动的接受方面。亚里士多德以这个范畴来命名认识性视觉和视觉性认识的审美愉快。由于这个词具有感性知觉和情感的基本含义,鲍姆嘉通(Alexander Gottliel Baumgarten)的美学体系接受了这层含义。尧斯则以一系列前人所提出过的范畴和概念来描述感受这一范畴的"纯粹可见性"(康拉德·菲德勒语),如"陌生化"

---

① 〔德〕汉斯·罗伯特·耀斯:《审美经验与文学解释学》,第26页。
② 金元浦:《接受反应文论》,第128页。
③ 〔德〕汉斯·罗伯特·耀斯:《审美经验与文学解释学》,第38页。

（维克多·舍克罗夫斯基语）、"对客体的无利害性的沉思"（莫里茨·盖格尔语）或对"存在的密度"（萨特语）的经验。概括来说，这种感受作为"复合的、清晰明了的知觉"（迪特尔·亨里希语），"反对概念化认知所享有的特权，维护了感性认知"。① 第三个范畴"净化"（Catharsis）亦可译作"陶冶"，也常音译为"卡塔西斯"。在综合了高尔吉亚和亚里士多德的定义之后，净化指的是"当人们受到讲演或者诗歌激励时他们自己的情感所产生的快乐，它能改变并解放听众和观众的心灵"。② 这样说来，净化范畴便可理解为艺术与接受者之间交流性的审美经验。尧斯认为，作为审美经验的三个基本范畴，创作、感受和净化不应被看做是一个有等级差别的层次不同的结构，而应看做是一些独立的功能的结合体。也就是说，三者应该是内化于审美经验内在结构中的三个体验维度，而不是概念化认知体系中那种条块分割、泾渭分明的三种封闭的概念，这三者共同构成了审美经验的生产—接受—交流的流动的历史，也形成了一个整体性的交流图式。在这个图式中，"认同"成为了"否定"的中介，因为读者与作品分别作为两个存在着的主体，各有其主体性尺度的，只有在交流中认同，读者才能在对于作品的经验中找寻到自我的审美经验之存在。因此，这种审美主体和客体在审美体验中的交流正可以看作"是人性深度的一种自我探寻，经过审美经验过程所有阶段以后，人们发现，那种有限与无限和沟通的审美同一性即向自己讲述一种可能性，就使用不放弃的对自身同一化的追问"。③ 可见，尧斯所说的"审美认同"正是接受者在审美经验中追寻"本真之我"的体现。

尧斯又进一步把审美认同划分出五种类型，即"接受者与作品中主人公之间相互联系的五种类型"，如下表④：

---

① 〔德〕汉斯·罗伯特·耀斯：《审美经验与文学解释学》，第39页。
② 〔德〕汉斯·罗伯特·耀斯：《审美经验与文学解释学》，第39页。
③ 王岳川、胡经之主编：《文艺美学方法论》，第350页。
④ 〔德〕汉斯·罗伯特·耀斯：《审美经验与文学解释学》，第190页。

与主人公认同的互动模式			
认同模式	所涉对象	接受定位	行为或态度规范 （+等于进步） （−等于倒退）
联想式	游戏/竞赛 （庆祝仪式）	把自己置于所有其他参与者的角色中	+自由生存的快感（纯社交性） −适度的超越（退回古代礼仪）
钦慕式	完美的主人公 （圣徒/贤哲）	钦慕	+竞赛 −模仿 +示范 −启迪/从超乎寻常中得到快乐（解脱的需要）
同情式	不完美的主人公	怜悯	+道德兴趣（准备行动） −感伤（对痛苦的体会） +对具体行为的同感 −自我肯定（慰藉）
净化式	受难的主人公 受困扰的主人公	悲剧情感/心灵与头脑的解放 同情的笑/心灵与头脑的戏剧性获释	+非利害的兴趣（自由反省） −忘情入迷（迷狂） +自由道德判断 −嘲笑（笑的仪式）
反讽式	失去主人公气质的或反传统的主人公	异化(挑衅)	+反应性创造 −唯我论 +感知的提炼 −有教养的厌倦 +批判性反思 −漠然处之

这种详细的划分区分了审美交流过程中接受者与接受本文的互动过程，所谓"主人公"指的是作品中的主人公，而五种认同模式又对应着接受者/观察者作为一个具有审美自由的经验主体在审美愉悦过程中经历的多种态度范畴。这五种认同模式涵盖了文艺作品审美效果的不同实现方式，构筑了一个广泛联系而又极富纵深的审美经验理论体系。

如果说尧斯的《审美经验与文学解释学》标志着尧斯从早期的读者中心论转向对话与交流的话，他的另一篇论文《文学与阐释学》则体现了尧斯审美经验理论与解释学理论那种明确的渊源关系。在文中，尧斯开宗明义:"今天,重新摆在我们面前的任务,是创立文学阐释学并发展它的方法论。确切地说,它存在于源远流长的语言阐释学的古老传统之中。"① 可见,尧斯始终以阐释学的方法论为依据来建构自己的理论体系。在这篇文章中,尧斯拿来了阐释学中三个重要的范畴:理解(the subtilitas intelligendi,即 understanding)、阐释(explicandi,即 interpretation)与应用(applicandi,即 application)。我们知道,这三个范畴很早就进入了解释学的视野,对于三个范畴之间关系的辨析也便是解释学理论的重要课题。在伽达默尔那里,三范畴不分彼此,都是阐释学过程的一个组成部分,理解同时就是解释和应用,所有的解释都是理解的解释,解释又是理解的应用,应用即是理解的行为本身。也就是说,伽达默尔从本体存在的意义上将三者统贯为一体。而尧斯则从意义建构的动态性和层递超越性出发,重新反思了这三个范畴。在他看来,文学解释学活动分为三个阶段,首先便是审美感觉的理解,它是审美感觉范围内的直接理解阶段,这一阶段是其他阶段阅读的基础,是读者受本文之意向性的指引而获得的审美感知。第二阶段是意义的反思性视野,对应着三范畴中的"阐释"。伽达默尔认为"理解意味着将某些东西当作一种答案来理解",② 而尧斯则对这一名言作了限定,即在文学本文中,它不适应于初级感性理解事业的基本活动。但是在审美经验的第二个阶段,它将一种特殊的意义具体化,以之作为对某些提问的一种回答。因此,这一阶段是接受者在再阅读的过程中对本文的意义展开的反思与确证。③ 可见,接受活动到了这一阶段,一个审美感知—意义具体化的交流循环已经形成了。第三个阶段则是历史阅读。传统的阐释学强调读者必须排除自身的偏见,意图重现文本的"客观意义"。显然,这是所谓"阐释循环"的老问题。尧斯从对话和交流的层面入手,反对这种"客观主义"的幻觉,反对历史理解凌驾于审美欣赏之上。他认为,审

---

① 〔德〕汉斯·罗伯特·尧斯:《文学与阐释学》,见胡经之、张首映主编:《二十世纪西方文论选》,第三卷,北京:中国社会科学出版社 1989 年版,第 358 页。

② 见《二十世纪西方文论选》,第三卷,第 362 页。

③ 见金元浦:《接受反应文论》,第 138—140 页。

美感知必须作为解释的前提进入阐释的循环，本文也不应该是一单向度地展示客观事实的对象，审美主体更不应该是一个完全被动的观察者。在历史阅读的阶段必须把"本文说了什么"这个单向的问题转化为"本文对我说了什么和我对本文说了什么"这样一个对话—交流性质的问题，才可以避免历史循环论。反过来说，这种对话—交流的解释范式不但反对那种"客观主义"倾向，也反对罗兰·巴特的"复数本文"及其"互文性"，即意义之阐释的随意性。尧斯指出：文学作品意义的具体化是一个历史进程，它遵循着沉淀在审美原则的形成于变化中的特定"逻辑"。这种"特定"逻辑，实际上就是对话与交流的阐释逻辑。它也便是尧斯的解释学美学的基本精神。

与尧斯一样，伊泽尔的理论视野也在他的《本文的召唤结构》发表后发生了转向，这一方面是由于"接受美学"在西方哲学界和东欧文论界产生了巨大的反响，而伊泽尔在美国讲学期间又同"读者反应批评学派"不断地商榷、争论，在此期间，伊泽尔对本身的理论体系处在不断的修正过程中；八十年代末，伊泽尔逐渐走向"文学人类学"的研究，转向一种更为宏阔的研究视野了。总的说来，伊泽尔的这种转向依然是在对话—交流范式下对文学整体性的深度追寻。这一点在他们的后继者身上体现得非常明显。如汉斯·乌里奇·冈布莱希特在《接受美学获文学作为交流社会学的必然产物》一文中纯粹从交流角度来考察文学研究范式的转换；卡尔海因兹·斯梯尔探讨了"阅读的补充性形式理论"，其研究对象是交流过程的形式问题。至如拉尔夫·格雷明格和冈特·瓦尔德曼等人也都是在交流—对话的范式之中展开研究的。

总的说来，接受美学大体上延续了胡塞尔所提出的"主体间性"的理念，认为人是主体，而本文也是主体，因为它是人之存在通过语言的展现，是历史中物化地呈现的人之存在。这里面所说的"物化"，即各种精神体验形诸文字之后形成的本文。在这种对话—交流理论看来，语言是一个媒介，一个载体，人便栖身于语言之寓，人也通过语言而存在。而理解的发生，就是在本文之内的语言事件，它完全是一种人与人的交流。所以，人与本文构成了一个互为主体的关系，人通过历史中的本文认识到了人的存在，认识到了人的自身。与概念化思维所强调的那种外在的认识相比，这种主体之间的交流并不会导向主体与客体的分离，反而会使得人与本文在对话—交流的过程中互相阐释，交互认同，最终实现体验的合流，也便是接受的完成。因此，接受美学始终强调一种主客间的融合，一种物我合一的心灵体验，强调接受主体与接受客体之间的相互生成。而这种相互生成的接受现象又时刻关联着本文的存在、意义的存在和人的存在，"存在"便成为了接受现象中最核心的范畴。这种对"存在"的深刻反思，正可以契合中国传统文化中的"生生之道"。对此，我们会在以后的章节中继续讨论。

第三章　接受美学与象思维

　　从 1983 年张黎、张隆溪等几位先生第一次将接受美学介绍到中国开始算起，至今已经有三十个年头了。在整个文化历史的进程来看，三十年之短暂直如白驹之过隙，但是，经过几代学者的辛勤努力，国内的接受美学研究已经非常兴盛，不论是接受美学经典原著的译介、理论的探研抑或接受批评的实践，都取得了丰硕的成果。现阶段，国内接受美学研究有这样几个特点：首先是学科覆盖广泛，接受理论的应用不但体现在文学、美学领域，教育学、心理学、翻译学、新闻出版等诸多学科都有自觉运用接受理论的成果问世。在文学领域之内，文学理论研究、古代文学研究、现当代文学研究、中西比较文学研究等众多分支都可见接受美学的身影。其次，接受美学的理论研究已经相当自觉和深入，尤其是进入 21 世纪，以"接受"为题的论文和专著的刊载显著增加，研究队伍也日渐壮大。再次，在接受美学研究的发展进程中，这一学科日渐开放，很多交叉学科和相关领域都成为了接受美学研究的促进因素。比如阐释学研究、现象学研究、批评史研究等等，虽然其研究对象并不是接受理论，但他们的理论建树和材料的选取总是与接受美学有着千丝万缕的联系。因此，很多接受研究的述评和综述都将此类文章归入接受研究的范畴之内。

　　不过，接受美学的"中国化"进程虽然已经渐入佳境，但还有很长一段路要走。陈文忠先生在《20 年文学接受史研究回顾与思考》一文中指出接受史研究中"仍存在一些亟待解决的问题"，"例如，在观念上，'接受史'与'学术史'常混而不分；在操作中，有的往往流于接受文本的罗列排比。只有在理论上真正搞清接受史的学术特质,才能在操作中避免接受史研究的变异。"① 实际上,同样的问题也存在于接受理论研究的历史进程里。在接受研究的实践过程中,如何能够自如地运用接受理论而不至于生涩地照搬理论教条,如何能够避免蜻蜓点水般地冠接受研究之名而蹈传统研究的老路,如何能够超越接受美学和中国传统文论之间简单的对比—联系的思路而找寻到理论上的契合点,都还是接受美学"中国化"进程中亟待解决的问题。

本文拟在中国传统的象思维和接受美学的比较研究的过程中,尤其是从思维方式这个决定一个民族文化品格和形而上学根本特性的层面入手,找到中国传统文论和接受美学在理论上的深层契合点。

一 述要:接受美学"中国化"的历程

接受美学在中国的传播和接受的历程虽然只有短短三十年,却也已经有了"历时"层面的分期问题;在"共时"层面上,不同角度、不同领域的接受研究也已经泾渭分明。历时方面,如陈文忠先生就把从1983年到2003年20年的接受史研究历程分为"80年代初接受美学的引进和消化;与之同时接受史研究的酝酿和尝试;90年代以来接受史研究的多元发展"三个阶段;② 樊宝英先生将"中国古代文论有关接受过程的研究"分为三个阶段:"第一,移植阶段。其时间大体从80年代初到80年代中期";"第二,尝试阶段。其时间大致从80年代中期到90年代初期";"第三,系统讨论阶段"。其时间则是90年代以后。③ 以上两种划分虽然主要针对接受史研究,但也都照顾到了整个接受理论研究的进展。共时方面,则划

---

① 陈文忠:《20年文学接受史研究回顾与思考》,载《安徽师范大学学报(人文社会科学版)》2003年第5期。
② 陈文忠:《20年文学接受史研究回顾与思考》。
③ 樊宝英:《近20年接受美学与中国古代文论研究综述》,载《三峡大学学报(人文社会科学版)》2002年第6期。

分思路愈发多样化，如朱立元先生分别从文学本体论、文学作品论、文学认识论、文学创作论、文学价值论、文学效果论、文学批评观和文学历史观等多个角度高屋建瓴地构架了接受美学研究的理论体系；① 陈文忠先生认为，国内研究者的接受史研究有四种模式，即"微观接受史模式"、"作家接受史模式"、"宏观接受史模式"和"创作影响史模式"。陈先生进一步总结道：文学接受史"可以在四个层面上由局部到整体逐步推进：首先是经典作品接受史；其次是经典作家接受史；进而是分体、分类、流派接受史；最后在上述成果基础上形成总体性的民族文学接受史"。② 樊宝英先生则分别从"作品的角度"、"作者的角度"、"读者的角度"介绍了中国古代文论学界对接受美学的吸收和应用。③

应该说，虽然接受美学在中国化的过程中，确实有一种前后相继的阶段性特征，从最初的译介到理论的探研再到接受批评实践的展开，后者往往会以前者的成果为研究的基础。然而，就目前的情况来看，这几个阶段并没有严格的时间断限。接受美学在中国的译介早在1983年就开始了，但时至今日，接受美学以及与之密切相关的重要文献的翻译工作依然没有完成。如尧斯的《审美经验与文学解释学》（*Aesthetic Experience and Literary Hermeneutics*），至今也只翻译了上半部分；再如，与接受美学研究有直接关联的现象学大师罗曼·英加登的《文学的艺术作品》（*The Literary Work of Art*），至今还没有中译本问世。更不要说西方文论界和东德、苏联文学研究界几十年间关于接受美学的大争论，还有相当一批成果没有译成中文展现在研究者面前。另一方面，接受美学这样的学科其理论本身便极富开放性，使得很多学者在译介接受美学之初，就针对其理论指向作出了深沉的反思。比如张隆溪先生在《诗无达诂》④ 一文中第一次提到接受美学的时候，便结合西方解释学理论，将之与中国传统诗学作了一次认真的比

---

① 朱立元：《接受美学导论》。
② 陈文忠：《20年文学接受史研究回顾与思考》。
③ 樊宝英：《近20年接受美学与中国古代文论研究综述》。
④ 张隆溪：《诗无达诂》，载《文艺研究》1983年第4期。

较。在后来的《仁者见仁，智者见智》一文中，张隆溪先生更提出："在我们认识和借鉴西方文论的时候，随时回顾我们自己丰富的文学传统，在比较之中使两种不同的文学批评理论互相补充而更为充实完备，那样得出的结果必将是更为理想的。"① 可见，接受美学的研究者从甫一接触接受美学之时，就开始了理论和实践的尝试，像比较早参与接受美学著作翻译工作的朱立元先生、金元浦先生，自始至终都对接受美学理论给予了极大的关注。因此，本文完全认可"作品译介"、"理论探研"和"接受实践"三个不同研究阶段的提法，但它们不应被看做前后相继、泾渭分明的不同时期，而应该被看做接受美学中国化的三条贯穿始终的思路，或者说线索。

首先，我就具体来说说接受美学在中国的译介情况。

如上文所说，接受美学诞生于上世纪六十年代，并很快在西方美学界包括苏联、东欧学术界引起巨大反响。但是因为地域的遥远和文化的隔膜，接受美学直到八十年代才在中国进入移植、传播的阶段。

1983 年，冯汉津先生将意大利学者弗兰科·梅雷加利（Franco Meregalli）的《论文学接收》② 译成中文，发表在《文艺理论研究》当年第 3 期，一般认为是接受美学在国内最早的传播。此外，同年还有张隆溪先生的《诗无达诂》（1983 年第 4 期）和张黎先生《关于"接受美学"的笔记》（1983 年第 6 期）等文章③陆续发表，从此，接受美学理论开始为国内学界所知，开始了接受美学"中国化"的历程。

细观以上三篇，其侧重点各有不同。如前引《论文学接收》原载于法国《比较文学杂志》1980 年第 2 期，梅雷加利则是威尼斯大学名誉教授，该文并不算全面阐释接受理论，而是在一个作者—作品—接收者的整体构架中介绍了一下接受美学的基本理论。但是以如此简短的篇幅，这样的介

---

① 张隆溪：《仁者见仁，智者见智》，载《读书》1984 年第 3 期。
② 〔意〕弗·梅雷加利：《论文学接收》，冯汉津译，载《文艺理论研究》1983 年第 3 期。
③ 张隆溪：《诗无达诂》，载《文艺研究》1983 年第 4 期；张黎：《关于"接受美学"的笔记》，载《文学评论》1983 年第 6 期。

绍必然流于浅显，很多重要元素仅仅点到为止。这实际上是西方学界惯常的叙述方式，在西方学者笔下，很多理论体系往往以经验化的形态呈现出来，其立论也更多着眼于具体的文学批评。因此，该文并不算系统介绍接受美学，其中既没有对接受美学的理论渊源作一铺叙，更没有依照尧斯和伊泽尔原本的理论构架展开论述。张黎先生的《关于"接受美学"的笔记》则从历时的维度，把接受美学作为一个新的"方法论"介绍到中国学界。与前文相比，张黎先生的"笔记"理出了一个更为清晰的学理脉络，他先从上世纪六、七十年代美国"新批评"的衰落和西德"问题批评"学派的解体谈起，再从尧斯的"挑战"过渡到东德学界对接受美学的理解和生发，并由瑙曼等人的理论展开，介绍了接受美学的基本理论。总的看来，该文对尧斯、伊泽尔所谈不多，而其理论重心依然围绕着马克思主义文论，着眼点相对比较传统。对此，金元浦先生评道："当时东德学者瑙曼等将接受美学视为在马克思主义创始人那里早已奠定了基础的马克思主义美学的当代发展，认为马克思在《政治经济学批判导言》中关于生产产生消费、消费又影响生产的辩证思想早已点明了文学创作与阅读，作家、作品与读者之间的合理关系，因此将文学接受问题纳入文学理论的研究是马克思主义文艺理论的题中应有之义。"① 而张隆溪先生的《诗无达诂》却是从另一个角度展开论述。此文虽然也上溯到古希腊美学，并在中西比较的视野下梳理了接受美学的理论渊源和批评特性，却能够准确地将接受美学诸范畴纳入西方哲学解释学传统，时而摘引中国古代诗话与文论与之对应，以一种流畅自然的言说方式，将接受美学的理论本质呈现了出来。

虽然以上三篇论文侧重各有不同，也没有一篇算是在系统、完整地翻译、铺论接受美学理论，却是最早将接受美学介绍到国内学界的学术文章，尤其是张隆溪先生博涉中西，以阐释学的学理来笼贯接受美学理论，对之后学界的影响十分鲜明。值得注意的是，张黎先生在"笔记"中特意提到："这篇笔记故意回避了某些特殊的'接受美学'术语，例如尧斯专

---

① 金元浦：《接受反应文论》，第389—390页。

用的 Erwartungs-horizont，瑙乌曼专用的 Rezeptionsvorgabe，以及普遍采用的 Adressat 等。这些特殊的美学范畴的翻译，只有随着对这门学科的深入认识才能解决，望文生义的翻译和解释，往往会造成谬种流传的后果，无助于对这门学科的探讨。"① 从这段话可见，接受美学的译介从一开始就受到了相当严肃的对待，这也为后来的译介预留了大段的"空白"。其中一个结果便是，接受美学众多范畴的翻译经常出现译名不统一的情况，如尧斯还有姚斯、耀斯的译法，伊泽尔又有人译作伊塞尔、伊瑟尔，期待视野还被译成期待视界、期望水准等等。这种译名各异的情况一直延续到今天。

1984 年之后，又有大量的学术论文发表，对接受美学的译介持续展开。其中包括张隆溪先生的《仁者见仁，智者见智——关于阐释学与接受美学·现代西方文论略览》（1984 年第 2 期）、张黎先生的《接受美学——一种新兴的文学研究方法》（1984 年第 9 期）②、罗悌伦先生译联邦德国学者 G. 格林《接受美学简介》（1985 年第 2 期）③、章国锋先生的《国外一种新兴的文学理论——接受美学》（1985 年第 4 期）④、吴元迈先生的《苏联的"艺术接受"探索》（1986 年第 1 期）⑤ 等等。其中，张隆溪先生延续了前文的风格，他的《仁者见仁，智者见智》依然以一种轻松自然的言说风格，从"理解的历史性"说起，在中西比较的视野中分别介绍了哲学解释学、接受美学和读者反应批评。这就将以上三种学说统贯在解释学的学理脉络当中，这样既符合西方学界对接受美学的理解，也为之后接受理论的发展趋势所验证。在篇末，张先生强调："在我们认识和借鉴西方文论的时候，随时回顾我们自己丰富的文学传统，在比较之中使两种不同的文学批评理论互相补充而更为充实完备，那样得出的结果必将是

---

① 张黎：《关于"接受美学"的笔记》。
② 张隆溪：《仁者见仁，智者见智——关于阐释学与接受美学·现代西方文论略览》，载《读书》1984 年第 2 期；张黎：《接受美学——一种新兴的文学研究方法》，载《百科知识》1984 年第 9 期。
③ 〔德〕G. 格林：《接受美学简介》，罗悌伦译，载《文艺理论研究》1985 年第 2 期。
④ 章国锋：《国外一种新兴的文学理论——接受美学》，载《文艺研究》1985 年第 4 期。
⑤ 吴元迈：《苏联的"艺术接受"探索》，载《文学评论》1986 年第 1 期。

更为理想的。"① 在此，张隆溪先生应是国内最早明确提出中国古代文学传统与接受美学理论之比较研究的学术价值的，影响深远，甚至可说是"开风气之先"。张黎先生的论文依然是年前发表的"笔记"的深化和延续，而且依然以东德的接受美学为研究重点。罗悌伦先生译的《接受美学简介》是国内第二篇接受美学译文，虽然此文也不是尧斯、伊泽尔的原著，而且是西德学者 G. 格林《接受美学研究概论》的摘编译文，但一方面，尧斯、伊泽尔的重要理论和范畴都得到系统介绍，包括文本理论、解说和评价的理论以及理想的读者理论等，同时附以大量图表，具有相当的科学性；另一方面，同时期关于接受美学的重要论争也得到介绍，此文对接受美学的探讨比较深入，视域较广。可以说，此文是一篇比较深入译介接受美学的文章。而章国锋先生的《国外一种新兴的文学理论——接受美学》在接受美学的译介上又进一步，因为此文比较完整地翻译和介绍了尧斯、伊泽尔的开创性论著和接受理论的主要观点，包括尧斯的《文学史作为文学科学的挑战》和伊泽尔的《本文的召唤结构》，两文都被收入瓦尔宁编的《接受美学》②，在该书被译成中文之前，章文当是第一篇比较完整地译介尧斯"挑战"中"七个论点"以及伊泽尔的本文"召唤结构"的基本观点。在以上成果发表后，吴元迈先生的《苏联的"艺术接受"探索》提出了一个新的视角。他认为：之前对西德康士坦茨学派的评述固然重要，"但从'全方位'的研究角度来看，仅仅注意一种学派是不够的"。因此，吴先生也将接受研究上溯到1958年，法国学者莫尔在《信息论和审美接受》一书中"把数学、控制论和实验心理学的方法运用于若干美学问题的研究，而且第一次从信息论出发考察了人的精神活动的复杂领域——艺术接受和艺术创作的问题"。③ 不过，吴先生此文的主要兴趣在于苏联的艺术接受研究，并重点谈了梅拉赫、赫拉普钦科和鲍列夫等苏联学者的接受探

---

① 张隆溪：《仁者见仁，智者见智——关于阐释学与接受美学·现代西方文论略览》。
② 〔德〕雷纳·瓦尔宁编：《接受美学》，威廉·芬克出版社1975年版。
③ 吴元迈：《苏联的"艺术接受"探索》，第127页。

索。如吴先生所言:"苏联学者在艺术接受的实质、作品和读者的关系等一系列问题上的论述,不仅同西方学者存在着某些原则性分歧,而且它本身就是在同当代的形形色色的艺术接受学派的碰撞中,形成和发展起来的。"① 因此,苏联的艺术接受研究其实与学界一般认为的接受美学有很大差异,这在之后接受美学在中国的传播过程中也可以得到证实。

总起来看,以上诸多成果在最初三篇开创性译介的基础上继续展开,视野广阔,影响巨大,尤其在上世纪八十年代中期的"方法论热潮"中产生了不小的影响。不过,这种单篇论文形式的译介还不算是成熟、完整的接受美学译介,对接受美学诸多重要经典著作的译介还基本是零,这也导致了接受美学在早期的传播中只是以一种遥远的理论纲目存在,其中还不时可以看到其他美学理论的影子,包括马克思主义文论甚至信息论等等,这样便冲淡了接受美学理论本身的启示意义和应用价值。如此,不要说在中国文学研究领域里移植和应用接受美学,就是对接受美学的深入研究也还没有展开。看来,接受美学在国内的学习还有待一些大部头专著的翻译。

1987年,终于有第一部接受美学译著出版,那便是周宁、金元浦翻译的《接受美学与接受理论》。该书系李泽厚先生主编的《美学译文丛书》中的一部译作,由辽宁人民出版社出版,同系列著作还包括了《真理与方法》、《存在主义美学》、《符号学美学》、《批评的循环》等西方美学经典著作,这套译文至今在学界都保有很大影响。《接受美学与接受理论》实际包含两部著作,一为 H. R. 尧斯的《走向接受美学》,其二为 R. C. 霍拉勃的《接受理论》。前者收录了尧斯提出接受美学的纲领之后几篇重要的文章,既包括了前面说到的"挑战"一文,还有《艺术史和实用主义历史》、《类型理论与中世纪文学》、《歌德的〈浮士德〉与瓦莱里的〈浮士德〉:论问题与回答的解释学》、《阅读视野嬗变中的诗歌本文:以波德莱尔的诗"烦厌(Ⅱ)"为例》等四篇文章,比较全面地展现了尧斯的主

---

① 吴元迈:《苏联的"艺术接受"探索》,第129页。

要观点和理论实践。其中,《艺术史和实用主义历史》、《类型理论与中世纪文学》重点谈了尧斯的文学史观,至少阐述了尧斯建构文学史的理想;而《歌德的〈浮士德〉与瓦莱里的〈浮士德〉:论问题与回答的解释学》以及《阅读视野嬗变中的诗歌本文:以波德莱尔的诗"烦厌(Ⅱ)"为例》则试图建立一个阐释范型,也可算是尧斯在接受批评上比较早的尝试,因为他的"挑战"提出的是理论的口号,却没有在具体文学批评中阐述任何一个范型。虽然这几篇文章没有像"挑战"或者之后的《审美经验与文学解释》那样经常被人提起,但它们是尧斯理论体系的重要补充,其中不乏颇具启示意义的真知灼见,如"有必要发展出一种新的文学类型理论,其研究领域处于个体性与群体性之间、文学的艺术特征与它的直接目的或社会特征之间的地带"①。这是尧斯对接受史建构的一次具体尝试,对之后的接受美学理论发展起到了一定的启示作用;再如"阅读视野嬗变中的诗歌本文"一文,也可算是比较早将伽达默尔解释学的理解(intelligere)、阐释(interpretare)和应用(applicare)三个瞬间过程改造为文学接受的方法论,该文就是一个实验:"把一首已具有接受历史的诗歌的阐释工作分为三个步骤。各步骤作为三种连续的阅读,从现象学角度上予以描述。把诠释过程分为三个步骤,就必须先把三种阅读加以区分,也只有这样才有可能证明什么样的理解、解释和应用是适合于审美性本文的,如果的确存在着一个自足的文学解释学,它就必须用这样的事实来证明。"② 综观接受美学理论发展情况来看,尧斯这几次尝试未必成功,尤其对于接受美学在中国的传播,这种对西方作品解剖式的批评应者寥寥,但这几篇文章毕竟是"挑战"的重要补充,对于接受美学初学者来说,《走向接受美学》这一文集意义重大,它使得人们终于窥到尧斯对接受理论的全面论述,而不再是支离破碎的"他山之石"了。至于《接受美学与接受理论》

---

① 〔德〕H. R. 尧斯:《类型理论与中世纪文学》,见《接受美学与接受理论》,第97页。
② 〔德〕H. R. 尧斯:《阅读视野嬗变中的诗歌本文:以波德莱尔的诗"烦厌(Ⅱ)"为例》,见《接受美学与接受理论》,第176—177页。

所收的第二部著作《接受理论》，由加州大学伯克利分校教授 R．C．霍拉勃作于 1984 年。这部著作先从批评史上的范式变革谈起，分别梳理了接受美学的"影响与先驱"，尤其重点介绍了俄国形式主义文本理论、罗曼·英伽登的现象学理论、布拉格结构主义理论、伽达默尔的哲学解释学和文学社会学诸流派，然后才分别阐述了尧斯和伊泽尔的接受理论。该书第四部分介绍了围绕着接受美学先后发生的几次论争，包括"本文—读者的交流范型"、"马克思主义文论与接受理论的'东西之争'"和"经验主义接受理论"等等。第五部分则谈了一系列"问题与展望"，分别考察了接受理论的四个主要内容：本文、读者、阐释和文学史，将接受美学的论争扩展到了罗兰·巴特和雅克·德里达等后现代理论家和斯坦利·费史、哈罗德·布鲁姆等北美批评家，尤其是"读者反应批评"。这部书篇幅并不长，却是第一部比较完整地、从历时的维度上阐述接受理论的专著，这一解读范式十分经典，对之后的接受研究影响巨大。此后国内一些关于接受美学的研究著作，都可见到这部书的影子，尤其是朱立元先生的《接受美学导论》和金元浦先生的《接受反应文论》，两书虽然都是通论性的著作，其特色在于理论广度，但从内容上看，极富阐释的深度，在学界影响较大。而两书均受到霍拉勃阐释模式的影响，特别体现在"理论先驱"这一模块。如此说来，在"方法论热"逐渐积淀下来的八十年代末，这样一部重量级译著的出现，标志着接受美学的译介已经渐入佳境。它标志着接受美学的理论探研已经可以日益深入。

在八十年代末，在《接受美学与接受理论》之后，还有几部重要译著出版，分别是刘小枫选编的《接受美学译文集》（1989）、张廷琛选编的《接受理论》（1989）、刘峰、袁宪军等人译美国学者简·霍普金斯编著的《读者反应批评》（1989）相继出版，在接受美学的译介过程中，形成了比较强的"共同体"，使得接受美学在国内的传播和学习更加精专，更加繁荣。值得注意的是，以上几部译著多为论文集，其中收入了一些比较重要的文章，如伊泽尔的《本文的召唤结构》、《文本与读者的相互作用》、瑙曼的《从历史、社会角度看文学接受》和尧斯的《接受美学与文学交流》

等等。如果说此前国内学界对接受美学的研习更多着眼于承纳和消化尧斯的那篇《文学史作为向文学理论的挑战》给人们的阐释范式带来的"挑战",颇有些耳目一新、开山辟林的开创性接受的话,随着对接受美学重要文献译介的逐渐深入,人们逐渐重视接受美学的理论发展和方法论展开,而且对第一手文献的接触也逐渐增多。在此之前,伊泽尔的论著还未曾被直接译成汉语。而据霍拉勃的介绍,伊泽尔的接受美学观点"前后变化不大",伊泽尔自己也在《相互作用》一文中标注:"本文一些观点的详细阐述,可见我的《阅读行为:审美反应理论》。"① 可见,伊泽尔的《相互作用》一文可视作其理论的浓缩,窥一斑可见全豹。实际上,在今天看来,说伊泽尔的接受论"前后无变化"是一种曲解,这一点我们在后面还会提到;在《相互作用》中,伊泽尔比较系统地阐述了他的文本交流理论。其中关于文学作品中有艺术与审美两极、交流中空白所起的作用等颇有提纲挈领的意义,让人一目了然。至于《本文的召唤结构》一文,更是伊泽尔最重要的论文之一,可以算是奠定其接受美学"双星"地位的重要篇章。尧斯的《接受美学与文学交流》一文谈了其本文—读者的交流论立场,如其在文中所云:"它(按:接受美学)将文学史界定为涵盖作者、作品和读者三个行为者的过程,或者说一个创作和接受之间以文学交流为媒介的辩证运动过程。接受概念在这里同时包括收受(或适应)和交流两重意义。"② 此文最初大约发表于1980年,几年后便在国内得到翻译和传播。如果说《文学史作为向文学理论的挑战》一文从1967年到1987年,历经二十年才译成中文,而以上各篇在国内译介的"效率"则大大提高,很多重要论文译介的"及时性"日益明显,从中也可见接受美学"共同体"在国内日渐形成规模,这更反过来进一步推动了接受美学在国内的译介。

九十年代初,还有两部专著分别被多位学者译出,也可算作接受美学

---

① 张廷琛:《接受理论》,成都:四川文艺出版社1989年版,第44页。
② 张廷琛:《接受理论》,第194页。

中国化历程中的一件大事，两部书分别为伊泽尔的《阅读活动：审美响应理论》和尧斯的《审美经验与文学解释学》。

先说伊泽尔的《阅读活动》。该书至少有三个译本，其中霍桂桓、李宝彦译本时间最早（1988），而金元浦、周宁译本和金慧敏、张云鹏、张颖、易晓明译本均出版于1991年。这部著作是伊泽尔接受美学理论体系中最重要、最有代表性的系统总结，其德文版最先于1976年问世，英文版则最早于1978年译出，其中文版便是由此英文版为基础译出的。与伊泽尔在1972年出版的**《隐含的读者：从班扬到贝克特长篇小说的交流结构》**相比，《阅读活动》获得了更热烈的呼应，尤其在北美学术界。这是因为，前者更多侧重于具体方法论层面的分析，后者则侧重于具体理论体系的建构。这是因为，伊泽尔在创作本书时已经经历了激烈的辩驳和深刻的思考，在回应辩难和整理思路的过程中，伊泽尔在一个更宏阔的视野中从新梳理了他的审美响应理论。该书的第一部分对审美响应理论的基本原理和基本范畴作了一个概要性的介绍；第二部分谈了文学本文的功能主义模型：剧目和策略，对接受美学视域中本文存在论作了介绍。第三部分谈的是阅读现象学，着重谈的是阅读过程中发生的意义理解和意象建构，其中，"游移视点"是一个重要的范畴；第四部分分析了本文与读者之间的交流结构，其中包括了著名的"空白"理论和"否定"理论。诚然，我们已经知道，伊泽尔这部著作在观点上与前著一脉相承，革命性创见不多，其论证方式也与《隐含的读者》相近，都是在具体文本的阐析中展开理论。但对于伊泽尔接受美学在国内的具体译介情况来说，这部著作依然十分重要。霍桂桓先生在其译本序言中曾强调过，作为接受美学"双子星座"之一，尧斯受到的重视程度却远大于伊泽尔，部分原因就在于美国学者霍拉勃"对接受美学思想的评价却处处给人留下了贬低后者研究成果的印象"。而此观点"也影响了国内一些人对伊泽尔响应美学的看法，以至于要么在论述伊泽尔时匆匆一带而过，要么认为伊泽尔的理论'并无多少创新'；这种看法、做法是有失公允的"。① 在今天来看，伊泽尔的《阅读活动》自有其重要意思，因为此后伊泽尔的美学观点确实发生了比较大的转折，这一方面与接受美学在世界美学界的批评、接受和融汇的历时性历程有关，另一方面更与伊泽尔本人更多地活跃于北美批评界，更多地参与到英语文学批评的争论中有关，所以，《阅读活动》的译出，对国内理解和应用伊泽尔接受美学理论有着直接的理论意义，尽管从后面的接受美学在国内的批评实践来看，伊泽尔理论的吸收和移植并不很成功，国内的"文学接受"研究依然更注重尧斯的早期理论。实际上，对于尧斯和伊泽尔这对"双星"来说，后者才更多注重于此，我们将在后文中具体阐析。

尧斯的《审美经验与文学解释学》最早由朱立元先生于1993年译出，书名为《审美经验论》；另一译本由顾建光、顾静宇、张乐天在1997年译出，书名为《审美经验与文学解释学》。② 实际上，国内可见的译著只是尧斯原著的上部，最初发表于1977年，即尧斯那篇著名的"挑战"发表十年之后。在九十年代初，该书已经被译成了七种文字，在学界已有了很大反响。该书的下部发表于1982年，主要讨论文本阅读过程中的问答逻辑及其在理解、解释历史经验中的运用问题。目前为止，该书还未见中文译本。尧斯的这部《审美经验与文学解释学》既是他对接受美学理论的一个系统总结，也可算是尧斯对接受美学方法论的一次深刻反思。如果说尧斯的《文学史作为向文学理论的挑战》主要在宏观的层面上打破了以往文学史观的残缺和谬误，使学界耳目一新，如后人所言：尧斯在文学与文学研究之间加入了历史。**但《文学史作为向文学理论的挑战》虽然成功地"破"了，却未合理地"立"**，尤其是在方法论层面上，尧斯的七条口号还不能应用在文本的具体接受批评中。之后尧斯虽然创作了系列论文，力图阐释他的接受批评策略，**即前面提到的《走向接受美学》**中诸篇文章，但

---

① 霍桂桓：《审美过程研究·译者前言》，霍桂桓、李宝彦译，北京：中国人民大学出版社1988年版，第7页。

② 朱立元译：《审美经验论》，北京：作家出版社1993年版；顾建光、顾静宇、张乐天译：《审美经验与文学解释学》，上海：上海译文出版社1997年版。

这种尝试并不太成功。究其原因，主要是尧斯的方法论过于繁琐，在理论上又与其接受史的提法不能融于一体。在《审美经验与文学解释学》中，尧斯尝试着突破之前的局限，其策略便是：以审美经验的研究为切入点，分别讨论关于审美实践以及它在创作、感受和净化这三个基本范畴中的历史表现、关于作为这三个功能特有的基本态度的审美快感和关于审美经验和日常现实世界中其他意义领域之间的关联等几个问题。在此，尧斯的意图很明显，即"如何在一种受方法论控制的情况下来达到现在和过去的审美经验的不同视域的分化和融合，如何把问答法作为一种解释学工具来加以运用（也可表述为在文学过程中的问题和解答的顺序）"。① 该书的写作既是自我反思的产物，也是激烈辩驳、博采众长的结果。尧斯虽然力图建构一个具体化的接受美学交流范式，却实现了对古典美学基本范畴的复归；而当代学者阿多诺、伽达默尔的理论在书中也得到了相应的吸收和应对。针对阿多诺的"否定辩证法"，尧斯反复强调了认同原则，并对接受认同的诸种模式作了细化的说明，已详前文。而伽达默尔的解释学理论对该书更是影响深远，尧斯特意把阿多诺的《美学理论》和伽达默尔的《真理与方法》看成"写作本书的直接动力"，并强调："伽达默尔有关解释经验的理论、这种理论在人道主义主导概念史中的历史再现、他的从历史影响的角度来考察通向全部历史理解的途径的原理，以及对可加控制的'视域融合'过程的精细描述，都毋庸置疑地成为我的方法论的前提。如果没有这些前提，我的研究是不可想象的。"②

以上便是接受美学"原典"的译介情况。这并不是说，此后尧斯、伊泽尔等理论家的著作不再被译成中文。在此期间，又有众多重量级论文集编译出版，如拉尔夫·科恩主编的《文学理论的未来》，由程锡麟等译出③；值得一提的是，该书中收入伊泽尔的《走向文学人类学》及尧斯的

---

① 顾建光、顾静宇、张乐天译：《审美经验与文学解释学·作者序言》，第3页。
② 顾建光、顾静宇、张乐天译：《审美经验与文学解释学·作者序言》，第11页。
③ 见〔美〕拉尔夫·科恩主编：《文学理论的未来》。

《我的祸福史或：文学研究中的一场范例变化》，均是九十年代两位学者对自己理论的进一步反思，同时也标志着两人的方法论更多地关注双向交流的理论范型。再如朱立元、李钧等主编《二十世纪西方文论选》，也收入了两人以及赫施、费史等人的文章，包括前述尧斯《审美经验与文学解释学》的部分章节。但总体来看，尧斯、伊泽尔两人的理论兴趣逐渐融入到文学批评的"共同体"中，其后期著论，如《怎样做理论》①等都与接受美学关系不大，虽然书中专有介绍"接受美学"的一章。除了译文，还有相当多的通论性质的著作也涉及了接受美学，如王岳川、胡经之主编《文艺美学方法论》，特里·伊格尔顿《文学理论导论》，朱立元、陆扬、张德兴等著《西方美学思想史》等。②

其次，我们说一说国内的接受理论研究。

国内对于接受理论本身的研究，早在接受美学被介绍到中国那一刻，就已经开始了。张隆溪、张黎、章国锋等先生在最早译介接受美学理论的时候，已经把自己的视野融入了介绍文字中，更已经自觉地从中国古代文论的宝库中撷取一些说法来诠释接受论的观点，如张隆溪先生举出中国古代"诗无达诂"、"见仁见智"的传统言意观，与西方阐释学、接受反应理论相映成趣，并进一步指出："那么，认为接受美学和读者反应批评的基本原理在中国传统文评里已能窥见一点眉目，也许并非牵强附会的无稽之谈。"③ 大约在此时期，钱锺书先生也在《谈艺录》中将"诗无达诂"与"接受美学"互为阐释。这大约是最早将接受理论与中国传统文论进行比较的文章了。此后，很多学者都在寻找和阐发接受美学与中国传统文论的

---

① 〔德〕W. 伊泽尔：《怎样做理论》，朱刚、谷婷婷、潘玉莎等译，南京：南京大学出版社2008年版。

② 王岳川、胡经之主编：《文艺美学方法论》，见前注；〔英〕特里·伊格尔顿：《文学理论导论》，中译本名为《二十世纪西方文学理论》，伍晓明译，西安：陕西师范大学出版社1987年版；朱立元、陆扬、张德兴等：《西方美学思想史》，上海：上海人民出版社2009年版。

③ 张隆溪：《诗无达诂》，载《文艺研究》1983年第4期。

契合点，比如董运庭先生举出中国古典美学的"玩味"说并与接受美学作了比较①；叶嘉莹先生在此期间也发表了《从现象学到境界说》、《"比兴"之说与诗可兴》、《三种境界与接受美学》等文章，后收入论文集《中国词学的现代观》②，在此，她具体解释了王国维三境界说超越原词意义而为人广泛接受的原因；程伟礼的《谈谈接受美学及其哲学基础》③，比较早地梳理了接受美学与哲学解释学、发生认识论的渊源关系；邓新华的《"品味"论与接受美学异同观》④ 将中国诗论中的"品味"理论与接受美学作了比较；殷杰、樊宝英的《中国诗论的接受意韵》⑤ 从作品审美特性、读者接受过程和读者审美期待视野三个方面系统地比较了中国传统诗论和接受理论；孙立的《"诗无达诂"论》⑥，则从历史的构架上探讨了中国传统文论中"诗无达诂"理论的接受意蕴；紫地的《中国古代的文学鉴赏接受论》⑦ 也从历史的视角入手，分别谈了"兴"、"逆志"、"入情"，再到"味"、"悟"，最后谈了"作者未必然，读者何必不然"的问题，介绍了中国古代鉴赏接受论的发展过程。

除了以上所列举的诸多成果，还有一些学者二十多年来一直密切关注接受美学，研究接受美学，他们的成果，从初时的体验品味到后来的蔚为大观，在接受美学研究领域产生了深远的影响。如前述樊宝英、邓新华等先生在九十年代和本世纪初均有专著出版⑧；再如龙协涛先生，从《中西

---

① 董运庭：《中国古典美学的"玩味"说与西方接受美学》，载《四川师范大学学报》1986年第5期。
② 叶嘉莹：《中国词学的现代观》，长沙：岳麓书社1990年版。
③ 程伟礼：《谈谈接受美学及其哲学基础》，载《复旦大学学报》1986年第1期。
④ 邓新华：《"品味"论与接受美学异同观》，载《江汉论坛》1990年第1期。
⑤ 殷杰、樊宝英：《中国诗论的接受意韵》，载《华中师范大学学报（哲社版）》1992年第3期。
⑥ 孙立：《"诗无达诂"论》，载《文学遗产》1992年第6期。
⑦ 紫地：《中国古代的文学鉴赏接受论》，载《北京大学学报》1994年第1期。
⑧ 樊宝英、辛刚国：《中国古代文学的创作与接受》，北京：石油大学出版社1997年版；邓新华：《中国古代接受诗学》，武汉：武汉出版社2000年版。

读解理论的历史嬗变与特点》、《文学读解与美的再创造》到《文学阅读学》，建构了一个以读者为中心的读解鉴赏理论体系；张思齐先生的《中国接受美学导论》① 以接受美学统观中国古代文论，立意寥远；尚学锋、过常宝、郭英德几位先生合著的《中国古典文学接受史》② 按照时间的线索，系统地梳理了中国古代文学历史进程中的接受现象和接受行为，又基本上总括了各个时期与接受理论相关的文学认识，纲举目张而又简洁易了，"较好地反映了古典文学接受的民族特点，该书为重写文学史确立了一个范例"。③ 在接受美学理论的建构上影响最大的应该是朱立元和金元浦两位先生。他们很早就参与了接受美学文献的译介，也很早就提出了接受美学中国化的理论构想。朱立元先生在八十年代末、九十年代初发表了一系列论文，包括《试论接受美学对中国文学史研究的启示》、《论文学的多元价值系统》、《从审美意象到语言文字——试论作家的意象—语符思维》等等，并在1989年出版了《接受美学》，又于2004年出版了《接受美学导论》④，针对接受美学的各层次问题提出了一个宏阔而又具体的理论框架。在《试论接受美学对中国文学史研究的启示》一文中，他指出："吸取接受美学中的合理因素，从'效果历史'的角度进行一些研究和探索，可以拓宽文学史研究的视野，开发某些过去比较忽略的领域，更深刻全面地认识和总结文学发展的特殊规律。沿此掘进，文学史的学科建设也许能出现新的局面。"因此，朱立元先生一直致力于在"总体文学史"的宏观

---

① 龙协涛：《中西读解理论的历史嬗变与特点》，载《文学评论》1993年第2期；《文学读解与美的再创造》，台北：台湾时报文化出版企业有限公司1993年版（见金元浦：《接受反应文论》，第415页）；《文学阅读学》，北京：北京大学出版社2005年版。张思齐：《中国接受美学导论》，成都：巴蜀书社1989年版。

② 尚学锋、过常宝、郭英德：《中国古典文学接受史》，济南：山东教育出版社2000年版。

③ 樊宝英：《近20年接受美学与中国古代文论研究综述》。

④ 朱立元：《试论接受美学对中国文学史研究的启示》，载《复旦学报（社会科学版）》1989年第4期；《论文学的多元价值系统》，载《湖南城市学院学报》1989年第2期；《从审美意象到语言文字——试论作家的意象—语符思维》，载《天津社会科学》1989年第4期；《接受美学》，上海：上海人民出版社1989年版。

视野中建构一个接受美学的理论体系。在这个体系中，他针对接受美学的一系列重要范畴，如"期待视野"、"召唤结构"、"潜在的读者"等等都提出了自己的主张，并且从社会历史批评的基点出发，探讨了文学价值论的问题，并由此确立了一个"效果史"研究的思路。如果说朱立元先生是从认识的整体观、系统观入手来构建接受美学体系的话，金元浦先生则是"从当代解释学的'语言论转向'角度来解释、阐释和研究接受反应文论。"因此，金元浦先生经过一番对接受反应文论的追本溯源，发现接受美学的理论核心在于"主体—主体"的对话交流关系，"研究文学的主体间性的含义及其本质规定性，才可能为中国当代批评理论的思考打开另一扇窗户"。此外，"认真细致地进行阅读活动的微观研究"、对于"阐释的循环"和意义的"空白"与"未定性"给予特别的关注，也都在金元浦先生的理论构想之内。①

在很多重量级学者的努力下，接受美学的理论探讨在新世纪里越发精醇，更多的接受理论方面的专著结集出版，如邬国平先生的《中国古代接受文学与理论》，自觉地从读者接受视野出发，比较了中国古代文学理论和接受美学；邵子华先生的《对话诗学——文学阅读与阐释的新视野》抓住了接受理论与阐释学"对话性"的本质，从多个角度阐发了文学阅读与阐释中的对话现象；申迎丽的《理解与接受中意义的建构——文学翻译中"误读"现象研究》从翻译过程中的阐释现象入手，深入地挖掘了"误读"与"意义建构"的关系；刘月新先生的《解释学视野中的文学活动研究》采取了解释学的方法，以文学创作、文学本文、文学接受为线索，对文学的基本问题进行了比较全面的分析和探讨。而武汉大学则于2005年初成立了中国文学传播与接受研究中心，并承担了题为《中国文学传播与接受研究》的"211"工程重点项目，目前已经出了三辑《文学传播与接受论丛》，希望通过中国文学的传播与接受这一"在世界范围内的双向互动

---

① 金元浦：《接受反应文论》，第406—413页。

过程"的研究，使得"中国古代文学、中国现当代文学、世界文学和文艺学"这四个学科"自然地融合贯穿起来"。在两个集子里，王兆鹏、张荣翼、尚永亮、於可训、陈国恩等先生分别提出了接受与传播理论的新见，对学术界是一个巨大的促进。①

最后说一说国内接受美学的批评实践。

在接受研究的学术阵营中，理论的探研与接受批评的实践研究常常是一体两面、相反相成的。不论尧斯还是伊泽尔，在阐发自己的理论的同时，都必须借助于对一些接受现象的阐析来支持自己的观点，如前引伊泽尔曾在《阅读活动：审美响应理论》一书的前言中说过："为了使本书不陷入完全抽象的议论，许多理论观念是通过例子来说明的，而且，实际上有些观点的含义通过例子得到了展开。"当然，他马上补充说明："这样一些具体说明并不意味着对本文的解释，而只是为了阐述得清楚明白。"② 而尧斯也在"挑战"发表之后，陆续发表了《类型理论与中世纪文学》、《歌德〈浮士德〉与瓦莱里的〈浮士德〉：论问题与回答的解释学》以及《阅读视野嬗变中的诗歌本文：以波德莱尔的诗"烦厌（Ⅱ）"为例》等等，分明是一种接受理论具体化的尝试，希望通过接受批评实践来推演和融化他所提出的接受史观。即使后来的《审美经验与文学解释学》仍然是形而上的理论建构，它依然是一种指向批评实践的尝试，仅从尧斯反复提及的伽达默尔的"理解—解释—应用"的解释学流程就可看出。如果说这三步骤是伽达默尔力图使自己的哲学解释学回到现实的艺术批评土壤的

---

① 邬国平：《中国古代接受文学与理论》，哈尔滨：黑龙江人民出版社2005年版；邵子华：《对话诗学——文学阅读与阐释的新视野》，昆明：云南大学出版社2006年版；申迎丽：《理解与接受中意义的建构——文学翻译中"误读"现象研究》，上海：上海译文出版社2008年版；刘月新：《解释学视野中的文学活动研究》，武汉：华中师范大学出版社2007年版。王兆鹏、尚永亮主编：《文学传播与接受论丛》，北京：中华书局2006年版；於可训、陈国恩主编：《文学传播与接受论丛（第二辑）》，北京：中华书局2007年版。《文学传播与接受论丛》一书中引文出自该书"编后记"，第548页。

② 《审美过程研究·前言》，第4页。

尝试的话，尧斯的对话—交流接受模式就是在此基础上的更进一步试验，不过其成功与否，并没有在国内接受批评中得到充分验证。在国内，文学研究队伍本已经是学术领域中最为规模浩大的，在文学批评研究方面，尤其是中国古代文学批评研究领域，也已经打下了扎实的基础，取得了异常丰硕的成果。而且，早在上世纪80年代中期"方法论热潮"方兴未艾之际，自觉地运用接受理论来观照中国文学诸现象的工作就已经开始了。如前引张隆溪先生的《仁者见仁，智者见智》等文便援引了相当数量的中国古代文学批评为例；董运庭先生的《中国古典美学的"玩味"说与西方接受美学》也以中国古代的"玩味"现象为例，在批评实践的层面上介绍了接受理论与中国古代文学批评的契合；李延先生的《从接受美学看〈金瓶梅〉研究》更是以接受美学为参照系，把《金瓶梅》研究诸要素纳入到接受研究的视野当中，主要以空白理论为切入点，重点谈了《金瓶梅》的文学创造诸问题。① 不过，接受美学的批评实践主要是在90年代开始兴盛，并且与接受美学的译介和理论探研互为印证，相映成趣。陈文忠先生指出，在《接受美学与接受理论》一书中译本出版之后，中国的接受史研究进入了一个理论自觉和全面展开的时期，主要体现在如下几个方面：首先是论文标题开始明确标示出接受美学和接受史的立场；其次，研究范围遍及古代文学和现代文学各重要领域和重点对象；再次，大部头的学术专著的出版，标志着接受实践作为一种学术方法，已经渐趋成熟，这些专著之中，除了大陆、港台学者，还有相当一批对中国文学很感兴趣的日本学者；最后，很多研究者结合中国文学的接受传统，对接受史的学术基础、学术性质、学术价值及研究方法等问题，提出了自己的见解。② 这一概括，很能说明近年来接受批评研究的进展概况。不过，在具体阐述三十年接受批评历程之前，还有几个问题需要说一说。

---

① 李延：《从接受美学看〈金瓶梅〉研究》，载《上海师范大学学报》1988年第4期。
② 见陈文忠：《20年文学接受史研究回顾与思考》。

首先,中西接受批评的界定。在西方,文学批评已成为一个成熟的学科体系,其存在形态常常会体现出鲜明的思潮性特征,前后接续、波澜起伏的呼应性和相关性比较强,其阐述形式又多偏向于叙述性。与西方相对,中国古代文学批评比较重象、重体验、讲直观,阐述上常注重体用不二、循环论证的特性比较显明。如此,接受美学在西方批评界常常以论战的形式存在,具体的接受批评现象往往与西方诸多理论家过从甚密。而严格意义上的中国文学接受批评虽然是在西方接受美学思潮的直接推动下发展起来的,却甚少参与到西方理论界的论战中,具体研究中所涉及的理论多为读解理论、哲学阐释学和文学现象学等等。不过,并不是说中国接受批评不具备思潮性特征。中国文学接受批评,往往与中国文学传统理论渊源颇深,其所力图阐明的也往往是中国古代文论的元范畴。因此,中国文学接受批评的研究兴趣主要在于中国文学、尤其是中国古代文学史料的梳理和阐述。其次,中国文学接受批评的主要分类。从学科领域的角度来看,中国文学接受批评并不只限于中国文学研究,外国文学素材在中国的接受研究与中国文学接受研究均在中国文学接受批评之列。如学界一般认为高中甫《歌德接受史1773—1945》为较早以"接受史"为题的接受批评著作,而其研究领域同时亦属于西方文学的范畴。当然,中国文学接受批评主要研究对象为中国文学作品的传播与接受,这也可以从当代中国文学接受研究的成果看出来。再从研究对象来看,中国文学接受批评主要有两个研究方向,其一为接受史的梳理与建构。从接受美学在中国的理论探研情况来看,国内学术界对中国文学接受史提出了大量具有建设性意义的观点,如朱立元、杨明先生的《试论接受美学对中国文学史研究的启示》便是较早探讨中国文学接受史建构的文章;而此后陈文忠先生的《中国古典诗歌接受史研究》、朱立元先生的《接受美学导论》、金元浦先生的《接受反应文论》和邓新华先生的《中国古代接受诗学史》等重要著作都对此问题作出了探讨。从目前的接受研究情况来看,学界也比较注重中国文学接受史的梳理。其二为接受现象的阐析。与接受史研究相比,这一研究方向才更接近接受批评，其所关注的更多的是某一特定接受群体对经典的接受与阐释。其中，所谓"影响与接受"、"接受与传播"和"接受与阐释"亦为几个重要的子课题，在下面的成果列表中将会有所体现。不过，总的来看，具体的接受现象研究依然以史的研究方法为主，纯粹的文本分析或读解研究并不多。最后，时间断限的问题。2002年，正是接受美学传入中国二十周年。2003年前后，相继有述评性质的著论出现，概括和总结了二十年接受美学在国内的学习和传播，如金元浦先生《接受反应文论》中便有专章介绍接受美学的"中国化"；再如前引陈文忠先生的《20年文学接受史研究回顾与思考》，以及樊宝英先生的《近20年接受美学与中国古代文论研究综述》等等，均作了比较细致深入的统计和述论。因此，以此为基础，本文将更多侧重于补充说明最近十年接受批评成果这一工作上。

下面我们就来细数一数三十年来中国文学接受批评的研究成果。

要理清三十年来的接受实践的诸多成果，实非易事。与接受美学在国内的译介和理论探研相比，中国"接受批评实践"的研究，成果最为丰厚，队伍也最为庞大，首先就在于接受实践的研究遍布文学、哲学、教育学、心理学各领域的诸多学科，其中既有正统的外国文学、中国古代文学、现当代文学的接受研究，如高中甫《歌德接受史1773—1945》、曾军《接受的复调》、曾利君《魔幻现实主义在中国的影响与接受》等即属外国文学接受研究；再如李剑峰《元前陶渊明接受史》、刘学锴先生的《李商隐诗歌接受史》、王玫《建安文学接受史论》、朱丽霞《清代辛稼轩接受史》等便属于中国古代文学接受研究；钱理群先生的《远行以后：鲁迅接受史的一种描述》、马以鑫《接受美学新论》、《中国现代文学接受史》等等，都是现当代文学的接受研究。也有翻译实践、艺术设计、教育教学以及新闻传播等诸多文化领域的接受实践研究。如李艳《20世纪〈老子〉的英语译介及其在美国文学中的接受变异研究》、谢志超《超验主义对儒家思想的接受研究》等便属于译介传播研究，而叶隽《另一种西学——中国现代留德学人及其对德国文化的接受》更倾向于思想史研究，其所选取的几个主要研究对象,如马君武、宗白华、陈铨、冯至等曾留德的现代学者虽然与中国文学研究有着千丝万缕的联系,但更多在文化界、思想界影响深远。① 再如陈君《浅析陶瓷艺术设计与接受美学的关系》、王子夺《谈现代陶艺的艺术接受》、韦宗强《浅谈视觉经验与艺术接受》等则是在艺术研究领域谈接受研究。② 再有,高阳《从读者接受美学的角度论大学英语课堂教学改革》、王伟《接受美学视域下的高中古诗教学研究》、田丽丽《形式教学对二语接受型词汇成绩的影响》③ 等则直接在教育教学领域借鉴了接受美学理论。至如探讨传播学与接受美学关系的论文则更为集中,如陈伟军《从传播学视角看"十七年"小说的大众接受》、祁林《试论接受美学与传播学的互动关系》、孔延霄《接受美学方法论与新闻传播学:现实与可能》等等④,均把接受美学理论与传播学放在一起平行比较。这其中还要包括相当一批并没有借鉴和引用接受理论,却明显地从读者角度出

---

① 高中甫:《歌德接受史1773—1945》,北京:社会科学文献出版社1993年版;曾军:《接受的复调——中国巴赫金接受史研究》,南宁:广西师范大学出版社2004年版;曾利君:《魔幻现实主义在中国的影响与接受》,北京:中国社会科学出版社2007年版;李剑锋:《元前陶渊明接受史》,济南:齐鲁书社2002年版;刘学锴:《李商隐诗歌接受史》,合肥:安徽大学出版社2004年版;王玫:《建安文学接受史论》,上海:上海古籍出版社2005年版;朱丽霞:《清代辛稼轩接受史》,济南:齐鲁书社2005年版;钱理群:《远行以后——鲁迅接受史的一种描述》,贵阳:贵州教育出版社2004年版;马以鑫:《接受美学新论》,北京:学林出版社1995年版;《中国现代文学接受史》,上海:华东师范大学出版社1998年版。李艳:《20世纪〈老子〉的英语译介及其在美国文学中的接受变异研究》,武汉:湖北人民出版社2009年版;谢志超:《超验主义对儒家思想的接受研究》,北京:北京大学出版社2012年版;叶隽:《另一种西学——中国现代留德学人及其对德国文化的接受》,北京:北京大学出版社2005年版。

② 陈君:《浅析陶瓷艺术设计与接受美学的关系》,载《设计艺术》2005年第1期;王子夺:《谈现代陶艺的艺术接受》,载《山东陶瓷》2007年第2期;韦宗强:《浅谈视觉经验与艺术接受》,载《大众文艺》2010年第9期。

③ 高阳:《从读者接受美学的角度论大学英语课堂教学改革》,载《西安外国语学院学报》2005年第4期;王伟:《接受美学视域下的高中古诗教学研究》,华中师范大学硕士论文2012年;田丽丽:《形式教学对二语接受型词汇成绩的影响》,载《外语与外语教学》2011年第2期。

④ 陈伟军:《从传播学视角看"十七年"小说的大众接受》,载《南京社会科学》2010年第10期;祁林:《试论接受美学与传播学的互动关系》,载《江苏社会科学》1997年第3期;孔延霄:《接受美学方法论与新闻传播学:现实与可能》,载《安徽文学》2008年第7期。

发，重点考察、梳理了经典作品的阐释、效应和接受史而又同属于"传统学术话题和学术方法的自然延续"，如罗宗强《李杜优劣论之历史回顾》、裴斐《历代李白评论述评》、钟来因《〈高唐赋〉的源流与影响》、蔡国梁《明人清人今人评〈金瓶梅〉》等等。①

我们说中国"接受批评实践"的研究，成果最为丰厚，队伍也最为庞大，还体现在成果数量上。据陈文忠先生统计，从20世纪80年代初到2003年，仅仅是接受史方面的各类论文就已经达到300篇左右，而"以'接受史'为书名、或自觉从接受美学出发的接受史论著"，则达到了14部：1. 刘宏彬《〈红楼梦〉接受美学论》，河南人民出版社1992年版；2. 高中甫《歌德接受史1773—1945》，社会科学文献出版社1993年版；3. 金丝燕《文学接受与文化过滤——中国对法国象征主义诗歌的接受》，中国人民大学出版社1994年版；4. 矶部彰《西游记接受史研究》，多贺出版社1995年版；5. 王卫平《接受美学与中国现代文学》，吉林教育出版社1996年版；6. 何香久《〈金瓶梅〉传播史话》，中国文联出版公司1998年版；7. 陈文忠《中国古典诗歌接受史研究》，安徽大学出版社1998年版；8. 马以鑫《中国现代文学接受史》，华东师范大学出版社1998年版；9. 杨文雄《李白诗歌接受史》，五南图书出版公司2000年版；10. 尚学锋、过常宝、郭英德《中国古典文学接受史》，山东教育出版社2000年版；11. 尚永亮《庄骚传播接受史综论》，文化艺术出版社2000年版；12. 蔡振念《杜诗唐宋接受史》，五南图书出版公司2002年版；13. 藤井省三《鲁迅〈故乡〉阅读史》，创文社1997年版，董炳月译，新世界出版社2002年版；14. 李剑锋《元前陶渊明接受史》，齐鲁书社2002年版。此外，陈文忠先生指出，胡邦炜的《红楼祭——20世纪中国一个奇特文化现

---

① 见陈文忠：《20年文学接受史研究回顾与思考》第538页。其中罗宗强：《李杜优劣论之历史回顾》见《李杜论略》，呼和浩特：内蒙古人民出版社1980年版；裴斐：《历代李白评论述评》，见《李白十论》第1—27页，成都：四川人民出版社1981年版；钟来因：《〈高唐赋〉的源流与影响》，载《文学评论》1985年第4期；蔡国梁：《明人清人今人评〈金瓶梅〉》，载《社会科学战线》1983年第4期。

象之破译》（四川人民出版社1998年版）"实质上是一部《红楼梦》的'断代接受史'"，江弱水编专题接受文本集《〈断章〉取义》（安徽教育出版社1999年版）"既有自身价值，也为深入研究卞之琳这篇名作的接受史提供了基础"。① 以上可算是接受美学"中国化"二十年历程的初步统计结果。从2003年至今，专著方面的积累速度便远远超过了此前二十年，各类论文数量也成倍数增长：

以专著为例。据笔者不完全统计，从2003年到2013年十年间，在大陆范围内，与接受批评密切相关的专著出版了六十余部，见下表：

序号	作者	书名	出版社	出版时间
1	钱理群	远行以后：鲁迅接受史的一种描述	贵州教育出版社	2004.4
2	刘学锴	李商隐诗歌接受史	安徽大学出版社	2004.8
3	曾军	接受的复调：中国巴赫金接受史研究	广西师大出版社	2004.6
4	朱丽霞	清代辛稼轩接受史	齐鲁书社	2005.1
5	王玫	建安文学接受史论	上海古籍出版社	2005.7
6	李剑峰	陶渊明及其诗文渊源研究	山东大学出版社	2005.10
7	邬国平	中国古代接受文学与理论	黑龙江人民出版社	2005.11
8	马金科	朝鲜诗学对中国江西诗派的接受	民族出版社	2006.5
9	李冬红	《花间集》接受史论稿	齐鲁书社	2006.6
10	刘中文	唐代陶渊明接受研究	中国社会科学出版社	2006.7
11	高日晖 洪雁	水浒传接受史	齐鲁书社	2006.7
12	查清华	明代唐诗接受史	上海古籍出版社	2006.7
13	佘正松 周晓琳 主编	《诗经》的接受与影响	上海古籍出版社	2006.7

---

① 陈文忠：《20年文学接受史研究回顾与思考》。

(续表)

序号	作者	书名	出版社	出版时间
14	吴波	明清小说创作与接受研究	湖南人民出版社	2006.10
15	张春泉	论接受心理与修辞表达	中国社会科学出版社	2007.1
16	李根亮	《红楼梦》的传播与接受	黑龙江人民出版社	2007.3
17	米彦青	清代李商隐诗歌接受史稿	中华书局	2007.7
18	许钧等	20世纪法国文学在中国的译介与接受	湖北教育出版社	2007.10
19	杨柳	汉晋文学中的《庄子》接受	巴蜀书社	2007.11
20	曾利君	魔幻现实主义在中国的影响与接受	中国社会科学出版社	2007.12
21	申迎丽	理解与接受中意义的建构	上海译文出版社	2008.1
22	陈文忠	文学美学与接受史研究	安徽人民出版社	2008.4
23	伏涤修	西厢记接受史研究	黄山书社	2008.6
24	赵山林	中国戏曲传播接受史	上海人民出版社	2008.8
25	陈斌	明代中古诗歌接受与批评研究	上海三联书店	2009.3
26	柯卓英	唐代的文学传播研究	中国社会科学出版社	2009.5
27	陈庆祝	九十年代中国文论转型：接受研究的视角	中央编译出版社	2009.7
28	陈国恩 庄桂成 雍青	俄苏文学在中国的传播与接受	中国社会科学出版社	2009.8
29	赵毅	修辞接受论	山东文艺出版社	2009.9
30	邱美琼	黄庭坚诗歌传播与接受研究	江西人民出版社	2009.9
31	冯黎明	走向全球化：论西方现代文论在当代中国文学理论界的传播与影响	中国社会科学出版社	2009.9
32	张璟	苏词接受史研究	光明日报出版社	2009.10
33	李艳	20世纪《老子》的英语译介及其在美国文学中的接受变异研究	湖北人民出版社	2009.10

（续表）

序号	作者	书名	出版社	出版时间
34	杨柳	20世纪西方翻译理论在中国的接受史	上海外语教育出版社	2009.12
35	张静	元好问诗歌接受史	中国社会出版社	2010.1
36	查金萍	宋代韩愈文学接受研究	安徽大学出版社	2010.3
37	朱周斌	怀疑中的接受：张恨水小说中的现代日常生活	广西师范大学出版社	2010.6
38	龙泉明 陈国恩 赵小琪	跨文化的传播与接受：20世纪中国文学与外国文学的关系	人民文学出版社	2010.7
39	徐菊	经典的嬗变：《简·爱》在中国的接受史研究	上海文艺出版社	2010.9
40	陈水云	唐宋词在明末清初的传播与接受	中国社会科学出版社	2010.10
41	赵小琪 张晶 余坪	当代中国台港澳小说在内地的传播与接受	中国社会科学出版社	2010.10
42	王红霞	宋代李白接受史	上海古籍出版社	2010.10
43	尚永亮等	中唐元和诗歌传播接受史的文化学考察	武汉大学出版社	2010.11
44	顾伟列	20世纪中国古代文学国外传播与研究	华东师范大学出版社	2011.1
45	曾利君	加西亚·马尔克斯作品的汉译传播与接受	中华书局	2011.4
46	顾元芬	论朱利安·格拉克在中国的接受问题	武汉大学出版社	2011.5
47	王妍 张大勇	心理学与接受美学	中国电影出版社	2011.6
48	屈艳红 任晓勤	接受视阈下大学生思想政治教育创新	光明日报出版社	2011.6

(续表)

序号	作者	书名	出版社	出版时间
49	王德领	混血的生长:20世纪80年代(1976—1985)对西方现代派文学的接受	中国社会科学出版社	2011.8
50	全华凌	清代以前韩愈散文接受研究	湘潭大学出版社	2011.10
51	夏汉宁	六一词接受史研究	中山大学出版社	2012.1
52	邓新华	中国古代接受史学史	上海人民出版社	2012.3
53	薛永武	中国文论经典流变:《礼记·乐记》的接受史研究	社科文献出版社	2012.4
54	陈伟文	清代前中期黄庭坚诗接受史研究	人民大学出版社	2012.5
55	袁晓薇	王维接受史研究	安徽大学出版社	2012.6
56	谢志超	超验主义对儒家思想的接受研究	北京大学出版社	2012.6
57	张军	对柳青及《创业史》的接受史考察	山东人民出版社	2012.6
58	李怀波	选择·接受·误读:杰克·伦敦在中国的形象研究	南京大学出版社	2012.6
59	高文强	东晋南朝文人接受佛教研究	中国社会科学出版社	2012.9
60	陈思广	审美之维——中国现代经典长篇小说接受史论	四川大学出版社	2012.10
61	刘江凯	中国当代文学的海外接受	北京大学出版社	2012.10
62	张毅	唐诗接受史	人民文学出版社	2012.11
63	唐会霞	汉乐府接受史论(汉代—隋代)	中国社会科学出版社	2012.12
64	李夫生	理解与误读:百年中国西方文论史中的"勃兰兑斯"现象研究	湖北大学出版社	2013.3
65	刘桂荣	西汉时期荀子思想接受研究	合肥工业大学出版社	2013.5
66	李颖	基于哲学解释学视角的思想政治教育接受研究	浙江大学出版社	2013.7

除表中所列专著之外,前面提到的武汉大学中国文学传播与接受研究中心出版的三辑《文学传播与接受论丛》中也有相当一批接受与传播方面

的个案研究。

除专著之外,还有一个现象非常值得注意,即以"接受"为题的研究生学位论文在几年间骤然增多。在2003年之前,国内有关接受史研究、接受批评研究的硕士论文屈指可数,博士论文则只有王玫先生的《建安文学接受史研究》(2002)一篇。而从2003年至今,在中国知网上可以检索到的各个领域、从各个视角以"接受"为题的博士学位论文共96篇,其中与文学、文化或语言学接受有关的博士学位论文共59篇,政治教育接受研究6篇。如果说这个数字已经远远超过此前的数据,则硕士学位论文的数量更为惊人,据中国知网的统计,以"接受"为题的硕士学位论文达到了1281篇。从学科角度看,此题视域内,"中国文学"学科硕士学位论文367篇,"外国语言文字"228篇,"文艺理论"137篇,"中国语言文字"97篇,"中等教育"73篇,"高等教育"40篇,"戏剧电影与电视艺术"36篇。前面列表中有相当一部分就是在此期间发表的博士论文基础上付梓成书的。此方面的期刊论文统计数字同样庞大。从2003年至今,仅以"接受史"为题的哲学社会科学方面期刊论文就达到了121篇,以"接受研究"为题的论文有83篇,而以"接受美学"为题者更达到了728篇。

由此可见,接受美学在国内的应用已经很具规模。这当然与近期文学史研究存在拓宽选题的必要有关。很多学者都指出:接受美学的引入为文学史研究提供了一条新路。不过,此中还有更重要的一条原因,即此前接受美学的理论积淀已经颇有成效。在前面提到的众多成果中,很有一些是多年思索和探研的结晶。比如陈文忠、王玫等先生早在八十年代就曾撰文,对接受美学中国化问题提出了自己的见解。陈文忠先生于1985年发表《读者大众与文学作品的创造》一文,从读者与创作的关系入手,呼应了当时在国内正方兴未艾的接受美学的译介。在1998年,陈先生又出版了《中国古典诗歌接受史研究》,对中国古代文学接受史研究,实际上也是接受美学理论在中国古代文学史研究中的应用问题作了系统的梳理,而且其意图明确地指向了实践性的研究思路:"本书不是分体或断代的宏观接受史研究,而是'单个作品'的微观接受史研究,旨在通过不同种类、不同性质作品接受史的考察,揭示接受史研究的多种方法、途径和多样的可能性;既是具体作品接受史的微观研究,又重在接受史研究理论方法的总结概括。"① 王玫先生也在1992年发表了《古典文学与接受美学随想》一文,对接受史研究提出了初步的构想。在《建安文学接受史论》一书出版时,王玫先生的构想已经付诸实践。在该书导论中,王玫先生对接受史的建构提出了更具体的想法:"文学史建构应该是更全面、更科学的文学历史,既要注意文学的社会性,更要重视文学自身的特性,从人的主体意识出发,去勾画文学的历史进程,而不是将文学史写成一部社会发展史或阶级斗争史,或是作家作品的排比罗列。方法的运用上,可以多样的、自成体系的,既可以引用西方的理论方法,也可以吸收传统方法的精华,宏观微观相结合,纵向横向相联系。宇宙自然本是一个和谐的整体,文学既然是宇宙自然人生的写照,文学史写作没有理由不成为反映整个人类精神发展的大文学史。"②

总的说来,在接受美学"中国化"的历程中,有这样几个总的趋势,即研究队伍越来越壮大,研究范围越来越宽广,理论的探研越来越深入,在研究过程中也越来越重视理论与实践的结合。与西方文艺美学各种新理论相比,接受研究流行既久,不论在西方文论界、东欧文论界、美国文论界,还是在中国,都呈现出比较强劲的生命力,它体现在如下几方面:首先,个案研究越来越受重视。我们还记得尧斯曾经说过,要想完成接受史的宏观构架,非得从具体的接受现象入手做起才行。他本人即以一些典型的接受现象为研究对象,拓展了自己的批评理论。在国内,接受美学刚刚引起学界的重视,便有学者自觉地以接受理论为鉴来反观中国传统文学史研究,但是接受实践的展开,还是在九十年代后,在新世纪则蔚为大观,很多学者、学子们都开始把精力投入到具体的接受现象研究,为接受美学在中国的研究和应用提供了极为丰富的养料。其次,各种研究手段和相关

---

① 陈文忠:《中国古典诗歌接受史研究·前言》,第7页。
② 王玫:《建安文学接受史论·导论》,第7页。

的理论都不断地注入接受研究中来，使得接受美学中国化越来越具可操作性。如果说早期的接受研究还带有很多传统的古代文学史研究思路的话，刘学锴先生的《李商隐诗歌接受史》就比较典型；而近年来，王玫、朱丽霞等先生都自觉地将数据统计的研究手段引入到接受研究来，使得接受、传播研究更具体、更有说服力；尚永亮、王兆鹏等先生大量借鉴传播学理论，建构了一个接受与传播研究的阵地；陈文忠先生经过多年思考，将接受美学纳入到整体文学史的立体构架中，全方位地梳理了中国文学史研究。而朱立元、龙协涛、金元浦等先生则站在大量翔实具体的文献材料基础上，努力建构一个适应中国文化土壤的接受反应、接受读解理论，影响更为深远。再次，接受美学在中国不断生根、发芽的过程中，人们对接受美学的认识也不仅限于受"读者中心论"的触动而"转变视角"，而是越发地注意接受美学的理论背景和逻辑构架，越来越注意到接受美学形而上学的理论依据。接受美学刚刚引入国内时，国内学界首先注意到的当然是接受美学对读者这一维之能动作用的张扬，在作者—作品—读者的整体图式中，这一维久已为文学史研究所忽略，在此，读者在文学活动中的决定性地位一经接受美学提出，国内学界自然应者如云。然而，接受美学的理论实质绝非简单的"读者中心论"，它既有着深厚的理论背景，其自身也是一个不断更新、不断发展的理论体系。随着各种文献的译介，学界的眼界逐渐开阔，对接受美学的认识也越发深入和具体。其实，早在张隆溪先生发表《诗无达诂》、《仁者见仁，智者见智》等文章时，已经理清了一条从阐释学到接受美学的思路历程，并以中国古代的批评理论与之印证。但是，在之后的接受批评实践过程中，自觉地把阐释学、现象学乃至体验论美学理论纳入到接受史研究或者接受批评研究的情况依然不多见，直到最近几年间，很多新的接受实践研究成果才更多地体现了理论的自觉，同接受理论研究者的思路有了更多的契合。

二 反思：接受美学的"中国化"

在这一节中，我们打算探讨三个问题：接受美学是否应该"中国化"？接受美学能不能"中国化"？我们应该如何使接受美学"中国化"？

接受美学是否应该"中国化"？答案无疑是肯定的。

通过前面的介绍，我们知道，接受美学自其诞生之日起，就受到了学界的广泛关注，激烈的辩论几乎伴随着尧斯、伊泽尔等人整个后半生，而且辩论的参与者很多都是二十世纪西方批评界、美学界的巨擘，如罗兰·巴特、雅克·德里达、西奥多·阿多诺、斯坦利·费史、哈罗德·布鲁姆、曼弗雷德·瑙曼、保罗·德曼等人，甚至伽达默尔都对接受理论给予了极大的关注。几十年来，不论是西方文论界，还是东欧、北美，都曾经热烈地讨论这个理论，不断地推动着接受美学的发展。可见，接受美学的影响不可谓不大，它的生命力之强，覆盖面之广，理论背景之雄厚，都是接受美学一直长盛不衰、流布久远的重要原因。更为重要的是，接受美学之崛起，也是19世纪以来西方反科学主义、张扬主体性、反思生命与存在之思潮的必然产物，尤其与解释学、现象学、解构主义等等重要哲学流派关系极为密切。接受美学的很多观点，都是这一思潮的题中之意。比如接受美学对视野融合的观点，深刻地体现了现代解释学的哲学精神，而这一哲学精神，又是以人的存在之自觉为精神启迪的。接受美学最后走向对话与交流的哲学，其根本精神更是对人之存在的一种本体意义上的认识。而中国哲学之特质，如牟宗三所言，正是以人的存在为终极关怀的生命体验。也正是因为这一点，我们理应对接受美学给予足够的关注，对它进行研究、探讨，将它应用到我们的文学研究之中。从另一方面讲，中国的文学史研究也存在类似于尧斯所说的"文学史悖论"的问题。现代意义上的中国文学史研究主要肇端于上世纪，这一百年中，学者们大量地吸收了西方文学史写作的方法和思路，或采用科学的实证研究，或应用了马克思主义文论的社会分析理论，对中国几千年的文学发展进程条分缕析，发展到今天，文学史的写作的"重复"现象越来越严重，我们仅从近年来中国古代文学史专业研究生选题之困难便可推知。陈文新先生在《〈红楼梦〉的传播与接受·序》中说："文本研究的成果已多到给人过剩之感，以致有学者大声疾呼，提倡'悬置名著'，诸多综合性的学术刊物不再刊发研究名著的论文，甚至一些专业学术刊物如《明清小说研究》也呼吁学者们多关注二三流小说，不要总在名著圈里打转。在这种背景下，唐诗、宋词、明清小说的传播、接受研究，几乎是不约而同地兴盛起来，其宗旨之一是在文本研究之外开拓选题空间，以免陈陈相因。"① 陈陈相因，正可以概括现在古代文学研究"人口众多"而选题又有太多的"重复建设"这么一个现实情况。不过，这种情况的发生，从根本上说，与研究者的人口多少应该没有关系，还是在于方法和思路的问题。这一百年来形成的文学史研究传统，过于注重科学化的研究思路，方法上讲求客观实证、材料的罗列堆砌，纲目安排上则条块分割，结论上总是力求归纳、概括出一些概念性质的成果，最后只能越限制越死。这些研究套路根本就是概念化思维方式指导下的方法论，作品的批评和材料的解读，乃至对文学理念的反思，都被笼罩在这种思路之下，则屈指可数的文坛巨擘自然越研究越没有新意，想到什么问题，总会感觉已经被别人"说过了"。从这个意义上讲，参照接受理论来反观中国文学史研究，更具现实意义。

那么，接受美学能不能"中国化"？从这二十多年接受美学在中国的传播与研究的历程来看，答案也是肯定的。对于此，金元浦先生还补充了几点理由：

> 第一，接受美学是在西方本文中心批评的长期统治之后向陈旧的文学范式发出挑战，从而开创了文学批评范式转换的历史时期。中国80年代对接受美学的引进首先同接受美学的这一历史的变革时期背景

---

① 陈文新：《〈红楼梦〉的传播与接受·序》，见李根亮：《〈红楼梦〉的传播与接受》，第1页。

相类似，其变革的、开放的、创新的精神与之相契合，其范式转换的现实要求与呼唤相一致。因而接受美学的传播特别为中国文艺界所重视。

其二，接受美学在中国的兴盛还由于其理论取向上的社会历史批评、马克思主义批评的倾向，与中国当代学者的知识结构和理解结构有较多的对应点，所以在引进和传播中较易为广大理论工作者所接受、理解。

其三，中国古代文学批评史中有着极丰富的鉴赏、体味、妙悟、兴会的批评遗产，这些批评遗产对读者及其接受的深切关注与西方当代读者中心论范式有着某种内在的精神联系与形式上的切近之处，互相启发，引譬连类，使我国批评家多有意会与创发，从而大大推动了接受理论的深入。①

可见，接受美学的理论体系与中国古代文学的批评传统颇有契合之处，尤其是那种丰富的"鉴赏、体味、妙悟、兴会"的批评遗产，与接受美学所强调的那种视野的融合、开放性的本文结构论总是有着千丝万缕的联系。最重要的，两者在思维方式上的契合也是接受美学能够中国化的重要原因。对此，龙协涛先生说："接受美学引入读者的重要因素，主要是启悟式地教人'应该怎样思考'，而不是教人'应该思考什么'。"进一步说，"无论是实证主义……还是形式主义、结构主义和新批评，都是把文学当作独立自足的客体，寻绎其中具有某种规律性的形式，结构和关系等，这实质上是遵循了科学事实认识的思维方法。但在审美领域，如果执著于科学事实认识的思维方法，是注定要碰壁的。接受美学和读者响应理论是着眼于接受主体期待的满足和视野的重建，从读者'心'的价值尺度来观照审美对象，从根本上说，它对审美现象的解释不是基于科学认识的事实判断，而是以主体需要为评价标准、融事实判断于其中的价值判断。"

---

① 金元浦：《接受反应文论》，第392—393页。

也就是说,接受美学的思维方式力图跳出概念思维的那种对象化的认知逻辑范畴,进而启发人在开放性的接受现象中实现认识的升华——体验。从这个意义上说,"文学读解转到以读者为中心,实际上是由物(书)的问题转化为人(读者)的问题"①。这是对人的主体性的张扬,是对人的存在——生命的深刻反思。与之相应,中国的传统文论自古以来就非常重视读者的审美体验,强调那种"不涉理路,不落言筌"的虚灵之美,读者,或者说接受者绝少以一种理性的、"科学"的思维去审视文学、艺术的本文,而是以一种超越性的整体直观来实现主体与客体的审美交融。因此,有学者指出,中国自古便有一个接受——阐释的传统,接受美学的很多主张和观点,与中国传统文论的审美取向不谋而合。更不要说,中国的文化,一向都是"殊途同归,一致百虑",极具包容性的。几千年来,中国曾经多次吸纳外来的文化因素,常常能够使之与中国传统文化融会无间,禅宗就是最鲜明的例子。

然而,作为一个纯粹发源、发展于西方话语环境的理论体系,接受美学能够融会在中国文学研究之中,绝非易事。尤其是西方的思维范式本于古希腊时期,柏拉图、亚里士多德等人已经为西方的概念思维定下了一个基调,已详前文。在近代以来,西方的思想和文化发生了巨大的变化,形成了一个"之"字形的反复运动,从十九世纪中期的社会历史批评,包括传记式批评、创作论批评、精神分析批评、心理主义批评等等,到二十世纪初,本文中心批评范式又沛然勃兴,俄国形式主义、英美新批评、法国结构主义和德国内涵诠释批评等等都属于这一范式之内。到了六十年代,接受美学则是作为前一范式的反拨而出现的。因此,金元浦先生强调:"接受美学的产生是西方批评理论'之'字型历史运作的结果,具有复杂的先在历史语境,本身带有它所由产生的时代的必然要求,具有鲜明的当代特点;同时也带有明显的矫枉过正的偏颇极端的读者中心论(这一点后来已得到修正)倾向。而我国当代文学理论长期以来遵奉的主要是社会历

---

① 龙协涛:《中西读解理论的历史嬗变与特点》,第46页。

史批评，特别是政治意识形态批评，它所取法的经典范例主要是19世纪批判现实主义和俄国别、车、杜的论著，因而存在着历史语境上的差异。"①金元浦先生还指出接受美学的理论背景、核心范畴和概念体系与我国当代文学欣赏理论绝然不同，实际上这一点与前面所说的是同一个问题。总的说来，接受美学的理论土壤与中国的文化环境各有其独特的水文环境，更不要说，东方与西方的隔阂还带来了很多不公平的偏见，更因为联络的稀少和材料的匮乏而影响了接受美学中国化这一"视野融合"的过程。这就带来了第三个问题——接受美学应当如何"中国化"？若要回答这个问题，首先就要理清接受美学中国化的两条基本思路。

从这二十几年接受美学在中国的传播和研究的历程来看，接受美学中国化的历程，大约有两条思路，这两条思路并不处在同一层面上。第一条思路主要对接受美学和中国传统文论的理论形态和哲学内涵进行了比较研究，偏重于理论方面；第二条思路主要对接受史的重构入手，力图通过对具体的接受现象的阐释，建构中国的文学接受史。

我们先说这第一条思路。大约从接受美学刚刚传入中国开始，国内学者就已经开始将接受美学与中国传统的批评理论相比较了。张隆溪先生举出了"诗无达诂"、"仁者见仁，智者见智"等中国传统的阐释原则，与西方阐释学、接受美学和读者反应批评的阐释原则作了比较，而且也比较早地提出了接受美学中国化的构想："在我们认识和借鉴西方文论的时候，随时回顾我们自己丰富的文学传统，在比较之中使两种不同的文学批评理论互相补充而更为充实完备，那样得出的结果必将是更为理想的。"② 此后，很多学者都沿着这一思路寻波讨源，攀折比堪，将很多典型的中国式批评理念拿来与接受美学作了比较。总的说来，主要有这样一些理念：

1. 诗无达诂。此语首见于董仲舒《春秋繁露·精华》："所闻《诗》无达诂，《易》无达占，《春秋》无达辞。"这句话本是汉儒断章取义的说

---

① 金元浦：《接受反应文论》，第403—404页。
② 张隆溪：《仁者见仁，智者见智》。

辞，目的在于以己之意来阐释先秦的传世本文，因此，"汉儒承认诗无达诂至多不过类似新批评派承认诗的含混和反讽，至于诗的内容或意义，他们都有相当明确而固定的解释"①。然而，这一说法却为阐释的主观性提供了理论的依据，如沈德潜所云："读诗者心平气和，涵咏浸渍，则意味自出；不宜自立意见，勉强求合也。况古人之言，包含无尽；后人读之，随其性情浅深高下，各有会心，如好《晨风》而慈父感悟，讲《鹿鸣》而兄弟同食，斯为得之。董子云：'《诗》无达诂。'此物此志也，评点笺释，皆后人方隅之见。"（《唐诗别裁·凡例》）于是，"诗无达诂"就成为了阐释的主观性的有力概括，成为了接受美学的一个方法轮前提。除了张隆溪先生，钱钟书先生、孙立等先生也都对诗无达诂中的接受意蕴作了阐发。

2. 仁者见仁，智者见智。此语首见于《周易·系辞上》："仁者见之谓之仁，知者见之谓之知。"这句话对于传统易学来讲，其侧重点在于易道周流于具体的社会生活之中，显于用而藏其功——显然，这是对易道的描述，如牟宗三先生所说的，这是以漫画语言来描述，而不是以概念化的语言来规定。然而，这句话也"大概是最早肯定理解和认识之相对性的说法"。后人据此而强调本文的意义与读者的理解之间的密切关系，"而这一点也正是西方现代文评十分关注的"②。更进一步说，这种"仁者见仁，智者见智"的精神更契合着接受美学的"空白"理论、"开放作品"的理论（opera operta），仁者所见和智者所得，正是对这种空白的填补。再进一步说，刘熙载在《艺概》中所说的"诗中故须得微妙语，然语语微妙，便不微妙。须是一路坦易中，忽然触著，乃足令人神远"（《艺概·诗概》）与罗兰·巴特的"肉体最具挑逗性的部位不正是衣服稍微露开的那种地方吗？……恰如精神分析所证明的，正是这种间歇处最具刺激性"③，对此，张隆溪先生指出："这里一位是清代的中国批评家，另一位是现代的法国

---

① 张隆溪：《诗无达诂》。
② 张隆溪：《诗无达诂》。
③ 罗兰·巴特：《作品的快乐》，见张隆溪：《诗无达诂》。

批评家，他们的话说得很不相同，但他们讲的道理不是很有些相通么？"①

3. 知音善赏。俞伯牙钟子期"高山流水"的故事，在先秦时期就已经广为流传。而刘勰的《文心雕龙·知音》则系统地阐发了这一文学现象。"夫缀文者情动而辞发，观文者披文以入情。沿波讨源，虽幽必显。""夫唯深识鉴奥，必欢然内怿。"这就是说，作者先有了感情的触动才会激发创作的灵感，而接受者完全是用心在体会作品的感情，只有"批文入情"，与接受本文产生了对话性质的交流，才能深入体察融于文字之中的、来自作者的一致之思，这种体验所得到并不是粗浅的概念，而是如深海探骊那样"深识鉴奥"，实现一种超越性的认识。因此，"知音"的理论与接受理论很有互相阐释的空间，尤其是中国古代文论围绕着知音理论阐发了很多极有见地的说法，比如"虚静"说，"玩味"说，"才、胆、识、力"说等等。

4. 玩味说。"味"可谓中国古典文论中一个历久而常新的范畴。早在先秦时期，"味"就已经不局限于"味道"、"气味"这样的阐释条例，而被人赋予了形而上的意味。一方面，"味"代表着事物的基本属性："生其六气，用其五行，气为五味，发为五色，章为五声。"（《左传·昭公二十五年》）；在《老子》中，又有"为无为，事无事，味无味"的俳骊之句（六十三章），把"味"上升为本体化的"无味"；而"人莫不饮食也，鲜能知味也"（《中庸》）则指向了"回味"这种体验的过程；而至于"味外之味"、"玩味"、"体味"、"品味"这些范畴，尤其是司空图《与李生论诗书》中"文之难，而诗之难尤难。古今之喻多矣，而愚以为辨于味，而后可以言诗也。江岭之南，凡是适口者，若醯，非不酸也，止于酸而已；若盐，非不咸也，止于咸而已。华之人以充饥遽辍者，知其咸酸之外，醇美者有所乏耳。"则真正道出了玩味论的"东方方式"的根本：中国艺术往往追求"味外之味"，这是一种超越的、直观的体验，它越发地张扬了接受主体的审美作用，由此而启发了后世的体验论。对此，董运庭先生、

---

① 张隆溪：《诗无达诂》。

殷杰、樊宝英先生以及金元浦先生等都有论述。①

5. 知言养气。此说源于《孟子·公孙丑上》:"'敢问夫子恶乎长?'曰:'我知言,我善养吾浩然之气。''敢问何谓浩然之气?'曰:'难言也。其为气也,至大至刚,以直养而无害,则塞于天地之间。其为气也,配义与道,无是,馁也。是集义所生者,非义袭而取之也。行有不慊于心,则馁矣。……''何谓知言?'曰:'诐辞知其所蔽,淫辞知其所陷,邪辞知其所离,遁辞知其所穷。'"这即是说,审美主体的思想、道德修养乃是读者审美期待视野中的决定性因素,因此,"知言养气"说十分强调读者的主观修养,要求读者在审美实践中提升自己的审美能力。金元浦先生也摭取曹植《与杨德祖书》中"有龙渊之利,乃可议于断割"的说法来强调中国古代文论要求一个读者"必须具有一定的艺术修养,有高深的识见,有准确的体悟能力"②。这便是"才、胆、识、力"中"识"的要求,也便是刘勰所说的"操千曲而后晓声,观千剑而后识器;故圆照之象,务先博观"(《文心雕龙·知音》)。

6. 文者见之谓之文,淫者见之谓之淫。这是金圣叹评点《西厢记》的一句话。这也是强调接受者在接受现象中的能动作用,因为读者也是本文意义建构的参与者。金圣叹的批评观中很有接受理论的意味,张隆溪先生在《诗无达诂》一文中就曾提到过,而陈刚先生则有专文探讨。③ 金圣叹的很多说法,如"看书要有眼力,非可随文发放"(《贯华堂批第五才子书〈水浒传〉》)、读《西厢记》时"不得存一点尘于胸中"(《读第六才子书〈西厢记〉法》)等等,与前面的论述都有心意相同之处。

此外,国内学者在接受理论与中国古代文论的比较研究中,还举出了相当多的说法参互印证,比如"人情之游也无涯,而各以其情遇"(王夫之《薑斋诗话》)来说明中国古代文学理论"十分重视作者与读者通过作

---

① 见董运庭:《中国古典美学的"玩味"说与西方接受美学》,殷杰、樊宝英:《中国诗论的接受意韵》,金元浦:《接受反应文论》。

② 金元浦:《接受反应文论》,第398—399页。

③ 陈刚:《金圣叹的文学接受理论初探》,载《宁夏社会科学》2005年第5期。

品进行的交流和作品与读者间的相互作用"；又有"标六观"与"立八字"之说，即刘勰所说的"一观位体，二观置辞，三观通变，四观奇正，五观事义，六观宫商"（《文心雕龙·知音》）以及姚鼐的"神、理、气、味、格、律、声、色"的"文之精粗"（《古文辞类纂序目》），说明中国古代文论对接受者在阅读中遵从一定的审美体验之规律的要求。①

总的说来，这一思路主要采用了比较研究的路子，在具体的文论演述上着手，从庞杂而富赡的中国传统文论历史中找到了大量的可与接受美学互相印证的名言警句。这说明，接受美学确实与中国传统文论有很多契合点，两个理论体系之间存在着千丝万缕的联系。然而，这种比较仍然是一种表层意义上的联系。这不仅是因为此种比较研究虽然经过众多学者"深入其情"的透彻阐发，却还限于一种"蜻蜓点水"的点评范式，还因为，以批评史的系统论反观中国传统批评史，还存在三个明显缺陷，如陈文忠先生所说："范畴使用的随意性，即概念不统一，在谈论同一对象的同一性质时，不同的评论家往往使用不同的概念；范畴内含的模糊性，即对概念的内涵不作适当的诠释界定，或仅以意象类比代替理论说明；范畴结构的无序性，即在大多数诗学论著和诗评中，不同的概念呈现一种并列或杂乱的状况，没有构成一个有序的逻辑体系。"陈文忠先生甚至认为古典诗学研究中还存在着大量"鸡零狗碎的只言片语"，它们"充其量是孤立的、自发的偶见，够不上系统的、自觉的理论"。② 这确实点出了接受美学与中国古代论文比较研究的一个困境，虽然这种判断还有待商榷。那么，另外一条思路是否就能够克服这些困难呢？

与第一条思路相比，第二条思路似乎更加紧扣具体的文学作品和文学现象，以具体的接受实践来建构中国文学接受史，其中既包括了中国文学作品的接受史，也包括了外国文学作品在中国的接受史。而且，这一思路也起到了"上承下达"的作用，一方面在接受史的建构上高屋建瓴，作了

---

① 见金元浦：《接受反应文论》，第400—403页。
② 陈文忠：《中国古典诗歌接受史研究》，第38—40页。

很多宏观的构想，另一方面也充分地对于很多具体问题展开研究，形成了一个颇具规模的接受史研究的新领域。

在史论建构方面，国内学者的思路力图与尧斯的"效果史"的构想接轨——我们知道，尧斯针对"文学史悖论"的问题，提出了"效果史"的构想。不过尧斯自己也承认，短时间内完成一个体大思精、勘虑周全的宏观接受史，并不现实。因此，尧斯遴选了若干典型的接受现象作了示范性的研究之后，还是转向阐释—交流理论的建构去了。然而，接受美学传到中国之后，很多学者导夫前路，对尧斯的构想提出了自己的主张。其中要首推朱立元先生。在朱立元、杨明《试论接受美学对中国文学史研究的启示》一文中，他们提出了"总体文学史"的主张：

> 除现行的文学史、批评史之外，还可就一部重要作品、一位重要作家以至某一时期的某一类文学作品（包括许多作家作品），考察当时和后世人们的反应、评论，考察其不同时代地位的升降和所产生的社会效果，从中窥探社会审美观念、价值观念的发展变化，并寻求其变化的原因。现在已有人写的《诗经研究史》、《鲁迅研究史》或许即可归入这一类。已经出版和正在编撰的《古典文学研究资料汇编》，则是为此类研究提供资料。这一类"研究史"，从广义来说，似亦属于批评史的范畴，但其体例、写法又与现行的批评史不同。我们姑称之为"接受史"或"效果史"。这是一项大有发展余地的工作。
>
> 文学史、批评史、接受史或效果史，这三者能否在未来条件成熟时，综合构成为庞大的"总体文学史"呢？其中接受史或效果史是沟通文学史和批评史之间的桥梁；文学史提供基本素材；效果史主要历史地描述读者群体对作家作品反应批评；批评史则是效果史的理论概括形态，主要是对古代文学理论、观念、范畴、方法的历史考察。批评史提供了效果史形成的理论框架，效果史也从读者接受方面对文学史的发展趋向产生制约作用。效果史既联接着文学史（对具体作家作

品进行评析),又联接着批评史(由具体评析上升为范畴、命题、观念、理论),起着中介、枢纽的作用。如果能完成这样一部总体文学史,那将是一个新的贡献、新的突破。当然,这样一个巨大的工程,须在三种史都已比较完备并具有较高水准的条件下,由许多学者共同努力,才有可能完成。①

如果说尧斯的接受美学终于把读者纳入到了整体的文学史写作之中,使得文学史写作越发地关注读者在文学活动中的存在,越发地注重接受活动中的文学整体性,则"总体文学史"的想法正是这种思路的延续。在中国传统的文学史写作中,这种宏观的构想还并不多见。不过,陈文忠先生并不赞同朱立元先生对"效果史"与"研究史"的合流。在他看来,两者之间有这样两个巨大的差异:首先,从对象范围看,研究史涉及的范围大于接受史;研究史除了研究作品的分析评价,还"广泛涉及到版本源流、本事考证、成书过程、作家的生平事迹等内容。接受史以审美经验为中心,集中考察历代读者对文学作品的审美反应,进而窥探审美观念和价值取向的发展变化,并寻求其变化的原因,等等"。其次,从主体态度上看,研究史偏重客观科学的整理,接受史则强调主观能动的阐释。研究史务求全面系统,"又力求客观科学,这样才能使学术的发展建立在可靠的基础之上"。而接受史则天然地蕴含着视野融合的哲学意义,因此,接受者的主观阐释是必然要体现在研究之中的。而且更重要的是,"从接受史的未来发展看,经典作品的接受史犹如生生不息的生命之流,接受史研究者作为一位现代读者,只有贡献出创造性的审美经验,才能融入并推动这股生命之流奔腾向前"。②

其实,上面两位先生的商榷主要是阐释尺度之争,所谓"研究史"未必就一定依照科学化、客观化的思维范式,而研究史和接受史的研究范围

---

① 朱立元、杨明:《试论接受美学对中国文学史研究的启示》。
② 陈文忠:《中国古典诗歌接受史研究》,第5—7页。

孰阔孰狭，也未易确论。王玫先生就认为："接受史包含的范围应该大于研究史，效果史只是接受史的一个构成部分，而文学研究史也类似接受史中的阐释史研究。……在利用材料方面，接受史研究也更为广泛。"① 总的说来，假如我们真的要构想一个宏观的"总体文学史"的话，还是要首先依靠具体的接受批评实践。

接受史实践与前面所说的接受史理论的构架看似相去甚远，毕竟一个是文学史理论的研究，一个是具体文学现象的解读，但是，相对于第一条思路，即理论的比较研究而言，其思路还是一致的，它们都是关注于文学史的建构和具体文学现象的阐析，都着眼于具体的文学问题。总体的文学史的构架是基于具体文学现象的史的构架，而各种接受史的写作，包括各个地域各个时期、各个作家作品之间的接受研究乃至各个作家作品的传播、影响、效果史研究等等，都共同构成了促成一个整体接受史之所以完成的合力。在陈文忠先生看来，这些具体的接受史研究可以有三个方向，即"以普通读者为主体的效果史研究；以诗评家为主体的阐释史研究；以诗人创作者为主体的影响史研究"②。陈文忠先生并在后面的文字中分别展开了具体的实例研究，在"经典作品的审美阐释史"这一方向上，他分别选取了苏轼关于唐诗所引起的几则"接受公案"以及《如梦令》阐释史的演进，展示了古代文学史上经典作品的"接受之链"。在"艺术原型的创作影响史"这方面，他分别选取了若干典型的"诗作原型"，如"唐人思乡诗"、"古代贫士诗"和启自《枫桥夜泊》的典型意象等等，展示了文学接受史中意象的流变与转化的问题。在"面对经典的诗学沉思史"中，陈先生选取了《春怨》、《江亭》、《孔雀东南飞》、张戒论杜、《饮酒·其五》等典型的文学经典为例，演发了一系列诗学批评的沉思史。这对于传统的文学史研究来说，显然是一种新的尝试，很具备体例上的开创意义。这一系列尝试，不仅在体例上为文学史研究开启了新的接受之链，也创制

---

① 王玫：《建安文学接受史论·导论》，第 19—20 页。
② 陈文忠：《中国古典诗歌接受史研究》，第 14 页。

了接受理论与批评实践相融合的研究范式。此后的接受实践研究,也都越发地注重理论与实践相结合,在全书的章节编排上,理论阐发所占的篇幅越来越多,理论的自觉也越来越明显。比如王玫先生的《建安文学接受史论》的写作即抱有两个研究宗旨:"一是进一步开掘建安文学研究的文献资源;二是寻求一种比较科学可行的研究方法,为建安文学研就打开一个新视野。"① 从全书来看,作者在上编中以建安文学接受的历时延展为线索,理出了一个以接受和传播为重心的接受史,下编则从共时的角度分析了建安文学接受史中的具体问题,包括"定量分析与范式批评"、"建安诗歌本文的召唤结构"、"建安文学之生成与汉末英雄主义思潮"等问题,也列举了一个经典作品的接受研究,在体例上也实现了理论与具体问题研究的结合。这样的接受研究,相较于传统思路指引下的古代文学接受批评,就显示出了更鲜明的"接受美学中国化"的倾向。

然而,这一思路实际上也处于一个尝试的阶段。这不仅仅是因为"总体接受史"的构想只是一个意向,它的实现确实需要众多研究者多年的努力,更是因为理论与实践的磨合,还有很长一段路要走。尧斯提出"文学史悖论"问题之后,并没有提出一个完备的文学史撰写的替代方案,最终还是转向了解释学研究,因为他的思路,他的思维范式仍然是解释学。当然,他并没有成为伽达默尔那样超脱于具体的文学、艺术现象而徜徉于纯思辨的逻辑王国之中的哲学家,而是由具体的文学史悖论引发出自己的理论体系,同时又希望将之应用到具体的文学批评之上。这也是尧斯的接受理论比之于伽达默尔的"游戏说"更能够深入人心,成为文学研究领域争相研习的新范式之原因。不过,尧斯、伊泽尔等人似乎也不能够很好地把握理论和批评实践的尺度,他们对文学作品的阐释和批评晦涩难懂,处处可见那种意图脱离所阐释对象而构成外在的概念和信条的理论生发,反倒不如他们的纯理论推演清晰明了。而国内的接受研究则似乎更偏向于对传统文学史研究套路的延续,更多地注重材料的罗列和归纳,由此得出一个

---

① 王玫:《建安文学接受史论·导论》,第21页。

时代的"接受规律"或者对一部作品的"接受心态",这种研究方法还不能说很好地配合了目前接受美学理论的研究成果。

所以,我们认为,接受美学中国化的进程发展到今天,还有相当多的空白需要填补。这里既有理论建构的空白,也有经典作家作品接受研究的空白,更有理论和实践之间的空白。而这其中第三个空白应该是最需要填补的了,因为在国内研究界,对接受理论的认识不可谓不深入和全面,研究者已经充分认识到了接受理论与解释学、现象学乃至整个西方文论演变的关系,找准了接受美学的理论脉搏;对于经典作家作品的研究,国内学界经过多年的思考和整理,已经积累了极为庞大和丰厚的文献基础,从传统的文学史研究意义上来讲,真知灼见层出不穷。但是,我们到底应该如何看待这个纯西方背景的接受美学?反过来,我们又该如何反观中国的文化传统?来自西方的理论和自在自为地存在了几千年的中国传统文学批评,应该在多大程度上实现融合?实现了"中国化"的接受美学,又应该如何与接受批评的实践研究结合?这些问题,都应当是在接受美学中国化过程中逐一解决的。到目前为止,国内很多学者也都以自己的努力回答了这些问题。现在学界形成的共识是,对于接受美学,既不能不加选择地全盘接受,更不能蜻蜓点水般地"点到为止";但是,我们不应当忘记,中国目前的研究范式,还处于概念思维范式的笼罩之下。按照王树人先生的说法,中国学术界目前的思维范式,是发端于五四时期、在近现代逐渐成型的一种以科学主义、客观主义为主导的概念思维的引导之下的。虽然其中具体情况并不是一句两句都能说清楚,但是有一点是可以肯定的,即这种"科学化"、"客观化"、"概念化"的思维范式与中国几千年来的批评传统和思维方式完全是两个路子,以概念思维的理论框架来看中国古代的经典文献、批评理论,就会得出很多苛刻的看法来,比如《易传》就被批成了"筑室沙上"的伪说(详见第四章《论〈易传〉对〈易经〉的接受》),中国古代的思辨哲学也被斥为"只有一点可怜的辩证法"。在今天,学界已经开始重建中国本土的形而上学,尤其是开始找寻中国文化的终极依据——那个重象、重直观、讲体验的象思维了,但是象思维的理论建设也还没有完备。而我们对接受美学的接受，却最应该从两者的文化根源谈起，只有这样，我们才能圆融地吸纳接受美学的精髓，实现接受美学的彻底的中国化。一个外来的理论，如果不能与中国文化的精髓发生本质的契合，那它终将在中国的话语环境中失去自我，成为中国这个列满奇异珍馐的丰盛大宴上一份无人问津的"冷拼盘"，毫无应用和借鉴的价值。但是，接受美学却在中国掀起一阵不小的轰动，直到今天，还在有越来越多的研究者应用它、研究它，也反过来证明接受美学与中国文化传统有很多相通之处。以往的理论比较常常着眼于具体的理论主张，这些实际上都是"末节"，是两种理论体系之"用"。只有从"本"那里发掘、梳理两者的契合点，接受美学才能非常舒适地在中国生根、发芽，成为中国学术之林中的一棵奇树。

因此，接受美学如何"中国化"？我们应当首先从象思维谈起，否则，接受美学就不能在学理上"自上而下"地"中国化"。

三 自觉：象思维学理体系的形成

中国传统的思维方式这个课题，是最近几十年才为人所注意的。在古代，思维方式很少成为一个独立的研究对象。这一方面是因为它早在先秦时期就已经定下了调子，形成了一个思维的传统，此后的诸子百家、汉代经学、魏晋玄学、隋唐三教之学、宋明理学等等，无不是为这一思维传统做注脚。两千多年来，这一思维传统也便像葛兆光先生所说的，逐渐地"在意识的最底层形成了一个深幽的、被遮蔽的背景，以它为支持的依托，建构了一个知识与思想的系统，它仿佛树根，支撑着树干、树枝和树叶，给它们提供存在的水分与营养"[1]。可见，如果中国整个的传统文化是一个大树一样的生命体，那么，作为中国传统文化的"终极依据"的思维传统就是这个生命体之中不可拆分、不能肢解的一部分。假如我们像西方人那

---

[1] 葛兆光：《中国思想史·导论》，上海：复旦大学出版社2003年版，第41页。

样把它拿到我们的实验台上，丈量它的肌肤，切分它的经脉，给它的各个器官和组织作出各种概念化的规定，那么我们所研究的就不是一个生命体，而是一个死的尸体，而且是残缺不全的尸体。

所以，古人讲传统思维方式从来都是体用不分、力图在一个整体中来理解它的。比如，作为"三玄"的周易老庄，我们处处体现着中国传统思维方式的影响，却没有一个完整的章节是专论这种思维方式的。纵观中国古代的传世文献，我们也见不到一个在内容上条分缕析、在逻辑上环环相扣、在概念上规定严格的著作来谈传统思维方式。我们只能从传统文献中对这种思维方式作一个整体直观的把握。

从清朝末年开始，特别是五四运动以后，这种情况发生了变化。西方文化伴随着西方先进的科学、强大的军事力量和经济力量，猛烈地撞击了中国传统文化，在此后的时间里，就潜移默化地掌握了中国文化的话语权。对于这一点，我们在前文已经有所论述。在此，我们需要强调的是，这种话语权的丧失，并不是到了1949年新中国成立就戛然而止。新中国成立后，国内知识界进行了规模浩大的思想改造运动，实际上就是树立了一批新的经典，学术界，尤其是文史哲这样的领域，言必马、恩、列，辩证唯物论、唯物史观对话语权的掌握，远远超过了新中国成立之前所谓西方的"科学主义"诸种思潮。我们应该认识到，排除意识形态的因素，马列主义的哲学观念依然是西方话语体系的一个延续，在此情境下，中国传统文化的原汁原味就越加稀薄了。因此，新中国成立十七年加上"文革"十年，中华民族就像张立文先生所形容的，依然是处在一个"哲学自觉的迷失"的状态之中的。在他看来，要重新实现中华民族的"哲学自觉"，首先就在于"自觉地把思想认识从那些不合时宜的观念、做法和体制的束缚中解放出来，从对马克思主义的错误的教条式的理解中解放出来，从主观主义和形而上学的桎梏中解放出来"。① 与之相应，中国传统思维方式的研究也应该从西方思维模式的话语权中走出来，实现真正的自觉。

---

① 罗安宪：《虚静与逍遥·张立文序》，北京：人民出版社2005年版，第3页。

当然，在上面那段时期有一个重大的事件不能不提，那就是有关"形象思维"大讨论的问题。我们知道，国内曾经有两次大规模的"形象思维"的论证，其中一次就发生在五十年代中期到六十年代中期。这次讨论实际上是苏联国内形象思维大讨论的一个延续，"形象思维"的提法诞生在俄国，五十年代在苏联发生了大讨论之后，我国国内学术界也展开了大论战，主要内容和主要思路都跟苏联国内的讨论相差无几。总的来说，这次大讨论主要是一次美学意义上的讨论，但它能够把"形象思维"区别于"抽象思维"或"逻辑思维"，尤其是李泽厚先生在《试论形象思维》中"联系到陆机《文赋》、刘勰《文心雕龙》，以及中国传统艺术吟诗、作画、唱戏等等来阐释'形象思维'概念。这是使'形象思维'这个外来美学概念中国化的最初尝试"①。在这次论争中，还有一些学者，人数不多，却掌握了意识形态的武器，他们措词严厉地批评了强调形象思维对立于抽象思维的观点，认为"不用概念的思维，是不存在的"。②

关于"形象思维"的大争论，从 1978 年开始，又掀起了高潮。这次讨论首先是围绕着毛泽东在 1965 年写给陈毅的一封信而展开的，从这封信的内容来看，毛泽东是自觉地以"比、兴"等中国古代文学现象来诠释"形象思维"的。在这个思想大解放的时代，"形象思维"与抽象思维、与文学和艺术、与中国传统文化的关系，都得到了热烈的讨论。不过，这种讨论的内容和看法并没有超越第一次讨论多远的距离，争论到八十年代中期，便逐渐冷却了下来。但是，值得我们留意的是，这一次大讨论之后，人们更多地去关注"思维方式"与中国传统文化的关系问题，思维研究本身也渐趋独立。钱学森从 1980 年开始就陆续发表文章，提出"思维科学"的问题："研究思维科学不能用'自然哲学'的方法，得用自然科学的方

---

① 刘欣大：《"形象思维"的两次大论争》，载《文学评论》1996 年第 6 期。
② 如郑季翘：《文艺领域里必须坚持马克思主义的认识论》，发表在《红旗》杂志 1966 年第 5 期，见刘欣大：《"形象思维"的两次大论争》、尤西林：《形象思维及其 20 世纪争论》，（《文学评论》1995 年第 6 期）等文。

法;即不能光用思辨的方法,要用实验、分析和系统的方法。"① 这一提法,使得国内学术界越来越注意从认知科学、心理学的角度来认识思维方式,使得思维方式这个课题越来越独立化、越来越学科化。这也为此后中国传统思维的研究提供了重要的指引。

"形象思维"大讨论平息之后,在1987年,中国社科院哲学所在北京主持召开了一次全国性的关于中国传统思维方式的学术讨论会。这次会议并没有产生"形象思维大讨论"那样的轰动效应,但是,会后的论文结集,并编著出版了《中国思维偏向》②,却使中国传统思维研究翻开了新的篇章。这部小书篇幅不大,却收集了一大批中国传统文化研究界的重要学者们的专论,包括张岱年、刘长林、蒙培元、周桂钿、王葆玹、姜广辉、胡孚琛、成中英等等极有影响力的学者,他们分别从传统思维方式的本性特征、在中国文化中的体现、与西方思维方式的差异等等方面,比较全面地总结了中国传统思维方式,基本上总结了中国传统思维方式的方方面面。在此书中,中国传统思维方式重(意)象、重直观、重整体、讲体验的一些基本特征都被总结了出来,中国思维方式的辩证性、"主体意向性"(蒙培元)、直觉性、动态平衡性,乃至取象比类、天人合一等等核心范畴都得到了系统的描述。这部书完全可以看做中国传统思维研究的一个纲领性的文献。不过,这部书的观点还并不完全统一,书中力图以一些概念和范畴来概括传统思维方式,结果出现了外延大小不一的各种说法。此外,一些学者,对中国传统思维缺乏分析、缺乏逻辑性和反理性的思维偏向提出了批评。最为重要的是,这部书虽然剖析了思维方式的问题,却并没有在思维方式之"体"的描摹上形成统一意见。中国哲学一向体用不分,它们是一个整体。我们离开了中国传统思维的"体"而单纯谈"用",依然不能算是一次彻底的总结。至于说中国传统文化从根本上是对生命的模拟,这一点就不会在此书中得到明确

---

① 刘欣大:《"形象思维"的两次大论争》,第42—43页。
② 张岱年、成中英等著:《中国思维偏向》,北京:中国社会科学出版社1991年版。

的张扬。

除了以上这些对中国传统思维方式的直接的反思，还有一些学者从中西哲学的比较入手，反思中国传统的思维方式，比如张世英先生的一系列著作：《天人之际》（1995）、《进入澄明之境》（1999）、《哲学导论》（2002）、《境界与文化》（2007）。① 他首先认为中国哲学长期以来一直是以"天人合一"为主导，西方哲学则以"主客二分"为主导，由两者的区分而进入中国哲学"万有相通的成人之道"的境界阐发。此外，张祥龙先生的《海德格尔思想与中国天道》②也结合海德格尔存在哲学与印度哲学来审视中国思维方式、那薇《道家与海德格尔相互诠释》③ 等等著作，都基本上和前面几部著作采用同一个思路，即结合了二十世纪西方哲学，尤其是海德格尔存在哲学来反观中国传统的思维方式，常常能得出一些惊人的结论，这样的结论，能够让我们跳出西方的科学主义话语权的统治，从一个更高的境界，那就是生命的境界来审视中国这个重象、重直观、讲体验的思维传统。

如果我们把这个研究扩展开来，我们会发现，九十年代以来，学术界的一批极具影响力的学者都纷纷在自己的研究中比较自觉地从中国传统文化的视域出发，来探讨一些文化现象、文学课题，年长的有刘纲纪、李泽厚，次之有朱立元、王振复、葛兆光、汪裕雄、古风、朱良志等等一大批先生，他们的著作也都是中国传统思维方式研究的精神食粮。

正是在此前提下，从九十年代开始，王树人先生以"象思维"为研究课题，从学理上总结了中国国传统思维方式的"体与用"的整体。他在《回归原创之思》一书中明确指出了概念思维的弊病，强调了中国传统思维总的来说是重象的思维，它不等同于形象思维，而应该被概括为

---

① 张世英：《天人之际》，北京：人民出版社1995年初版，2007年再版；《进入澄明之境》，北京：商务印书馆1999年版；《哲学导论》，北京：北京大学出版社2002年版；《境界与文化》，北京：人民出版社2007年版。

② 张祥龙：《海德格尔思想与中国天道》，北京：三联书店1996年版。

③ 那薇：《道家与海德格尔相互诠释》，北京：商务印书馆2004年版。

"象思维"。象,决不应被理解成一个概念,而是一个动态的、整体的、生生不已的原创之象,或者说"原象"。原象不能被概念化地理解、剖割,只能以整体直观的思维方式来把握,来体验、体悟。那就是《庄子》所说的"天地与我并生而万物与我为一"。这种象思维并不应该被看做逻辑思维的初级阶段,而是对概念化的思维方式的一种超越,概念化不能把握的东西正有待于象思维来把握,所以,象思维和概念思维的关系,不是互相排斥,而是互相补充,当然,在象思维超越概念思维那一刻,概念思维是中止了的,万化俱寂,蓦然凝虑,这也正是中国传统文化中(我们叫它虚静也好、心斋也好、禅悟也好)传统思维方式最高境界的模拟。可以说,王树人先生经过宏观的构架和具体的思考,在学理上把"象思维"研究推上了一个台阶,使得这种理论真正形成了一个可供参考、堪以引证、初具形态的理论体系,与之相比,很多学者虽然意识到了中西思维方式的差异,但还都处于"散论"的状态,并不能形成一个完足的理论体系。

值得注意的是,王树人先生比较早地建立了象思维的学理体系,但是对于"象思维"这个提法,王树人先生却并不是唯一一个提出并使用的。王振复先生在《中国美学的文脉历程》中谈到《易传》美学时,也使用了"象思维"这一提法,其中对于以《周易》之象为代表的"原象"之认识自成一家,又与王树人先生的看法有相通之处:"可见,《周易》本经的卦象与中国古文字的建构大有关系,两者所共同体现的是中国自古所特有的'象'思维,即融会以'象'因素的思维方式,是表象的思维。象形与表意,是这一思维的基本特征。"更为重要的是,王振复先生也强调了这个象思维对于中国文化性格的重要性:"中国哲学却根植于文字之创构的象形之中,这种象形及其表意,无疑首先表现在《周易》本经的升天之象中。也只有卦爻之象的'象'思维,铺设起中国哲学及其审美意识之路,并严重地影响后代中国哲学、美学与艺术学的观念。汪涌豪指出,'由于它是表意文字,每个汉字是一个意义集成块,每一集成块又都充满着象形的意味，而不是抽象的代码组合。'① 使得中国文字及其"象"思维，一开始就与审美之意、象相构连。"② 再有，武汉社科院的吴前衡先生也明确地使用了"象思维"这个提法。他在其遗著《〈传〉前易学》一书中设有专章："象思维"的最高抽象，也是从《周易》出发来谈中国的象思维传统。他说："'象思维'的本质特征，是象符号与所指对象维持相像关联。其相像关联，可能是形象的'像'、可能是性状的'像'、也可能是他们的引申'像'等等，总之，不是完全形式化的'能指—所指'规定，而是有'相像'意义的'能指—所指'关联。"③ 与王树人先生更接近的一点是，吴前衡先生也注意到了海德格尔的生命哲学与中国象思维的众多契合点，他说："海德格尔（M. Heidegger）无疑是20世纪最重要的哲学大师。他在批判西方传统形而上学的同时，也吸收了作为中国传统的'象思维'。他把自己的哲学基础叫做'现象学'（这里不纠缠他和胡塞尔［E. Husserl］现象学的关系），哲学是普遍的现象学存在论④。所谓'现象'，不是包裹本质（原书用词）而与本质相对立意义上的'表面浮现'，而直接就是存在者'显现其象'，'显现其象'，不是本质藏在现象之后，而是本质也要'显现其象'。现象之所以重要，是因为存在者不能无象，自总要现象，即使存在者显示自身受到某种障碍，也可以通过指引关联（Verseinsenbezug）将现象呈现出来，指示存在者存在。……对于海德格尔来说，他对哲学的反省就是质问'存在'，他以具有震撼力的智慧，批驳那脱离存在者的'存在'，'存在'总是存在者的存在，存在者就是现象者，不能现象是因为有所遮蔽，故而'存在'的一般形式是'现象/遮蔽'。对于中国先民来说，万物莫不有象，阳而显之，阴而隐之，显隐互偶，万物负阴而抱阳，故而存在的最一般形式是'阳/阴'。思维总是有象的思维，抽象不能离

---

① （原书注）汪涌豪：《范畴论》，上海：复旦大学出版社1999年版，第28页。
② 王振复：《中国美学的文脉历程》，成都：四川人民出版社2002年版，第258页。
③ 吴前衡：《〈传〉前易学》，第415页。
④ （原书注）［德］海德格尔：《存在与时间》，并参看该书第7节，北京：生活·读书·新知三联书店1987年版，第47页。

象,'大象无形',也是象在其中,显隐互补,阴阳两现。中国的形而上学,是'象思维'的发展结果,与西方传统大相径庭。"① 仅从这一段话看来,吴前衡先生同王树人、王振复等先生一样,都是把象思维放在了中国传统文学学理体系的核心之处,敏锐地指出了象思维对于中国传统文化的本体意义。而吴先生同王树人先生一样,将象思维对"原象"的描述比之于海德格尔的存在哲学,更明确地印证了象思维对于存在、对于生命的整体直观性质的认识。值得回味的是,吴前衡先生使用了"象思维"这个范畴之后,才知道王树人先生也提出了"象思维"一词。他在书中回忆道:"我在《说卦的早期存在》一文中首先使用了'象思维'一词②,自以为是个发明,后来读《传统智慧的再发现》一书,方知王树人、喻柏林先生早已使用'象思维'一词,但二位先生的'象思维',没有'象符号'和'象意义'的相应支持。"③ 吴前衡和王树人两位先生在具体的理论阐发上各异其趣,但是在形上精神方面意脉相通,又如鬼使神工一般都选用了"象思维"这个词,只能说明"象思维"这个概括对于中国传统思维方式,乃至整个中国传统文化的学理整合是多么地"乃顺承天"。

进入二十世纪以来,学界对于前面几位先生所提出的"象思维"理论越发地重视,各类学报和专著越来越多地出现了"象思维"的字眼,比如康中乾先生在《有无之辨》一书中即引王树人先生的"象思维"理论来谈"无"的问题;那薇先生的《道家与海德格尔相互诠释》也言及王树人先生的理论。张锡坤先生也发表多篇文章,呼应王树人先生的"象思维"理论。④ 可以说,"象思维"的提法已经逐渐形成一个学理的体系,为中国传统思维方式的研究和探讨提供了一个既深且广的理论前景。近些年来对于

---

① 吴前衡:《〈传〉前易学》,第416—417页。
② (原书注)吴前衡:《说卦的早期存在》,载《华中理工大学学报(社科版)》1997年第1期。
③ 吴前衡:《〈传〉前易学》,第251页。
④ 张锡坤、窦可阳:《中国古代的"象思维"——兼评王树人新著〈回归原创之思〉》,载《吉林大学社会科学学报》2006年第6期;张锡坤、窦可阳:《"象思维"与卦爻象的美学意义》,载《社会科学战线》2006年第4期。

"象思维"的认识和研究，正体现了中国学术界对于中国传统文化的认真反思，也是中国传统文化之深层意蕴的一种新的自觉，它对于我们冲破概念思维的束缚，再翻过来重新审视和吸纳舶自西方的各种理念，有着至关重要的意义。

当然，中国传统思维方式的研究，还存在阐释的空间。这一方面是西方概念化的思维范式在中国文化视阈中的话语权依然强大，《中国思维偏向》中依然存在对传统文化的尖锐批评就很能说明问题。在今天，学术界还存在对中国传统文化条块分割、试图以概念化的规定来推演中国传统的思维方式中诸范畴的现象。另一方面，对于象思维之学理的认识还需待时日，我们对这种理论体系的表述、对它的评判和对多种思想认识的整合还要经过很长的一个历程。这固然与中国思想界的反思还处于初期阶段有关，而国内学术界对新儒家生命美学的联系很少，对中国传统思维方式本身的终极意义的理解互相之间存在偏差有关。

四 契合：接受美学与象思维

"接受美学中国化"，是国内接受美学研究者们所共同面临的课题。

金元浦先生曾经说过："接受反应文论在其几十年的发展中既创立了相对完整的理论构架，形成了独特的文学批评方式；同时又存在着相对主义的、极端化的某些理论局限。"① 是为"接受美学中国化"的必然性：接受美学既是对中国文学批评研究的重要补充，其本身又存在着一系列问题，因此，在"接受美学中国化"的过程中，我们首先就应该注意这些问题，避免简单化地、机械地全盘接受西方的接受美学：

接受美学本身极端的读者中心论倾向和其自身的理论矛盾性已详前文。其实，作为一种文学批评方法论，接受美学在中国化过程中所遇到的最大的障碍，就是中西文化语境的巨大差异。在前面我们曾经说过，黑格

---

① 《接受反应文论》，第394页。

尔作为西方哲学史上里程碑式的人物，对中国哲学却是这样认识的："(《易经》)并不深入，只停留在最浅薄的思想里面。这些规定诚然也是具体的，但是这种具体没有概念化，没有被辩证地思考，而只是从通常的观念中取来，按照直观的形式和通常感觉的形式表现出来的。"对于《老子》，黑格尔认为书中的话"说得很笨拙"，老子之"无"是一种绝对的空虚和"无"，这种"无""在纯粹抽象的本质中，除了只在一个肯定的形式下表示那同一的否定外，即毫无表示。假若哲学不能超出上面那样的表现，哲学仍是停在初级的阶段"。①

以上这段话已经很能说明问题了。在西方对象化的概念思维传统的影响下，中国哲学史最具代表性和经典意义的《周易》、《老子》被定位成"浅薄的"、"初级的"哲学，这说明了由"三玄"所开辟的重象、重直观的文化传统与西方文化语境即使同时并立在世界文化之林，也完全是"肝胆楚越"。接受美学作为西方话语环境的产物，不论师承关系（详前文）、理论渊源还是方法论兴奋点，都是纯西方的。② 因此，那种生搬硬套的、机械的"接受美学中国化"是不会结出什么硕果的。为了克服这一差异所带来的矛盾，我们就应当从思维方式的高度找出接受美学的西方视界与中国传统文化视界的融合点，而且主要应当以中国化的视角来重新审视文学接受的问题。

中国古代的思维方式重象、重直观、讲体验，这是学界的共识。然而，真正系统地、从哲学高度上详细地阐发完全中国化的"象思维"，《回归原创之思》是第一部专著。该书的内容我们无须赘言，王先生在此书中的主要观点可以概括为以下几点：一、从本体论上看，"象思维"以"原象"为本体，它简称为"象"；相对于西方那种对象化的概念思维，"原象"绝对是"非实体性"的、"非现成性"的；"原象"是流动不息的，

---

① 〔德〕黑格尔：《哲学史演讲录》，第131页。
② 海德格尔对《老子》，的体会是很深的。然而，海氏对"存在"和"此在"的创造性阐发，依然没有脱离西方语言中心论和概念化思维方式的局限。

处于各个层次的具象、形象、意象等等都是原象的体现，它们互相发生着转化，却都创自原象，又归于原象；"原象"又是极具"创生性"的，"有生于无"，这一个"无"即"原象"本体；"原象"还极具包容性，《易》之"太极"，《老》之"无极"，《庄子》之"道"，禅宗之"空"，都属于"原象"范畴。二、从思维方式（认识论）上看，"象思维"是一种处于原象之内的"整体直观"，因为原象是整体化、不可分割的，更因为"象思维"的理论机制是"天人合一"或者"天人同构"，因此，对于"原象"的体验只能是在"原象"之内的"内观"。三、在哲学发展历程上看，这种思维方式，是对多年来模式化、对象化的概念思维的一种"颠覆"，对于今天的中国哲学研究（包括文学研究），有着重要的启示意义。① 当然，"象思维"并不是抛弃概念思维，而是"中止"概念思维，就如禅宗之"顿悟"，在"瞬刻的永恒中达到最高境界"（李泽厚《中国思想史》），在此时刻，概念思维的逻辑推理是停滞了的。"象思维"与概念思维的关系是互补的，正像禅学之"渐"之"竹榻蒲团"与"顿"之"自家了得"的关系一样。

进一步说，在西方那种概念化的思维体系中，同一律是绝对至上的法则。它要求概念的清洗明辨，要求逻辑推断的丝丝入扣，要求纯粹自我的绝对等同，它的表现形式就是 $A = A$。所谓"$A = A$"，就是"用自身来定义自身，也是最完美的理念形式，它是自身的同语反复，却是西方理性原则的思想基点，为西方的形而上学。"② 我们知道，这种"同一律"的逻辑总结是在亚里士多德那里获得普遍形式的，但这一原则在古希腊哲学中却得到了充分的探讨，在巴门尼德的"真理之路"的辩说中，在芝诺的为其老师的存在论所作的辩护中，在高尔吉亚对前者的批驳中，在苏格拉底和

---

① 如他在"导言"中所说的："自近代特别是上世纪五四运动以来，由于西方话语通过教育、科学、思想、文化在中国取得强势地位后，对于中国传统思想文化的研究，就一直处于在概念思维方式下的切割状态。……这种经过概念思维洗礼的中国文化，多半是冲淡了甚或失去了原味的中国文化。"

② 吴前衡《〈传〉前易学》，第386页。

柏拉图的总结和归纳中,我们总能看到这种同一律的使用。虽然它只是亚里士多德"逻辑三律"中的一条,虽然这条定律在西方哲学界受到了不小的挑战,但是它终究为西方哲学定下了一个基调,成为西方人看问题、作判断、下定义的认识前提和理论核心。那么,这种严格地追求确定性和唯一性的逻辑定律就绝不可能容许"一阴一阳之谓道"这样的理念存在,因为作为决然相反的两种范畴,它们的共存就相当于破坏了 A = A 的公式;至于"无往不复"的生生之动,在概念思维的框架中,也被看成了"既存在又不存在"的悖论。对此,吴前衡先生强调:

> 在形式思维形态中,"A = A"的真理性是至高无上的,否则就被认为是非理性的,病态的,悖理的,虚假的或诡辩的。在"A = A"统治下,只有形式符号,没有象符号;只有形式变换,没有相像关联,"相像关联"被当作模棱两可(触犯排中律或不矛盾律)而予以排除;"阴阳消长"、"刚柔相济"之类的情况是"A = A"不可能接受的;所谓"一阴一阳之谓道",与"A = A"是直接对立的,是"A = A"的悖论形式"A≠A"。因此,中西形而上学的分野是明明白白的,它们不是程度上的差异,而根本是性质的对立。①

与西方的"同一律"相对,中国的形而上学可以由"一阴一阳之谓道"和"无往而不复"来描述。这两句话并不是一个严格的规定,因其自身就不能构成一个严格的、确定的、静态的概念,但它却体现出了极为强大的包容性。它容许两种性质激烈的属性共容并存,并且承认了对立面之间的相互转化。整个卦爻体系便展示了这种动态的转化过程,而卦爻辞和十翼也都用以描述、阐释这种变化的过程。在整个变化的过程中,对立属性如阴与阳之间就不单单是对立的关系,还构成了交感的关系。

所谓"无往不复,天地际也",本是用以描述《泰·九三》这一爻的。

---

① 吴前衡《〈传〉前易学》,第387页。原文存在印刷错误,笔者在引文中已经更正。

这是下卦三阳爻中最上一爻，再向上发展便进入了上卦三阴爻，整个卦的"六爻之动"便进入了一个相反的状态。这种阴阳交替的时刻，也便是"天地际"，最能体现万事万物的运动和变化，因此最为《周易》所重视。在《易传》中，阴阳之交具有至为重要的意义，我们从以下这些赞颂中就可以看出来："天地交而万物通，上下交而其志同也。"（《泰·彖》）"天地感而万物化生，圣人感人心而天下和平；观其所感，而天地万物之情可见矣！"（《咸·彖》）"天地睽，而其事同也；男女睽，而其志通也；万物睽，而其事类也；睽之时用大矣哉！"（《睽·彖》）"天地不交，而万物不兴。"（《归妹·彖》）"日往则月来，月往则日来，日月相推而明生焉。寒往则暑来，暑往则寒来，寒暑相推而岁成焉。往者屈也，来者信也，屈信相感而利生焉。"（《系辞上传》）"是故爱恶相攻而吉凶生，远近相取而悔吝生，情伪相感而利害生。"（《系辞下传》）可见，阴阳、天地、日月、男女、刚柔、寒暑、爱恶、上下、内外、屈伸、往来、远近、情伪这些对立的属性之间的相互作用，在天、地、人合一的整体之象中互相激荡，既是一个无法否认、不可忽视的自然现象，更能够产生不可想象的积极作用：观其所感，而天地万物之情可见矣！反之，如果两种属性在某一时刻体现不出相交、相感的趋势，就会被《易传》形容成为非常不吉利的状态：天地不交，而万物不兴。这是因为，《易传》认为，阴阳的交和、天地的相感、刚柔的推荡，体现出了一种交融、和谐的状态，而不是分裂、对抗。在前面我们说过，阴阳两种属性之所以能够交感，首先就在于两者的同构。《乾·文言》曰："同声相应，同气相求；水流湿，火就燥。云从龙，风从虎。圣人作而万物睹。本乎天者亲上，本乎地者亲下，则各从其类也。"这就是说，"同声同气"是交感的前提。阴也好阳也好，都是由气所构成，如程颐所云："阴阳以气言。"则两者因同构而具备互相感应的潜质。同时，这种交感理论之所以极具包容性，也在于它容许多样性的存在，即"各从其类"。这种因交感共存、互相转化而形成的包容性，一如《系辞上传》所说："天下同归而殊涂，一致而百虑。"所谓"殊涂"，即天下万物的各种存在状态，其中既有相亲相近，也有相反相对；而"同归"，则是这相反相对的事物在交感之后的必然归宿：太和。而"太和"，又是象思维中"原象"的最高境界。

明乎此，我们可以发现，文学接受研究与象思维的视界融合还是比较明显的。

首先，文学接受现象是读者与本文的"交流"，它是一个具有"互动性"的"意向性"文学活动。文学本文影响着接受者的视野的变化，而且，本文的意义也有待于接受者的意识活动来实现。可见，这种"交流"，应该是一种颇具"整体性"的内在的交流，文学本文与接受者在接受过程中形成了一种"主客合一于意向性活动之中"的关系。中国传统的"象思维"的理论体系正可以为这种"整体性"提供理论上的支持。西方现象学实质上还是力求析分"对象化"的接受主体和接受客体，是一种"分"的趋势；而"象思维"却倾向于强调其中"合"的方面。这是因为，接受理论本身就是对于西方文论中那种"作者中心论"和"作品中心论"的反拨，不论以谁为中心，都是将文学接受对象化、单极化了，它是不利于我们对于文学接受的整体性之体会的。这所谓的"合"，正对应于"视界融合"之"合"。

其次，"象思维"认为"原象"极具"创生性"，这对于文学接受研究极具启发意义。文学接受理论的创作论实际上也是倾向于读者一极的，对于作者方面，则强调"观念的读者"。在伊泽尔看来，作家在创作构思时，观念里存在着"为了作品理解和创作意向的现实化所必需的读者"，以及"在本文中预先被规定的阅读的行动性"，即"作者在作品的本文中所设计的读者的作用"。这些所谓"观念的读者"时刻影响着作者的创作。[①] 然而，这种理论实际上忽视了接受主体在接受过程中因实现与作品的"意"的层面一体相通而激发出的极大的创造性，从哲学高度看，接受理论对于文学接受现象的周流不息的创生性关注不够。文学接受并不是单向的，或者是简单的往复，它是一个不断流动的"象"的循环。

---

① 〔德〕伊泽尔：《隐在的读者》，第345页。

再次，说到"循环"，如果我们以中国文化视角解读的话，正可以看到文学接受理论的"视野融合"的周流往复的循环性。因为，所谓"期待视野"，以西方概念思维观之，它似乎是一个对象化的客体；实际上，它是极具主观色彩的精神运动。这种作为精神运动的"期待视野"，是随时都在发生变化的，正如《老子》所说的"大曰逝，逝曰远，远曰反"："'远'是一切事物都出于大象，其出就是大象的'逝'。一切事物处于象各有生长变化，是象的'远'。'反'是一切事物生长变化之后，又复归于大象。"期待视野也处在不断的成长变化中，在实现接受主体的视野与客体之视野的"合一"的那一刻，继续向前循环。这种新的"循环"，是"象思维"的一个重要特征。王树人先生将之概括为接受者的"内在之光"的"开窍"，它是一种极具穿透性的"贯通"之力，是为"象思维"之"观"的创生性。对于这一问题，本文在前文中也有了阐发，兹不赘述。总之，接受者在接受过程中，一定是被动性的阅读性接受和创造性的"视界融合"通为一体，所谓"学习和继承"的同时，也是创造创新的过程。

最后，贯通文学接受的思维方式应当是一种"整体之内"的文学直觉，间或存在概念思维的渐进的作用，但是对于文学接受这一现象，直觉思维的作用占主要地位。这一方面表现为接受本文对于接受者的影响，主要通过直觉思维发生联系；另一方面，所谓"视界融合"，也是一种直觉性的交融，它具有刹那性和非概念性的特点。因为，"视界融合"作为"主客合一"的精神运动，是一种"刹那间"的感悟，或者说体验。这种体验，也就是意境、意象的生成过程。宗白华在《中国艺术意境之诞生》一文中说："艺术家以心灵映射万象，代山川而立言，他所表现的是主观的生命情调与客观的自然景象交融互渗，成就一个鸢飞鱼跃，活泼玲珑，渊然而深的灵境；这灵境就是构成艺术之所以为艺术的'意境'。"[①] 实际上，从"主客交融"的方面看，"视界交融"实际上也是意境创造的过程，接受者通过对被接受客体的直观性意识，形成了一种主客交融的新的意

---

① 宗白华：《艺境》，北京：北京大学出版社1989年版，第151页。

识,这种意识正是生成意境的重要前提。表现在李白诗歌之中,就成了融《庄子》之视界与李白之视界于"无垠之境"的诗歌意境。

相对于以往的"学习与继承"之研究,文学接受研究的特点在于它将李白对前人的"继承与发展"上升到了哲学高度。我们以房日晰先生的《简论李白对陶诗的学习与继承》①为例。在文中,房日晰通过对李白《古风》五十九首的简单梳理来证明陶渊明对李白的影响。他首先举出李白与陶渊明等诗人(除了陶,房先生还列举了阮籍《咏怀》、庾信《拟咏怀》)在思想艺术上的"共同的特点":均系言志抒情之作,都反映了诗人"深层的感情",诗歌艺术上都"托物言志,寓意深远,感情表现得隐蔽而曲折",体裁均为四言古诗,风格质朴自然,不事雕饰。可见,这四点几乎全都属于"事实上的联系"。房先生马上就此得出结论:"如此等等,都说明李白《古风》与陶渊明《饮酒》有着某种继承关系。"紧接着,房先生又进一步指出陶渊明托言醉人而实际上诗中"感慨多讽",而李白《古风》中"那些直接暴露抨击社会丑恶现象的诗篇,与陶渊明《饮酒》对现实的强烈批判极为相似"。他并列举了一些具体诗句,说明了两人的相似之处。这种实证化的研究,对于古代文学史研究来说,自有其价值和意义,而且,没有相当深湛的学术功底,是不能以三言两语便作出精当明了的比较的。问题在于,这种事实上的联系能够独立地证明李白与陶渊明的联系吗?仅仅是一些"相似",而且是静态的、事实上的"相似"而缺少对"学习"或者"继承"这种极具动态特征和创生意义的现象的复原,在比较研究上也许有相当的参照价值,但是,它基本不可能适用于"文学接受"研究。与李白诗风和创作相近似的诗人夥矣,难道我们都以事实上的联系来评定他们之间的继承关系吗?

当然,事实层面的研究依然是文学接受研究的基础,没有扎实的文献功夫,任何接受研究都只能是空谈。但是,没有一个完善的接受理论体系的统照,那种在逻辑上简单化的事实联系,是不能独立说明问题的。这也

---

① 房日晰:《简论李白对陶诗的学习与继承》,载《南昌大学学报》1995年第6期。

便是当年接受美学兴起之时给西方文论界以巨大冲击的重要原因,对于中国古代文学研究来说,文学接受研究在范式上的启示意义是绝不能简单化地处理掉的。说到此,我们可以看到,接受美学的"中国化",还不能简单止步于思维方式上的"契合",还有赖于具体的接受批评体系之建构。

五 融汇:中国接受批评体系之建构

在前面我们说到过,当前的中国文学研究、尤其是古代文学研究,普遍存在"研究失衡"的现象,表现为选题过于集中,对热点问题反复耕耘,方法上则过于偏向作家作品研究,使得"出新、出彩"的空间不断被压缩。如陈文新先生就在《〈红楼梦〉的传播与接受·序》中说:"文本研究的成果已多到给人过剩之感,以致有学者大声疾呼,提倡'悬置名著',诸多综合性的学术刊物不再刊发研究名著的论文,甚至一些专业学术刊物如《明清小说研究》也呼吁学者们多关注二三流小说,不要总在名著圈里打转。在这种背景下,唐诗、宋词、明清小说的传播、接受研究,几乎是不约而同地兴盛起来,其宗旨之一是在文本研究之外开拓选题空间,以免陈陈相因。"① 陈陈相因,正可概括现在古代文学研究"人口众多"而选题又有太多"重复建设"的现实情况。究其原因,从根本上说,还是在于方法和思路的问题。如一些学者所指出的:"这种情况,恐怕不是作家作品已经研究透了无可再研究,而是我们没有找到一个作家作品研究的新路径。老一套的生平、思想、艺术、影响的阐释框架已引不起人们的兴趣,在这样的框架中,确实已出不了什么新意。"②

可见,当下最需要深入挖掘的,不是"新"材料,或被人轻视已久的"冷门"作家作品,而是实实在在的参照系,尤其是批评理论的体系。上

---

① 陈文新:《〈红楼梦〉的传播与接受·序》,见李根亮:《〈红楼梦〉的传播与接受》,哈尔滨:黑龙江人民出版社2007年版,第1页。

② 李昌集整理:《中国古代文学研究缺失什么——关于中国古代文学研究现状的综述》,载《文艺报》2005年6月30日。

世纪 80 年代的"方法论热"曾经热捧了很多理论体系，影响很大。但时至今日，这一热潮早已偃旗息鼓。当前，很多学者认为国内的文艺学、美学和文学批评研究"逐渐陷入一种空前的'困境'之中"，而他们指出的病症多数集中在理论的解释能力和创新能力弱化、旧有的理论体系受到各种新范式的冲击与挑战上面。① 客观地看，国内文学研究还不至于陷入困境，但确实是处于一个"方法论瓶颈"之中。所谓"方法论瓶颈"，首先就表现为"方法论热潮"的降温与沉寂。王岳川先生曾总结了方法论研究的主要问题在于"为方法而方法"的错误导向，仅仅满足于概念范畴之新，却不注重各种方法的联系和互补。② 从近些年文学研究的实际情况看，外来的方法论并未与中国本土的文化环境真正融会契合也是一个重要的"症候"，换句话说，很多理论体系未能实现"中国化"，自然难以用以批评和阐析中国文学诸种现象。目前，西方各种理论体系进入中国文学研究的话语体系已是不争的事实，无视和拒斥这些曾喧嚣一时的方法论并不现实，而过往那种仅及腠理、未至膏肓的学习和接受一样不可取。朱立元先生曾提出：二十一世纪的中国文论应该走"立足当代，今古对话，中西融通，综合创造"的路。③ 因此，对"拿来"的理论体系进行本土化、"中国化"，或许是当前学界最需要思考的问题——这也是为什么从上世纪八十年代初至今，很多学者依然坚持接受美学研究，直接或间接地推进着接受美学"中国化"进程的重要原因。

对于中国接受批评体系之建构，学界已探讨多年，如此前提到的朱立元、金元浦、陈文忠、邓新华、王玫等众多先生都提出过自己的具体想法。不过，从目前的接受批评实践情况来看，接受理论研究与接受批评研究的接轨还有很长的路要走。此中之原因很多，其中最主要的有两点：一

---

① 如王汶成、施庆利：《论当下中国文艺理论研究方法论的重构》，载《中州学刊》2009 年第 2 期；再如黄永健：《方法论更新与当代文学批评的出路》，载《晋阳学刊》2009 年第 2 期等。

② 王岳川：《文艺方法论与本体论研究在中国》，载《广东社会科学》2003 年第 2 期。

③ 朱立元：《走自己的路——对于迈向 21 世纪的中国文论建设问题的思考》，载《文学评论》2000 年第 3 期。

方面，中国文学研究自有其惯性，传统的研究范式依然深入人心；另一方面，诸位学者提出的接受批评体系常常立意高远，体系宏大，在吸纳和执行起来还需要更具体而微的批评实践来检验。对此，本书也只是作出一种尝试。在"接受美学与象思维"主题的统照下，我们认为，中国接受批评体系之建构，不妨在"历时"与"共时"两个维度上建构约简易行而不特异的批评范式，既考虑中国文学研究的现状，又充分吸收接受美学的研究成果。如"历时维度"，重点探讨"接受之链"的建构，突破传统文学史的局限，又可着重"效果史"的研究；再如"共时维度"，则参照接受美学的文本理论和中国传统"言意"观，分别从"言—象—意"三个层面来解析文学接受现象。下面我们就分别说一说这两个"维度"。

所谓接受批评体系的"纵向维度"，主要就在于"接受之链"的建构。我们知道，在《文学史作为向文学理论的挑战》一文中，尧斯说过："一部文学作品，并不是一个自身独立、向每一时代的每一读者均提供同样的观点的客体。它不是一尊纪念碑，形而上学地展示其超时代的本质。它更多地象一部管弦乐谱，在其演奏中不断获得读者新的反响，使本文从词的物质形态中解放出来，成为一种当代的存在。"[1] 因此，尧斯才有"效果史"的提法，意在将文学历史演变的重心转移到读者这里来，如他自己所说："在这个作者、作品和大众的三角形之中，大众并不是被动的部分，并不仅仅作为一种反应，相反，它自身就是历史的一个能动的构成"。[2] 这不光是因为读者在一定程度上参与了作品之意义和价值的生成，更在于读者的接受和解释本身就构成了文学的生命历程："因为只有通过读者的传递过程，作品才进入一种连续性变化的经验视界。在阅读过程中，永远不停地发生着从简单接受到批评性的理解，从被动接受到主动接受，从认识的审美标准到超越以往的新的生产的转移。"[3] 所以说，动态地再现文学接

---

[1] 见《接受美学与接受理论》，第 26 页。
[2] 见《接受美学与接受理论》，第 24 页。
[3] 见《接受美学与接受理论》，第 24 页。

受的"效果史"就是接受批评体系建构的彀中之义。不过,抛却尧斯等人对概念的把玩和他们在接受史研究中那些并不成功的尝试,我们发现,通过对一些典型的接受现象的阐释,并实现对贯串其中那个"接受之链"的再现和描述,我们还是能够得到一个比较约简而又非常集中的接受批评范式的。

我们以《周易》经传接受与阐释这一极具典型意义的接受现象为例。在整个易学的视域中,经传关系自始至终都是一个历久而常新的课题。《周易》经传关系是传统易学研究的逻辑原点,千百年来,每当此课题上有新发现、新挑战,往往能促发整个易学的变革。当前为学界普遍接受的"经传分观"的阐释范式虽不主张完全割裂经传,但它依然造成了易学学理的断裂,使得卦爻辞的阐释学意义、象辞间的逻辑关系、殷周卜筮文化与战国义理之学的传承关系都成了无根的伪说,更要紧的是,汉代以来的易学传统本就建立在以传解经的基础上,否认经传间动态整体性的阐释关系,就是否认了传统本身。今天,学界虽不赞成完全割裂经传,却也不再"经传合一"地看待易学,在探讨《易传》哲理之余,更多关注《易经》的史料价值,朱伯崑、余敦康等先生均持此态度,代表了主流易学的观点。不过,经传关系依然存在极大的阐释空间,尤其在大量出土竹简帛书的推动下,很多新问题被提出,对易学接受研究也提出了新的挑战。在历时维度上对比、参照不同时期卜筮文本及与《易经》文本相关文献,包括各种出土简帛、甲骨陶拍及中国传世文献、海外易学文献等,理清卦爻辞文本集纂和演变的历史轨迹,挖掘原始《易经》文本蕴含的人文理性,寻绎其中对象数体系的自觉认识和生存关怀,自会理出一个经传之间的"接受之链"来。具体来说,其研究策略和逻辑演进如下:

1. 早期卜筮:参照殷周甲骨和各种铜器陶拍文本,探讨《周易》古经之前的卜、筮与巫文化、理清早期卜筮与先民生存关怀的阐释学关联;

2. 卦爻辞的生成:比照传世"三易"文本以及其他不同时代关于卦爻辞记录的文本异同,动态还原卦爻辞文本的历时性辑纂,重点考察卦爻辞与卦爻象数的阐释关系;

3. 古经的流布：依据春秋筮算记录，尤其"《左》《国》二十二例"，研究卦爻辞写定后在应用过程中的阐释现象如盲卦、定爻等，重点考察卜筮现象在历史流衍过程中人文理性的产生；

4. 《易传》的产生：比较简帛《易传》和传世《易传》，重新审定《易传》各篇的产生年代，尤其注意"掺入"的段落，在还原《易传》产生的动态过程同时，对《易传》的解卦体例、卦序排定、阴阳理念的融会、孔子对《易传》的影响等关键问题作出探讨，并寻绎此过程中殷周先民的生存关怀演变为"生生之谓易"命题的阐释学脉络；

5. 易学传统的形成：参照秦汉文献，考察《易传》的定稿与易学传统的关系，重点探寻《易传》对《易经》的阐发对于中国"天人合一"的生命美学传统的阐释学意义。

对此问题，本书之后几章，尤其是"文心雕龙与易学"和"李白对《庄子》的接受"部分便是"接受之链"的一种尝试。不过，考察尧斯提出"效果史"的本意，需要注意的是，所谓"接受之链"，很容易陷入所谓"目的论"文学史观和"实证论"文学史观的迷途，而这也正是尧斯决然否定的。如前所说，尧斯的"挑战"首先就指出了杰文纳斯的史学叙述中"明确地贯穿着一个基本思想。该思想在这些事件中显现，这些事件与世界事件相互联系着"[①]；尧斯认为，此种文学史观只不过是一种"幻觉"，它不是在阐述历史，而是在机械地牵合出一个封闭的"完整过程"。但所谓"目的论"文学史观的精神导航线，却在很大程度上与贯穿整个中国文学史的生命美学之自觉。至于"实证主义"文学史观，尧斯非常反对那种"仅仅依据总的趋势、类型以及各种属性来安排材料，搞一个编年史一类的事实堆积；在这个成规之下，研究编年系列中的文学史，作为一种附带的形式，作者及其作品的评价在文学史中一带而过……另一种文学史根据伟大作家的年表，直线型地排列材料，遵照'生平与作品'的模式予以评价"。尧斯尖锐地指出此种文学史是一种"伪历史"，这种客观事实的编年

[①] 《接受美学与接受理论》，第7页。

连缀反倒抹杀了文学的历史性。中国文学研究向来注重文献梳理和研究，所谓"实证主义"的文学史观，也常常见于中国文学接受研究。

那么，所谓"接受之链"研究，与以上两种被尧斯反对的文学史观的区别在哪里？首先，接受之链研究必然以各种实在的文献解析为基础，如同前举的"《周易》经传阐释"研究的范例，对文献的分析不但诉求于实证，甚至会参照句法、词源分析等手段，这样，所谓"幻觉说"在此是站不住脚的。其次，所谓"接受之链"注重一种动态的、整体性的还原，其关注点往往超越散碎的材料和事实，其力图揭橥的，往往是接受现象中那些最具统照意义的生命体验。再次，尧斯本人的文学史尝试之所以不成功，也在于他将以上几种文论概念化、脸谱化、符号化，而忽略了以上几种文学史观的能动阐释潜能。对此，我们还需要借助"言—象—意"的共时性接受——阐释范式来说。

说到"言、象、意"的本文层次理论，论者首先要举王弼《周易略例·明象》中的一段精彩论述："夫象者，出意者也；言者，明象者也。尽意莫若象，尽象莫若言。言生于象，故可寻言以观象，象生于意，故可寻象以观意。意以象尽，象以言著。故言者所以明象，得象以忘言；象者所以存意，得意而忘象。"

此段话可看做中国古代文论中文学本体构成观的典型论述，尽管王弼此段话所谈的并不是一般意义上的言、象和意，而是《易经》中的卦名、卦象。康中乾先生在《有无之辨》中解释道："圣人通过观物取象，悟到了天地万物之存在和运动的本质和规律性，故可以'通神明'而'类万物'，这就叫圣人之意。圣人为了把自己的这个'意'传达出来，就画成了八卦和六十四卦，然后再有对这些卦的卦和爻的解说、解意，就形成了辞，就有了名言了。所以，意→卦→名（言）是《易》之形成的过程。"①

可见，王弼在此展示的是《易》学之中言、象、意的层次关系：言生于象，象生于意，（接受者）可"寻言以观象，寻象以观意"。在这里，

---

① 康中乾：《有无之辨》，北京：人民出版社2003年版，第398—400页。

言、象、意的层递关系便十分鲜明了："意以象尽,象以言著",三者层层深入,由爻辞而观卦象,由卦象而见易理。这便与英加登的文学本体层次论形成了相类似的层递性对应关系。

此外,王弼在《明象》篇中还谈到了言、象、意之异质的问题:"然则,言者,象之蹄也,象者,意之筌也。是故,存言者,非得象者也。存象者,非得意者也。象生于意而存象焉,则所存者乃非其象也;言生于象而存言焉,则所存者乃非其言也。"

"言者,象之蹄;象者,意之筌"。王弼在这里援用了庄子《外物》"筌者所以在鱼,得鱼而忘筌;蹄者所以在兔,得兔而忘蹄"的卮言警句。筌蹄都是捉鱼猎兔的工具,用以比之"言"与"象",则一如汤用彤所云:"言为象之代表,象为意之代表,二者均为得意之工具。"① 在此,言象与意之间区别十分明显。寻言用以观象,但言非象;寻象用以观意,而意非言。因此,执著于言、象这些工具,则反而不能把握真正的意,这便是"存言者,非得象者也。存象者,非得意者也"。

在这一点上,王弼的"言象意"三者便在"异质"的特性上与英加登的层次说产生了可比性。我们在第二章中说过,罗曼·英加登认为,文学作品有四个基本层次:1)声音的层面;2)意义单元的组合层面;3)再现的客体层次;4)图式化观相层次。第一个层次是我们面对文学作品时首先接触到的被赋予着一定意义的字音。它显现着其他的层次,尤其是意义单元层次。意义受制于字音,在与字音的联系中构成词语。从字音到意义,体现着审美认知的一般顺序。而在文学作品的欣赏中,审美知觉还在于透过意义单位而进入作品的形象。这个形象,就是作者在文学作品中虚构的对象,它具有"模拟的实在性",是读者在意识活动中"再现"出来的。而文学作品中的被再现客体都是以图式化方面(schematized aspects)出现的。所谓"观相",指的是客体向主体显示的方式,它依赖于主体的知觉而存在,因而是一种观念化的东西。客体只能以图式化的方式出现,

---

① 汤用彤:《魏晋玄学论稿》,北京:人民出版社1957年版,第29页。

但是图式之中充满着"未定点",有待读者去想象性联接和填充,从而使文学客体丰满具体化。除了以上四个基本层次,英加登又提出了文学作品的"形而上品质"(metaphysical qualities)。所谓形而上品质,是指"崇高、悲剧、恐惧、动人、丑恶、神圣、悲悯"的性质,"这些性质不是客体的属性,也不是心态特征",但是通过这一层面,"艺术可以引人深思"。可见,英加登的现象学作品本体论认为:文学作品由多个异质的层次构成,每一层次都和上下两个层次有着直接的联系,而这众多的层次共同构成一个具有整体性的结构。这一结构中存在着大量的未定点,它有待读者将之"确定化"。

这样看来,英加登也认为字音、字意、再现的客体和图式化以及形而上品质这几个层次"每一层都有相对独立的审美性质",而且这几个层次"层层相依",任何一层都不可缺少,比如"意义单位"便"受制于字音",而"客体"也必须以"图式化"形式"再现",这样的依赖关系一如"意以象尽,象以言著"。

如果以上的论述还不能够有力地说明"言象意"与英加登的本文层次的对应性,我们再从王弼的"忘"这一极富哲学内涵的范畴来看两种层次论的对应关系:

> 然则,忘象者,乃得意者也;忘言者,乃得象者也。得意在忘象,得象在忘言。故立象以尽意,而象可忘也;重画以尽情,而画可忘也。(《周易略例·明象》)

"忘言"、"忘象",实际上是强调(接受者)不要滞于言、象,从目的论来讲,"之所以要有言和象,并不是为了为言而言,为象而象,而旨在捕捉那个'意',这是根本的目的"。① 为了更形象地解释这个问题,康中乾借用了维特根斯坦的说法:维氏《逻辑哲学论》中的命题犹如一架上

---

① 康中乾:《有无之辨》,第399页。

墙的梯子，只要能上墙，梯子最终可以抛去。而汉代《易》学执据于繁琐的象数之学，这就相当于"为象而象"，"一失其原，巧愈弥甚"（《周易略例·明象》）了。

实际上，王弼此说，还揭示了"言、象、意"的直观性。忘象忘言，所贵在得意，在这个角度来说，"言不尽意"。言不尽意，是因为言与意不在一个层面上，如庄子在《天道》篇所云："意之所随者，不可以言传也"。为了说明这个道理，庄子并在书中讲了很多则寓言，其中"轮扁斫轮"之论最耐人寻味："斫轮，徐则甘而不固，疾则苦而不入，不徐不疾，得之于手而应于心，口不能言，有数存乎其间。臣不能以喻臣之子，臣之子亦不能受之于臣，是以行年七十而老斫轮。古之人与其不可传也死矣，然则君之所读者，古人之糟粕已夫！"斫轮之道"得之于手而应于心"，它不可言传，因而轮扁始终未能将这一技艺传授给他的儿子。这"斫轮之道"便代表着"意"，对它的把握，只能以直观的方式完成。

对于"言不尽意"这一问题，王树人先生在他的《论"象"与"象思维"》一文中作出了本体论层次的阐释。"所谓'言不尽意'，就是指借助理性化的语言，也即借助概念思维，不能把握整体内涵之意。"他进一步分析道：概念思维的概念、判断、推理、分析、综合等等，是建立在概念的规定性思维运作的基础之上。但是，具有本体意义并且十分抽象的"道"，却并不能通过这种方式得到，因为"抽象之本体，无名绝言而以意会者也"。①

这种"意会"，依赖于"忘言"甚至"忘象"来实现，此中之"忘"，并不是完全否定，而是搁置一旁。这样，我们便很自然地联系起西方哲学现象学方法论的一个重要概念："悬置"（epoche）。"悬置"经由胡塞尔提出之后，就成为了现象学哲学对经验的事实世界采取的一种根本立场。其具体内容无须在本文中详辨，但是现象学论者将"悬置"应用于现象学还原，即"本质直观"（Wesenschau）之中，把本质之外的质料一律"加括

---

① 王树人：《论"象"与"象思维"》，载《中国社会科学》1998年第4期。

号"(bracketing)之后搁置一边而直观其本质的态度,与"言象意"层递关系中之"忘"的对应性便十分清晰了。

得意忘言有赖于直观的思维方式,而英加登的作品本体层次也是经由"现象学还原"而得来的。可见,以"言象意"三层次对应英加登的五层次说,是比较合理的。而且,王弼对"言、象、意"的论述,与《庄子》中的言意观关系极为密切,各范畴之间的辩证关系一脉相承。这可看做我采用"言象意"的本文层次的一个重要理由。

另外,只要我们略加辨析,就会发现英加登的本文层次论与中国古代的言意观的话语背景之差异还是很大的。中国古代的言(象)意观,重意轻言。先秦人虽然相信言意存在相一致的可能,如"辞达"之说,但是,即便是"辞能达意",也表达了"孔子对言意关系中'言'和'意'"之中对于"意"的"偏重"。① "言者,以喻意也"(《吕氏春秋·离谓》),但是"言意相离"早就为中国古代学者所发现。乃至于《易·系辞》中的"书不尽言,言不尽意",以及庄玄"得意忘言"说,则"轻言重意"的倾向就越发彰著了。但是英加登的"文学现象学"却与之相反,经过"现象学还原"之后的"作品世界与作者心理无关,被再现客体与现实客体无关,决定作品世界的是语言,只有语言是被再现客体的依据"。② 这一巨大的差异也是我们不能直接套用英加登的五层次说的重要理由之一。

当然,"言象意"的本文层次说绝不是唯一适用于中国古典文学话语环境下本文研究的层次理论。在古人的本文论中,"言意之辨"才是讨论最多的议题,可见古人向来以为本文中存在着"言意"两极,以这两极为坐标,古人对本文的层次划分并不统一。《庄子》之言意观直接影响了王弼,但是《庄子》绝少谈象,它所区分的本文层次近于"道、意、言";刘勰则提出"意授于思,言授于意",以"思、意、言"的结构层次来划分本文。王弼在"言"、"意"之间加入了"象",实源自《周易》。这一

---

① 贾奋然:《〈文心雕龙〉"言意之辨"论》,载《中国文学研究》2000年第1期。
② 胡经之、王岳川:《文艺美学方法论》,第288页。

"象"属于言意两极之间的中介。为此,康中乾在《有无之辨》一书中,并不认为"言、象、意"属于三个层次,而是"言—象"和"象—意"两个层次。近年来,对于本文层次的问题,国内文论界还有相当一些有价值的意见。比如,很多论者认为"(意)境"应当与"象"放到同一层面;而朱立元则根据接受理论的实际,提出了"语音强调层"、"意义建构层"、"修辞格层"、"意象意境层"和"思想感情层"五个层次,也都是依据充分而又能够自成一说。

但是,"言、象、意"的本文层次理论理应得到更多的重视,使之在中西比较文论的视域中起到一个桥梁的作用。在西学"大行其道"的今天,很多西方文学方法论在国内流播既久,产生了深远的影响,英加登的"本文层次理论"就十分有代表性。但是,只有将之与中国本土的文艺理论作一深入比较,考其同异,辨其利弊,我们才能够真正地将那些西方的理论融会到中国文学话语环境中来。

总的说来,中国传统文论是一个宝库,其中蕴含着的理论成果与西方自然大异其趣。那么,我们在借鉴和接受西方的理论体系,尤其是接受美学这样根深而蒂固、叶茂而枝繁的方法论的时候,既不应该对本民族的文学遗产妄自菲薄,对西方的舶来品生搬硬套,也不应该盲目排外,一味地食古不化。自《易传》以来,中国文化就总结出了"同归而殊涂,一致而百虑"的包容精神,尤其是以象思维为运思精神的中国传统文化一向是非常善于接受、融会那些外来的文化体验的。更不要说,接受美学与象思维还有如此多的契合点。因此,我们在接受美学中国化的历程中,既要穷本溯源,找到两种理论体系在形而上层面的深层契合,找到"道通为一"的理念根源,又要依照不同文化的运行体制,合理地展开探讨。

下编　融会与生发

第四章　论《易传》对《易经》的接受

《易经》本是殷周时期筮占的记录，约当西周初年，经过一些掌握着最高文化的祝、卜、宗、史们的修纂、增补，遂成为一部寄托着某种神秘而幽深意蕴的经典之作，在其后的几百年中，它历经了华夏文化从天命神学到人文理性的转变，更目睹了在中国文化史上意义最重大、影响最深远的"轴心时代"之勃发，并汇入到整个时代的文化洪流中，成为一代又一代学子、哲人们观象玩辞、极深研几的经典。在战国秦汉之际，有这样一批学者，他们在《易经》的基础上，从儒家的立场出发，吸纳众家之说而又不离古经之本旨，阐发出一系列解经之作，后人将之编为一部牵经合传的完整著作，也便是今天我们看到的《周易》。《周易》对中华传统文化的影响之深之远，对中国文化各个层面、各个分支的泽被和浸润，从《四库提要》中这一段文字便可知道："易道广大，无所不包，旁及天文、地理、乐律、兵法、韵学、算术，以逮方外之炉火，皆可援易以为说。"正是因为这一点，《周易》被儒家尊为"六经"之首，又成为道家的"三玄"之首，足见《周易》在各家各派中分量之重。因此，以《易传》为开端，研摩《周易》的著作便层出不穷，据统计，几千年来《周易》的注家不下千余，传世著论三千余种，如此庞大的规模，几乎可以和"五经"其余各经注解文论的总和相埒了。① 在三千年的易学传承史中，《易传》无疑是最重要的一部文献。作为第一部系统地阐释《易经》的著作，《易传》之于

---

① 见王振复：《巫术：〈周易〉的文化智慧》，杭州：浙江古籍出版社1999年版，第3页。

《易经》，就如同尧斯所说的接受现象中的"第一读者"那样，在对《易经》的解释过程中构筑了一个更加混融完善的象数构架，阐发出了一套弥纶天地之道的易理之学，这样，它就为《周易》定下了一个基调，此后的易学不论是象数之学，抑或义理之学，都不出《易传》的范围。即便是近世"经传分观"的研究思路也不可能把《易传》与《易经》完全剥离。因此，《易传》对《易经》的接受，就成为中国文化的接受之链中最典型也最具典范意义的现象，如果我们能够把握住《易传》对《易经》之接受的基调，我们或许就扣住了中国文学接受史中最重要的一环。"夫易，彰往而察来，而微显阐幽。"《周易》经传之间的接受现象，也许只是一个几微之动，但是，易学那种"一叶落而知天下秋"的思维模式却可以把这个问题远推至无垠的宇宙时空之中。

一 "易与天地准"：作为接受本文的《易经》

> 易与天地准，故能弥纶天地之道。仰以观于天文，俯以察于地理，是故知幽明之故；原始反终，故知死生之说；精气为物，游魂为变，是故知鬼神之情状。与天地相似，故不违；知周乎万物而道济天下，故不过；旁行而不流，乐天知命，故不忧；安土敦乎仁，故能爱。范围天地之化而不过，曲成万物而不遗，通乎昼夜之道而知，故神无方而易无体。

这是《系辞传》对"易"的一段礼赞。在此，我们能够看到《易传》作者对《易》的推崇已经到了一个无以复加的地步："易"是与天地相拟准的，因此，天地万化的道理都可以为"易"所涵盖。通过《易》的演绎，有形无形者如"幽明之故"，变动不居者如"死生之说"，玄冥难测者如"鬼神之情状"，都可以为学易者所知。正如孔颖达所云："用易道参其逆顺，则祸福可知；用蓍策求其吉凶，则死生可识也。""圣人极虚无之神，如变化之道，幽冥悉通，故能知鬼神之情状。"① 也正因为如此，通晓了易理，自己的行止就不会违背天地之道，由此而获得的体验至大可以包容天地，至微可以曲成万物："范围天地之化而不过，曲成万物而不遗"；这种体验得之于一个本体化的生命时空："通乎昼夜之道"；它又常常是直观性的、非实体性的："神无方而易无体"。在这平直朴素而又饱含深情的文字中，我们可以看到一位深得《周易》之道的儒者所表达的那种深沉悠远的体验。千百年来，历代学易者衣钵传续，都对这种礼赞深信不疑，他们不但认为《周易》自其诞生之日起，就先天地作为一部准乎天地的经典而存在；它的地位如此之高，以至于《周易》的卦爻象和卦爻辞必然出自圣人之手笔。对此，《系辞传》曰：

> 河出图，洛出书，圣人则之。
> 《易》之兴也，其当殷之末世，周之盛德耶？当文王与纣之事耶？
> 《易》之兴也，其于中古乎？作《易》者，其有忧患乎？

就是这样一种并不十分确定的疑问语气，就是这样一种充满了意义"空白"的描述性语言，使得《易》与中古的圣人联系到了一起，而其出发点则正是"易与天地准"的核心认识。后人又基于此认识，对《易经》和《易传》的作者作出了种种猜测。关于"重卦之人"，《正义》总结道："然重卦之人，诸儒不同，凡有四说。王辅嗣等以为伏牺重卦，郑玄之徒以为神农重卦、孙盛以为夏禹重卦。史迁等以为文王重卦。"② 再如卦爻辞之作者，多认为是周文王或周公。而作为"十翼"的《易传》，《史记》有云："**孔子晚而喜《易》**，序《彖》、《系》、《象》、《说卦》、《文言》。读《易》，韦编三绝。曰：'假我数年，若是，我于《易》则彬彬矣'。"（《孔子世家》）虽然诸家说法各不相同又屡遭质疑，但是班固"故曰

---

① 孔颖达：《周易正义》，北京：北京大学出版社1999年版，第266、267页。
② 孔颖达：《周易正义第二·论重卦之人》，北京：北京大学出版社1999年版，第7页。

《易》道深矣,人更三圣,世历三古"(《汉书·艺文志》)之语始终是一则不刊之论,后世易学者不论如何考证析理,都还是坚信"圣人见天下之赜而作《易》"、而《易》也总是内含着"圣人之道"的。

可见,这个问题已经不仅限于对《周易》作者之体认的视阈,它已经构成了一个"阐释的循环":后人因推重《周易》而寄之于先圣,又假先圣之名而使《周易》呈现出神圣的色彩。在此,一个"循环论证"的易学传统便形成了,每一代学易、用易、研易者均本诸"易与天地准"的核心认识而作出自己的阐发,他们的阐发又往往力图反证"圣人之道",而这个圣人之道是在《易传》那里就已经被阐释、被描述了的。从接受的角度来看,《易传》的作者就是《易经》的第一读者,《易传》之成书,也成为易学传统的第一推动力。总之,在传统易学中,《易传》与《易经》关系最为密切,也最为研易者所重,这也就是传统易学为什么总是采用"牵经合传"的研究思路、他们的易学观点总是离不开《易传》的视野之主要原因吧。

然而,自近代以来,传统易学这个"阐释的循环"被打破了。在前文中我们曾交待过,清朝末年,国门被西方人用武力打破,西方的科学、技术、思想、文化,猛烈地冲击了中国人的传统视阈。此后中国又经历了一系列巨变,终于迎来了"新文化运动"这样一场坚决的、彻底的文化革命。它的必然产物之一便是一反传统经学研究思路而专力辨伪的"疑古"思潮。这种思潮体现在易学上,唯以顾颉刚、钱玄同、李镜池等"古史辨派"学者影响最为深远。他们的研究思路,"用一句话概括,就是用实证的方法打破传统旧说,还史料、文献以本来面目。具体到易学的研究,就是打破'人更三圣,世历三古'的历史观,还《周易》占卜的本来面目。"[①] 在这个思路的指引下,他们首先从史学家的角度,对卦爻辞所对应的"客观"史实进行了认真的考证。比如顾颉刚先生对卦爻辞中出现的"王亥丧牛羊于有易"、"高宗伐鬼方"、"帝乙归妹"、"箕子明夷"、"康侯

---

① 杨庆中:《二十世纪易学史》,北京:人民出版社 2000 年版,第 113 页。

用锡马蕃庶"等史事作了考证,并辅以"王用亨于歧山,吉,无咎"(《升·六四》)、"拘系之,乃从维之,王用亨于西山"(《随·上六》)以及"东邻杀牛,不如西邻之禴祭,实受其福"(《既济·九五》)等爻辞的考证,指出这些在历史上"真实发生的事情"写入《易经》之后,为后人所曲解,比如"康侯用锡马蕃庶"本当指"封国之时,王有锡马,康侯善于畜牧,用以蕃庶"的故事,可是"王弼和孔颖达都说,'康,美之名也。'孔更说,'侯谓升进之臣也。'……他们所以要这样解释,一来不知道周初有康侯其人,二来即使知道周初有康侯其人,但为要维持文王作卦爻辞的成说,也须藏起这个证据,犹如'箕子'的被解为'荄滋','亥子'和'其子'"。① 对于古史辨派的诸种考辨,学界所述甚详,本文不再一一介绍了。总的来说,顾氏等人将《易传》以来的诸种易学阐释统统悬置一旁而直寻史事,由此而证明《周易》的经与传属于"绝端相反"的两种历史观念的产物,"牵经合传、以传解经"的阐释思路便失去了"客观"的合理性;这样,肇自《易传》的"四圣一揆"的说法,也都成为"筑室沙上"的伪说,《易传》的作者作为战国秦汉间人,说话"最没有客观标准",也就无法取信。在他们看来,《易经》的本来面目应该是卜筮之书,书中记载的都是当时所发生的客观事实,《易传》则借题发挥,演化成了一部哲学著述。进一步说,《易经》的卦爻辞与卦爻象之间也不会存在逻辑的联系,《易经》只不过是筮占之辞的编纂和堆砌。

在"古史辨派"诸学者的呼喊之下,传统易学已经被批得体无完肤,因为这个易学传统的本源,即《易传》同《易经》脱离了,理由是《易传》对"易"的阐释并不符合《易经》所由产生的客观事实。从整个易学传统的角度来看,这种说法确实新人耳目,震人心魄,可以说是易学史上一次"哥白尼式的革命"。然而,值得玩味的是,这些激烈地反对"传统"的学者又都以"传统"的捍卫者自任。比如顾颉刚便说过:"《易》本来是卜筮,《诗》本来是乐歌,我们不过为它们洗刷出原来的面目而已;

---

① 顾颉刚编著:《古史辨·三》,上海:上海古籍出版社1982年版,第17页。

所以这里所云建设的意义只是'恢复',而所谓破坏也只等于扫除尘障。"①可见,顾氏等人所认可的"传统",只是在历史中"客观"地存在过的事实,而后世的演绎、发挥,都只是为历史的"真相"罩上了一层迷雾,他们所要做的,就如同神秀的那句偈子:"时时勤拂拭,莫使有尘埃"一般,将《易经》之后的各种接受加上括号,排除在《周易》的"本义"之外。当然,顾氏这种看似矛盾的认识也不无道理。他的核心理念主要在于《周易》的历史性问题,而此问题的出发点又在于他的历史之"层累的造成说"。在《与钱玄同先生论古史书》中,顾氏提出:一、"时代愈后,传说的古史期愈长";二、"传说中的中心人物愈放愈大";三、"我们在这上,即不能知道某一件事的真确的状况,但可以知道某一件事在传说中的最早的状况"。② 可见,顾氏的这种"革命认识"并不是无本之木,清人崔述就曾说过:"世益晚则采择益杂,时愈后却载记愈详。"(《考信录》)这种疑古的精神甚至完全可以追溯到先秦时期,如《论语·子张》:"纣之不善,不如是之甚也。是以君子恶居下流,天下之恶皆归焉";再如《孟子·尽心下》:"尽信《书》不如无《书》,吾于《武成》取二三策而已矣";又有《韩非子·显学》:"孔子、墨子俱道尧、舜,而取舍不同。皆自谓真尧、舜,尧、舜不复生,将谁使定儒、墨之诚真实乎?殷、周七百余岁,虞、夏二千余岁,而不能定儒、墨之真;今乃反而欲审尧、舜之道于三千岁之前,意者意者,推测之词其不可必确定乎!无参验而必之者,愚也;弗能必而据之者,诬也。故明据先王,必定尧、舜者,非愚则诬也。"③ 可以说,中国的疑古思潮就如同一道草灰蛇线,细若游丝又连绵不绝。李泽厚先生把这种思想倾向归结为"不管传统的、外来的,都要由人们的理知来裁定、判决、选择、使用,这种实用理性正是中国人数千年来适应环境

---

① 顾颉刚:《古史辨自序》,上海:上海古籍出版社1982年版,第1页。
② 顾颉刚:《古史辨自序》,石家庄:河北教育出版社2000年版,第4页。
③ 路新生:《中国近三百年疑古思潮研究·自序》,上海:上海人民出版社2001年版,第1页。

而生存发展的基本精神。"① 此种断语很能发人深省，它尤其提示了我们，这种疑古思潮体现了一种理性的、"客观的"思维倾向，实际上也就是一种概念化的思维倾向。如前文所论，"概念思维"与"象思维"都是人类文明必不可少的思维方式，两者在文明的进程中始终处于"相反相成"的对待关系。然而，当这种以"疑古"为表现形式的概念思维倾向发展到新文化运动时期，适逢民主运动的发展和西方科学主义猛烈地冲击中国传统文化，则顾氏等人的解易思路与西方那种科学化了的概念思维合流，便彻底地改变了易学的视野。在此之后，"经传分观"的观点很快为人所接受，不论高亨先生的《古经今注》、《大传今注》，还是李镜池先生的《周易探源》，都坚持"以经观经"、"以传观传"。几十年后的今天，易学界一些颇有影响的学者虽然并不完全同意经传分观，却也都承认了《易经》和《易传》的区别，虽然他们解经时依然还会引用《易传》，但是这种折中的看法到底与传统易学有了根本的不同。

可见，从传统易学"易与天地准"的认识到古史辨派"经传分观"的主张，其间的转变大约触及到了以下三个层次的问题：首先便是《易传》解《经》的合理性问题，持疑古观点的学者们因《易传》对《易经》的阐释并不能一一对应、甚至存在自相矛盾的现象而质疑《易传》所云是否为《经》的"本意"，进而否定了《易传》的"客观性"，或者说"科学性"。这样，自《易传》以降的整个易学传统便从根本上被动摇了，这便触发了第二个层次的问题，即《周易》的历史性问题。在整个易学传承中，我们到底应该以《易经》之为书的"客观存在"为唯一合理的存在，还是承认整个易学接受的历史视野中那个《易经》为真正合理的存在呢？说到这里，我们又进达了第三个层面，也就是《易经》的存在方式问题。《易经》自其诞生之日起，便存在于时空的流布中。那么，在哪一个时空中存在的《易经》为真？抑何者为伪呢？换句话说，这个被后人奉为经典、被万千学者诠释、接受了的《易经》，其本真存在到底是何样的面貌

---

① 李泽厚：《中国现代思想史论》，合肥：安徽文艺出版社1999年版，第829页。

呢？下面，我们就试着对这一系列问题作出解答。

在前文中，我们曾经说过，接受现象中的本文应该是一个意向性的对象，在悬置了诸种"外在因素"之后所抽象出来的、接受本文的终极存在，不应该是一个"客观"、封闭、静态的存在，而是一个意向性的、开放的、动态的、如生命一般活生生的存在。那种将《易经》之存在凝定为一个静态的客观存在，认为只有在《易经》成书之际，也便是西周时期所存在的《易经》才是它最本真的存在，则在之后易学中存在的《易经》便成了一种"死"的文献，那么，《易传》所说的"生生不已"便失去了意义，后世易学者也都成了翻弄故纸堆的看客，他们只能外在地"认识"《易经》本文的各种概念规定，《易经》也只是冰冷地记录着邈远的上古时代的一些"客观"的史实。然而，事实并非如此。李泽厚先生在《批判哲学的批判》中曾经这样评价"回到康德"的思潮："为批判而批判是没有意义的，回顾哲学史不是发思古之幽情。应该注意活的康德（康德在哲学史上、特别在现代的影响），而不要沉溺在死的康德（康德学的大量文献）中。"① 在李泽厚看来，只有把康德的思想看成一个开放性的、不断为后人所阐释、不断与后人进行交流、对话的意向性对象，它才是活的；也只有这样，康德的思想体系才能发挥真正的意义，反之，那就是死的康德。因此，《系辞传》才会这样说："是故君子居则观其象而玩其辞，动则观其变而玩其占，是以'自天祐之，吉无不利'。""《易》其至矣乎！夫《易》，圣人所以崇德而广业也。"可见，《周易》之古经，早已被看做一部与接受者的接受行为紧密相关的、活的本文，而不是一个死的标本了。正因为《易经》是一个面向接受者开放的本文，所以它才是一个意向性的接受客体。在接受美学的本文观看来，这一意向性的接受本文，其本质应该是一个多层次的结构，第一层次是"言"，第二层次是"象"，最高层次则是"意"。

我们先说"言"的层次。

---

① 李泽厚：《李泽厚哲学文存》，合肥：安徽文艺出版社1999年版，第55页。

对于《易经》来说，所谓"言"的层次就是指卦爻符号和卦爻辞。也就是说，这一层面包含了《易经》中所有形诸文字的内容，其中既包括了六十四卦的卦辞，每卦六爻、共二百八十四爻，再加上乾、坤两卦的"用九"、"用六"两爻，一共二百八十六条爻辞，更有每一卦的卦名和二百八十六爻的爻题。以上这些文字构成了《易经》的文字表意系统，它们与六十四卦的卦爻画的符号系统共同构成了《易经》的物质存在。爻题和卦名是否在《易经》成书之际便已标注尚存异议，因此，在这里我们专以卦爻辞来代表古经中的文字符号。虽然卦爻画常被归于"卦爻象"的体系，但是在接受现象中，卦画与卦爻辞一样，都是《周易》古经的物质载体，都是以一个实在的表意符号的形态存在的。在接受现象中，这一层面是最先呈现在接受者面前的客观存在。下面，我们就来具体说说这一层面的两种符号。

先说卦爻画。卦爻画由阳爻"—"和阴爻"——"组成，每卦六爻或阴爻或阳爻，错综叠璧，构成了一个整体性的图画。关于阴阳爻的来历，说法很多。其中有男女生殖器说、星象说、日影说、占卜工具说、竹节说、结绳记事说、筮数说等。最近几十年来，随着一系列考古发掘和上古简帛的搜集、整理，尤其是"数字卦"的破译，"筮数说"的说法越来越为人所取信。这种说法的一个基本观点，便是认为阳爻和阴爻来自数字的简化，或者"是一种数图形，在文化智慧上，起于对数的神秘的崇拜"①。如楼宇烈先生所总结："爻象'——'是由'六'这个数目字演变而来的，它的原始意义就是筮数六，以后成为一切偶数的代表……爻象'—'是由数目字'一'演变而来的，它的原始意义是筮数一，以后则成为一切奇数的代表，这是无可怀疑的。"② 再如李零先生所说："中国早期的易筮，从商代、西周到春秋战国，一直是以一、五、六、七、八、九6个数字来表示……用一、八表示的卦爻，即今本《周易》卦爻的前身，到西汉初年

---

① 王振复：《巫术——〈周易〉的文化智慧》，第60页。
② 楼宇烈：《易卦爻象原始》，载《北京大学学报（社会科学版）》1986年第1期。

仍在使用。"① 虽然这种观点也还有待补充和推敲，但是，阴阳爻作为数字的抽象，应当没有疑义。更为重要的是，在《易经》成书之际，阴阳爻显然是毫无疑问地对应着筮数的。《系辞传》有云："大衍之数五十，其用四十有九。分而为二以象两，挂一以象三，揲之以四以象四时，归奇于扐以象闰，五岁再闰，故再扐而后挂。……是故四营而成易，十有八变而成卦。"这是《易传》中对筮算之法的一段描述。因为年代邈远，各家对上面这段话的阐释不尽相同，其差异主要在于一些细枝末节，但可以肯定的是，这段话明确地指出占筮之测算是以蓍草数目的变化而确定每一爻到底是阴还是阳，最终画出一个完整的卦象。从这个意义上来说，卦画作为一个符号，它的意义是确指于数的。因此，春秋时韩简说："龟，象也；筮，数也。"（《左传·熹公十五年》）

下面再说卦爻辞。卦爻辞的基本单位是文字。汉字被看做表意符号，是没有异议的。葛兆光先生指出："汉字是世界上唯一还在使用的，以象形为基础的文字，这种象形文字当然是从图画抽象、规范、滋生而成的"②。此种抽象、规范、滋生出来的文字便是一种紧密地联系着具体形象的表意符号，不同于西方的表音文字符号。如朱良志先生所概括的："汉字的最根本特点是有形可象，是一种具有鲜明感性特征的视觉符号。"③ 在此意义上说，中国的文字同卦爻符号一样，都是联系着具体事物的一种抽象，呈现为每个文字符号的"本义"。因此，《易经》中每一个文字符号都有一个本质性的规定，指向一个具体的意义。以"元、亨、利、贞"四字为例。元，《说文》曰："元，始也，从一，从兀。"《尔雅·释诂》："元，首也。"这些都是"元"的本义。高亨先生引《毛诗》、《礼记》郑玄注等文献而释元为"大"，亦可备一说。"亨"，《说文》："亨，献也，从高省，曰象进孰物形。"高亨则释其为"享"，并举多条《易经》卦爻辞为例。

---

① 李零：《中国方术考》，北京：东方出版社2001年版，第258页。
② 葛兆光：《中国思想史》，第41页。
③ 朱良志：《中国艺术的生命精神》，合肥：安徽教育出版社1998年版，第128页。

"利",《说文》:"利,銛也,从刀,和然后利,从和省。《易》曰:'利者义之和也。'""贞",《说文》:"贞,卜问也,从卜,贝以为贽;一曰,鼎省声,京房所说。"以往易学多释"贞"为"正",随着大量殷墟甲骨出土,可知甲骨中"贞"字极多,其本义确有可能就是"卜问"。可见,卦爻辞中每一个文字符号,都有一个比较稳定、也曾经比较确定的意义所指。然而,这还只是这一层面的一个表层。

更进一步说,这些文字又构成了各条卦辞、爻辞,每一条又都各有其来由。在传统易学看来,卦爻辞所说的都是一些象数体例和天人之道。但是,在近代学者如顾颉刚、李镜池、郭沫若诸先生考据之后,一幅商周先民刀耕火种、迎送嫁娶、享祀征战的社会历史画面便越发清晰了。如郭沫若在《周易时代的社会生活》一文中,利用《周易》卦爻辞的史料价值,再现了殷周时期的"生活基础"、"社会结构"和"精神生产"三方面的历史样貌。具体说来,如"即鹿无虞,惟入于林中"(《屯·六三》)、"田有禽,利执言"(《师·六五》)、"公用射隼于高墉之上,获之"(《解·上六》)等爻辞,反映的是先秦时期的渔猎生活;"豮豕之牙"(《大畜·六五》)、"丧羊于易"(《大壮·六五》)等爻辞,反映了当时的牧畜生活;至如"枯杨生华,老妇得其士夫"(《大过·九五》)、"大君有命开国承家"(《师·上六》、《履·六三》、《临·六五》)、"长子帅师,弟子舆尸"(《师·六五》)、"舍尔灵龟,观我朵颐"(《颐·初九》)等爻分别反映了殷周时期的婚姻生活、政治组织、军事、宗教等方方面面的社会生活。这种思路,认为卦爻辞"除强半是极抽象、极简单的观念文字之外,大抵是一些现实社会的生活。这些生活在当时一定是现存着的。所以如果把这些表示现实生活的文句分门别类地划分出它们的主从出来,我们可以得到当时的一个社会生活的状况和一切精神生产的模型。让《易经》自己来讲《易经》,揭去后人所加上的一切神秘的衣裳,我们可以看出那是怎样的一个原始人在作裸体跳舞"①。

可见，作为接受本文的《易经》，其第一层次，即《易经》本文在接受者面前所呈现的第一层次确实联系着一个客观的存在，其客观性之所在，就在于每一个符号其本身的意义所指。这些所指便是所有卦爻符号和卦爻辞的"本义"，这些本义也都联系着实在的社会生活，同时，这些符号也是《易经》的物质躯壳，在现象学理论看来，它们的质料（Material）完全是物质的。进一步说，这种实体性的"本义"就如同伊泽尔所说的"保留剧目"那样，是《易经》本文之阐释的实在的前提和基础。先民对于《易经》的理解，显然都要从这些意义的基础出发，受到这些原初的"视野"的影响和引导。就此，很多学者认为这一层次便包括了《易经》内容的全部，认为《易经》不过是一部反映其时社会生活的"历史书"，如此说来，卦爻符号也就仅限于数字符号的抽象，卦爻辞也仅限于"客观事实的堆砌"了。进而，《周易》的历史性也就只在于它的客观存在，只有"客观"的《易经》才是《易经》的本真存在。

然而，这种纯"客观"的《易经》是不存在的。一方面，卦爻符号和卦爻辞并不是同时产生的。近年的考古发掘表明，与卦爻画密切相关的"数字卦"，最早可以推至江苏海安青墩遗址的良渚文化，距今四千四百年至五千三百年，比甲骨文的出现还要早一千年。② 这些早期的筮算记录在几千年中不绝如缕，一直在时空中流布，直到西周时期《易经》的编者"观象"系辞，卦爻辞才获得了一个相对稳定的生命形态。从这一点上来说，《易经》成书之际，卦爻符号早已不是其初始状态，它已经是一个绵延既久的文化体系，从接受的角度来看，它就是一个特殊的"期待视野"。卦爻辞的产生和编纂，与其说是辞与符号的机械牵连，毋宁说是文字表意的视阈和卦爻符号视阈的融合。在此意义上，吴前衡先生总结道：

---

① 郭沫若：《周易时代的社会生活》，见《十家论易》，上海：上海人民出版社2006年版，第9—29页。

② 见吴前衡：《〈传〉前易学》，第179页。

卦爻辞是有语义可寻的语句，但其语义的内涵已经发生了重大改变。每个语句脱离了历史故事和民间歌谣的原生背景，与命运判词互相夹杂，对应于卦爻画图形，变成了卦爻画的所指（signified），变成了神灵的意旨，而曾为故事、曾为歌谣的往事渐被淡忘。另一方面，卦画也因有了卦爻辞语句的对应，有了可寻释的语义，由无所规定的神秘符号变成了有所意指的符号（symbols），成为与"所指"相对应的能指（signifiant）。①

因此，卦爻辞的编纂本身就是对卦爻符号的一种阐释，一种接受。如此说来，在《易经》中，卦爻符号便不是独立存在的，它是向卦爻辞开放着的意向性的存在。另一方面，卦爻辞本身也不是一个纯客观的存在。在以实证主义为宗旨的"古史辨派"看来，卦爻辞无非是历史事实的客观记录；此后易学界的观念有所折中，但依然认为《周易》古经主要是筮辞的堆砌。然而，《易经》并不是一人一时写成的，而是经过了多人之手。朱伯崑先生引《周礼·春官》："凡卜筮，既事，则系币以比其命。岁终，则计其占之中否。"对此，他解释道："掌管卜筮的人，于每次占卜之后，将所得的兆象和占断的辞句记录下来，连同礼神之币，藏于府库。年终，将积累的筮辞和卜辞加以统计、整理，看其有多少条已经应验。已经应验的则选出来，作为下一次占筮的依据。"② 李镜池先生则分别从经文的占卜体例、诗歌韵语、格言说理、贞兆迭反、筮占原则和对称式阶升式的爻辞排列等情况出发，认为《易经》是编纂而成，"编者煞费苦心把旧有材料组织安排，成为艺术品。郭沫若、闻一多两位说不是一人一时之作，那是就材料来源来说。如果从文辞组织和内容思想来说，可以相信有个编者或集体创作"③。又说："《周易》是卜筮书，与卜辞同类；所异者，卜辞是零

---

① 吴前衡：《〈传〉前易学》，第153页。原书存在拼写错误，已更正。
② 朱伯崑：《易学哲学史》，北京：昆仑出版社2005年版，第11页。
③ 李镜池：《周易探源》，北京：中华书局2007年版，第200页。

片剩简，一条一条的未经人修改的原料。《周易》卦、爻辞，却是于二千五百年前由卜史一类人编纂出来的成书，幸而其中还保存了不少原料，但通过编者的意识，难免带有编者的主观成分。"① 可见，卦爻辞的编纂，处处体现着主体性的色彩。卦爻辞的编纂者作为一个活生生的人，一个存在者，必然会依照自身的前理解来实现他对于卦爻象的体验。这同时也是《周易》筮算与龟卜的根本差异。王夫之认为龟卜"但有鬼谋而无人谋"，卜筮因为有了人谋，重视人的思维能力而拥有天然的优势，最终淘汰了纯粹迷信性质的龟卜。如果以上两点还不足以说明卦爻辞的"非客观"属性的话，《易经》在卜筮中的作用和地位则是其"意向性"的最好诠释。

说到这里，我们便很自然地过渡到《易经》本文的第二层次："象"之层次的阐发。

我们知道，王弼所说的"得意在忘象，得象在忘言"中的"象"，并不是名实论中的"象"，而是《易经》中的卦象和爻象，如康中乾先生所说："圣人通过观物取象，悟到了天地万物之存在和运动的本质和规律性，故可以'通神明'而'类万物'，这就叫圣人之意。圣人为了把自己的这个'意'传达出来，就画成了八卦和六十四卦，然后再有对这些卦的卦和爻的解说、解意，就形成了辞，就有了名言了。所以，意→卦→名（言）是《易》之形成的过程。"② 这是从《易经》文本之成书来说的。但是我们在阐释《易经》的本真存在时，却应反其道而行，由言达象，由象达意，因为我们在此探讨的是《易经》在历史中的呈现。言的层面证实了《易经》密切联系着现实的社会生活，正应了《系辞传》中所说的"夫易开物成务"的说法。《易经》之联系现实，还在于它本为一部筮书，在其本文的成形时期，极具实用性。然而，很多学者就此认为《易经》的作用仅限于卜筮，因而"并没有什么高深的道理"，便是把《周易》古经局限在"言"（卜筮之辞）的层面了。实际上，正因为《易经》是一部筮书，

---

① 李镜池：《周易探源》，第265页。
② 康中乾：《有无之辨》，北京：人民出版社2003年版，第398页。

才成就了它的超越性和意向性,使它能够超越物质性的、实在的"言"而进达于"象"的层面。我们都知道,《周易》的筮法大约要经过这样一个流程:

祈筮→求得本卦→确定之卦→对应卦辞/爻辞语句→解释该卦辞/爻辞语句→决疑①

在这一流程中,"祈筮"即"四营十八变"的筮算过程,然后根据过揲之策数而决定每一爻的阴阳属性,遇"老阳"或"老阴"则改变该爻的属性,最终确定"之卦",再由此而决定选择哪一条卦辞或者爻辞来判定吉凶。至于说"本卦"和"之卦"确定之后到底选取哪一句卦爻辞,朱熹胪列了七种情况,分别为一爻变、两爻变、三爻变、四爻变、五爻变、六爻皆变和六爻皆不变(《易学启蒙》),每种情况各有取舍。这七条虽然大体上能够在《左传》、《国语》中得到印证,但也有不尽相符的筮例。有的学者否认二至五爻变四种情况之有效性,仅承认六爻皆不变、一爻变和六爻皆变三种变卦法,也可备一说。②然而,不管哪一种说法,都无法否认这样一个事实:在定于某卦/爻辞之后,必然要对此条的辞义进行解释,进而判断吉凶。比如,在"四营十八变"之后,定于《坤·初六》"履霜坚冰至",则必然会联系此条爻辞中各种物象的本意,由"踩踏冰霜,坚冰将至"这种实实在在的意义出发,再联系所卜问之事,得出一个或吉或凶的兆象,进而形成一个足以自圆其说的认识,回答疑者之问。吴前衡先生认为这一过程将阐释局限在卜筮的神学框架内,属于一种限制性的解释。

① 参见吴前衡:《〈传〉前易学》,第 175 页。吴先生书中原文为"祈筮→定于一卦→定于一爻→对应爻辞语句→解释该爻辞语句",他称之为"条状解释模式"。为表达我个人观点之需,遂将此模式加以调整。

② 如高亨先生从"可变之爻"和"宜变之爻"的区分出发,认为变卦则要么全变,要么全不变,其他情况只能变动一爻;吴前衡先生从"变卦法则的定爻唯一性"出发,认为二至五爻变,违背了"定爻唯一性"原则,属于"盲卦"。见《〈传〉前易学》,第 225—228 页。

其实恰恰相反，由爻辞而进达于足以决疑的"吉凶悔吝"的认识，正是一个思维之超越的过程。在这个超越的过程中，"履"、"霜"、"坚冰"等物象各有其稳定的本义，就如同接受美学理论中的"保留剧目"，这一本义本是阐释者们共同认可的意义指向，因此，它又可看做接受过程中的"定向期待"。然而，仅仅将认识局限于这些物象的本义，却又绝对得不出或吉或凶的认识，其中必然发生爻辞原初的符号意义与所问之事，乃至与之相关的各种综合信息之交融，才能产生卜筮意义上的解释，这一解释绝不仅仅是"履霜坚冰至"字面上的意义了，而是一种既包含着诸多客观化的因素，又融入了解释者、卜问者的主观认识的一种可以影响人的思想、指导人行为的整体性的体验。这种超越也许只是在电光火石之间完成的认识，甚至包含了很多神秘化的、并不"科学"的、极富主观色彩的"偏见"，可是它却具有十分重要的意义，因为这种思维的超越，这种基于实在的、客观的意义层面而又超越了它的联想性质的超越，正是中国古代"象思维"的典型实践，它为后人提供了一个超越性的思维范式，成为整个中国文化的"众妙之门"。

以上我们谈的是《易经》"象"之层面的超越性。这种超越的直接结果便是"象的自觉"。也就是说，《易经》中每一条卦辞、爻辞都构成了一个整体之象，它超越了卦爻辞中每一个文字符号的意义指向而形成了一个全新的意义，其中总是包含着《易经》接受者们"吉、凶、悔、吝"等人道意识。这种体现在巫术性质的卜筮活动中的人道的超越，并不是中华民族所独有的，它是整个人类文明在萌芽阶段就已经异常丰富、发达的"象思维"的重要表现。在英国人类学家弗雷泽（James George Frazer）的《金枝》（*The Golden Bough*，1922）[①] 一书中，这种超越比比皆是。在北美印第安人部落中，互相仇视的人们可以通过摧毁对方的偶像来伤害或消灭它的敌人；婆罗洲达雅克人认为，一个男巫可以用石头模仿即将出生的婴儿，来帮助孕妇克服难产；古罗马时代的宫廷医师说，当天上的流星陨

[①] 〔英〕J. G. 弗雷泽：《金枝》，徐育新、汪培基、张泽石译，新世界出版社2006年版。

落，用任何东西擦拭粉刺可以使它们如流星一般离开自己的脸颊；而马达加斯加的士兵不能吃刺猬、公牛膝、死于争斗的公鸡或是被刺死的动物，因为这样会让他们变得或者懦弱胆小，或者膝盖软弱，甚至死于战场。这部书甚至列举了很多中国的例子，包括绣有"寿"字的衣服给予人的祝福的意义，城市的命运因其形状类似某种动物而受到影响，等等。这些繁复而又散布于人类先民的每一个生存角落的事例都具有一个共同的本质，即超越了某一种具体的行为和语言，超越了行为符号或者语言符号所具有的当下的意义而联系到了更为幽远、却与人的生存息息相关的意义上面。这样，被超越的符号之本义就与超越了本义的、更加形而上的意义融合为一个整体，构成了一个包含着人的主观意识的整体之象。正是这整体之象的建构，使得本来并无高深的意义的符号行为富有了活生生的意义，因为它密切地联系着人们的各种对于生存的意识，假如没有这种生存意识的赋予，那些符号便始终是一个死的尸骸，毫无生机。从这个意义上来说，卜筮活动中对《易经》每一条卦爻辞的解释使得这些文字符号连同卦爻画一起成为了极具"召唤性"的"象"，卦爻辞的本义在被超越之前还都是各自为政的、静态的意义，只有经过了筮算者的解释活动，才填补了这些意义之间的空白，将其连缀为一个整体。

这种意义的连缀必然会导向"数的自觉"，在《周易》古经中，这种数的自觉便体现为对爻位升降和六十四卦卦序的认识。诚然，多重证据表明，《易经》中的爻题，即初九/初六、九二/六二……上九/上六的标记出现较晚，可能大大地晚于一般所认为的《易经》成书之年代。而六十四卦的卦序也未必只有《序卦》所述的一种顺序，在多种先秦出土文献中，还有其他卦序形态。然而，有一点是可以肯定的，即先民对于六十四卦之整体的排列，以及六爻的位置关系，是早有认识的。从现存的西周史料中，我们便可以找寻到一些蛛丝马迹。其中，最直接的证据还是卦爻符号本身。我们知道，所谓"含章可贞"、"黄裳元吉"，都体现出周代先民对卦爻象位的本体化认识，尤其是对"中位"的认识。依照"经传分观"论的观点，则《易经》的作者并没有认识到卦爻象位的意义，只是把一些占筮的记录机械地与之对应。然而，综观卦爻辞，我们却能够发现，《易经》的编纂者对卦爻象位的认识还是有所自觉的。有学者统计："相比而言，二五两爻，吉辞最多，合计占47.06%，几达总数之半；其凶辞最少，合计仅占13.94%。这种现象，显然不是出于偶然，必定与爻位有关。"① 此外，卦爻辞与卦爻象在文字上的对应也是比比可见的。二五两爻的爻辞往往见"中"字，如《师·九二》："在师中吉"；《泰·九二》："得尚于中行"；《家人·六二》："在中馈"；《夬·九五》："中行无咎"；等等；又，此两爻爻辞还常见"包"字。这显然不能是巧合，而是关联于二五两爻的象位关系的。在近些年出土的考古文献中，也能为这一论点找到旁证。李学勤在考察了2001年陕西长安县西仁村出土的西周陶拍上的"数字卦"之后，发现上面记录的筮数还原成《易》卦竟"全然与传世《周易》卦序相合"。"（所还原的）师、比、小畜、履四卦是《周易》七、八、九、十卦，既济、未济二卦，是《周易》第六十三、六十四卦。这样的顺序排列，很难说出于偶然。"他还注意到，师、比、小畜、履四卦之间还有互覆的关系，它们在上经十八卦中自成一组。而既济、未济两卦也存在类似的关系。这更加说明了前人对卦爻符号系统的刻意整理，更体现出了当时已经有了"非覆即变"错综关系的概念。因此，李先生认为："这已超越一般的占筮行为，而是易学的思维。"② 这样，我们可以知道，在《易经》编纂者的脑海中，卦爻辞和卦爻象已经被看成一个整体，而且也具有了对一卦六爻以及六十四卦的整体序列的认识，换句话说，六十四卦、二百八十四爻，在《易经》成书之际就已经在人的意识中呈现为一个整体化的图示了，尽管它还未达到圆成熟练的程度。

可见，所谓《易经》本文的"象"的层面，并不是一个客观化的、实体性的层面。虽然它联系着"言"的层面，却实现了对它的超越，又因为在占断解释过程中人的主观性的参与，使得象的层面具有很强的意向性色

---

① 杨庆中：《周易经传研究》，北京：商务印书馆2005年版，第58—59页。
② 李学勤：《周易溯源》，成都：巴蜀书社2006年版，第234—237页。

彩。然而，作为本文的一个层面的"象"，却并没有实现对"言"之层面的终极超越。这是因为，每一卦每一爻所形成的"整体之象"，还只是在某一时空序列中的体验，又因为六十四卦、二百八十四爻各自呈现着不同的时空存在，它们都是杂多的体验。在《易传》看来，正是这种杂多而又井然有序的"象"才具有无限的延展性，才能无所不包，才能"弥纶天地之道"。然而，冥冥之中，又是什么将这些杂多之象牵连成一个整体呢？这就需要对"象"的层面再进行一次超越，达到"意"的层次了。

任何形而上学的体系都会有一个终极的本体，都会穷究最本真的存在。在《易经》成书之际，显然有一种整体化的认识存在于编纂者的视野之中，如余敦康先生所言，虽然《周易》的外延可以无所不包，"而居于本质核心层次的内涵却收缩为一种很小很小的《易》道。这个《易》道就是《周易》的思想精髓或内在精神，从根本上规定了《周易》的本质属性"[1]。只不过，学界对于《易经》作者的视野还有不同的认识。传统易学以为《周易》先天地涵有天地阴阳、三才之道，并由这个终极本体出发，衍生出了周易的卦爻体系，已详前文。这种说法在近代受到批驳之后，另一种说法为人广泛接受，即"在从《易经》到《易传》的长达七八百年的历史长河中，中国文化经历了一次从巫术文化到人文文化的重大转化，走过了一段从合到分再从分到合的曲折的过程"[2]。也就是说，《易经》所反映的是西周时期的天命神学思想，是巫术性质的卜筮文化的产物；《易传》则反映了战国时期的人文文化思想，是一套完整的、系统的天人合一的哲学。那么，《易传》所建构的思想体系就成了后人的"新创"，在传文中那些易道之说、阴阳哲学、象位体例乃至观物取象的深湛的哲学体系，便都成为后人强加在《周易》古经上面、为了使《易经》成为一部悬置了卜筮文化的色彩而能够以自身的象位形态来阐发易道的圣人之书——所作的一种成功的尝试。应该说，这种说法在很大程度上是符合《易经》本文

---

[1] 余敦康：《易学今昔》，北京：新华出版社1993年版，第8页。

[2] 余敦康：《易学今昔》，第8页。

的客观流变史的。在《易经》的时代,确实在《易经》本文中看不到成形的、系统化的阴阳观念、象位体例乃至"易道"的观念。但是,《易传》作者又何以能凭空编制出一套阴阳哲学的体例而硬套在周易的卦爻象之上?这种"生搬硬套"为何又能够大体上自圆其说,只是在少数情况下"自相矛盾"呢?而由《易传》所"发明"的哲学理念为何又能够被后人代代接受,很少提出质疑呢?这些问题,在"古史辨派"的观点横扫整个易学界的时候便有人提出了,但是他们自己作出的回答却未能超越确立于《易传》的传统易学的老路,在科学主义解易思路的质问下,总是有些左右支绌。实际上,能够将《易经》与《易传》牵合在一起,使两者在两千余年间弥合无间地作为一个整体存在的"易道"确实是存在的,但它并不是以一个实体化的形态存在的,也就是说,它并不会在原初的阶段就以成熟发达的形态存在,而是以一种生命的关怀存在着。也正是这个生命的关怀,使得那些原本杂多而枯燥的卦爻符号和卦爻辞被统贯在《易经》的文本之中,作为一个活生生的整体呈现在接受者的面前。

我们知道,《周易》的卜筮是"使民决嫌疑,定犹与也",吴前衡先生进一步解释道:"这里的'嫌疑'和'犹与',首先不是认识论的问题,也不是知识论的问题,而是关于生存论的问题。生存论的'嫌疑'和'犹与',就是命运关怀。"① 此言可谓一语中的。占卜筮算所解答的疑问,无一不是与人的生存息息相关,由卜筮而得以趋吉避凶的取向,也无疑都联系着他们的命运关怀;命运崇拜当然就是卜筮的原动力;我们更向远推,则远古的先民常常会从自己的生存活动中得到各种直观化的生存体验。我们翻开弗雷泽的《金枝》,其中所记录的各种仪式、各种禁忌、各种巫术和传说,或者联系着生老病死,或者象征着战争、事业、生产、婚姻、医术,这纷繁复杂的、被符号化的事象与物象,无一不是对人的生存活动的密切关怀。而这种命运关怀又是极幽深、极绵密地内涵在先民的各种象征性的活动中,尤以卜筮为代表。于是,人们又可以从筮仪中、从卦筮的巫

---

① 吴前衡:《〈传〉前易学》,第123页。

术形式中体悟到生命哲学,"在他们这里,时间与空间的意识渐渐滋生和膨胀,在祭神祀祖的仪式中,他们很可能会逐渐体会到宇宙、社会、人类的起源与发展,体察到神的旨意与天的运行,注意到世界的变动不居,注意到人间的历史沧桑"①。可见,这也是一种"阐释的循环",筮问本是一种生命的关怀,而人们又可以超越筮问的形式而体悟到更高层面的宇宙时空。在此,卜筮这种生命行为在人们的意识中是分层级地呈现的,统贯着它们的便是极富主观色彩和人文意义的生命意识。因此,牟宗三先生认为,中国的哲学以"生命"为中心,中国的哲学,就其本质来说,应该是生命的哲学。对于《易经》的本文来说,则六十四卦、二百八十四爻的卦爻体系,连同各条卦爻辞,也都是由生命意识贯串为一体,其中的联系机制,朱良志先生概括为"生命的类推",其说甚是。他认为,与西方的相互对立的"从属性思考"不同,中国的生命哲学,尤以《周易》为代表,采用了一种"关联性思考",思考过程中的事与物、意与象、主与客之间是相互沟通的,"在表面互不关联的东西中发现关联"。而此种关联的内在依据就是生命。"正是在生命的意义上,中国人才视天地大自然为一大全体,万物各张其性,以类相聚,又各自以自己的生命组成一庞大的生命整体。生生之妙就体现于时间之轴上不断孳化生命,又在空间之维上不断推演生命。"而《周易》的卦爻象的体系,乃至它们的实体性的载体——卦爻画和卦爻辞之存在,就是一种生命的存在。"每卦之象似乎大都是风马牛不相及,没有必然的逻辑联系,他们之所以能共存于一体,整合为一生生序列,不是依据于理性认识,而是得益于生命体验,共存于同一类别的物象中间,有一种共通的生命结构,生命的似有若无的联系瓦解了他们表面的差异。"②

总之,作为接受本文的《易经》应该被看做一个典型的"言、象、意"层级化的生命存在,它联系着具体的社会生活实践,却又不局限于形

---

① 葛兆光:《中国思想史》,第38页。
② 朱良志:《中国艺术的生命精神》,第19—21页。

而下的实体性的存在，因为这些实体性的客观事物的静态连缀是不能构成一部完整的本文的，它们的中间存在着大量的空白和阻断。只有在接受者的解释过程中，才能完成《易经》本文的有机组合，才能完成内蕴于《易经》符号体系中的生命体验。而这种生命体验，又成为《易经》本文之体系最究极的诠释。因此，《易经》的本文绝不是纯客观的，它是召唤性的、意向性的本文；它不是一个封闭的静态存在，更不仅仅是一堆客观事实和筮算记录的机械堆砌，而是一个面向解释者、接受者开放的动态的生命结构。正是因为这样的本质属性，才使得它在中国文化历史进程的冲刷和消磨中不但没有被淘汰、被取代，而是在一代代的阐释和接受过程中历久弥坚，愈发地展现出生生不已、健行不息的强大生命力。而《易传》也正是首先接受了这一点，才据此而推演出更富生命力的解经体系的。如果说我们对"作为接受本文的《易经》"之研究探讨了它的意向性存在，其层递次序：言象意体现了接受者对于本文之体验的一般顺序的话，则下面三节便是反过来，由意至象再到言，展现的是《易传》作者是如何从《易经》本文的核心体验出发，依据幽深绵邈的"意"来筑象以观意，再铺辞以明象，一步步完成对于《易经》的生命体验之过程。

因此，在第二节中，我们先从"生生之谓易"："意"层面上的经传接受说起吧。

二 "生生之谓易"："意"层面上的经传接受

不论是"周易美学"还是"易传美学"，都是在近世才出现的提法。尤其是在上世纪西学风行于国内之后，"周易美学"才成为一个独立的学科。然而，这并不是说在《周易》中我们找不到美的观念、美的意识，我们甚至可以说，《周易》的美学理论在两千多年前就为中国美学定下一个基调，其中《易传》美学之精髓更可以被看做是中国美学的精髓。对此，刘纲纪先生在《〈周易〉美学》中这样总结道：

第一，《周易》有关"太和"、"天文"、"人文"、"象"的理论为中国美学阐明各门艺术的发生及其美的本质提供了直接的理论依据。它完全可以说是中国美学关于艺术本质理论的哲学、美学前提。

第二，《周易》有关阴阳、刚柔、进退、开合、方圆、变化、神等的论述，为中国美学探求各门艺术的创造规律提供了直接的理论依据。它完全可以说是中国美学有关艺术创造理论的哲学、美学前提。中国美学关于艺术创造规律的认识大部分来自《周易》的启示。①

当然，这还只是就《周易》对艺术理论的影响而言的。实际上，《周易》对中国美学的深远影响，虽然体现在众多艺术门类之中，但是这种影响并不限于那些形而下的艺术作品之中，而更在于对中国形而上学的影响和构筑。因此，我们只有充分把握了《周易》美学的思想体系和核心范畴，才能够真正地理解《周易》美学精髓之于中国美学的定鼎之功。

《周易》美学之精髓，萌发于《易经》而成形于《易传》，并在后人的不断解释、研发的过程中历久弥坚，蔚为大观。在此，我们需要注意的是，我们并不能说《周易》美学早在《易经》成书之际就已经发展完善，成为一个成熟深邃的美学体系，更不能认为只有在《易传》出现之后，《周易》中才可看到美的自觉，其中才有美的发轫。前者将《周易》美学看成了先天地存在于《易经》本文之中的神幻莫测的理论意识，早在《易传》里就有如此的看法，即"易与天地准"之说，已详前文；后者则以为《易传》的思想背景与《易经》大异其趣，《易经》作为巫术文化的产物，完全是一部占卜时所用到的工具书，其间并没有什么高深的道理，更遑论自觉的美学意识了。而《易传》诞生于人文理性高涨的战国时期，在这个时期里，中国的思想文化发生了革命性的变革，人文理性的思维范式彻底地动摇、取代了巫性思维范式，这才有了《周易》的哲学理念，所谓"周易美学"的理论自觉，也只有在这种人文理性的环境中才能产生。实际

---

① 刘纲纪：《〈周易〉美学》，武汉：武汉大学出版社2006年版，第12页。

上，两种认识都难以认同《周易》美学之形成的历时性，《周易》哲学先验论以为《周易》哲学早已经先验地存在于文本之中，先天地生又不随世而移，后人对这种先验易道只能是被动地"极深研几"；《周易》哲学替代论则认为《周易》哲学的产生是一次"基因突变"，《易传》因为成功地、彻底地、决绝地改造了《易经》的文意，方才建构了一个体大思精、影响深远的易学体系，虽然《易传》与古经有着千丝万缕的联系，但是《易传》的核心范畴和理念，如各卦序、时位和"四德"、阴阳、太极的学说，都与《易经》的本文无关，它们都是后人的"新创"，而非《周易》古经的"渐进"。这两种说法虽然在事实的考认方面完全相反，但是它们都反对从《易经》到《易传》的延续和接受，切断了两者的逻辑联系，这完全是在静态地看待《周易》哲学，而没有将它看成一个不断生发、演进的动态的生命体。下面，我们就以"《易传》美学之精髓"为切入点，具体地展开这个问题。

　　《易传》从产生到定型，从散见的易学专论到体制周详的"十翼"、并且能够与《周易》经文融合无间，共同构成传世《周易》文本，经历了一个漫长的过程。虽然这一过程从时间上讲，已是《易经》成书之后几百年，因此两者所由产生的思想文化视野完全不同，但是《易传》无疑是在对《易经》的阐释过程中形成的。《易传》的文辞章句，无不是围绕着《易经》的卦爻象和卦爻辞而展开；《易传》中所生发的哲理，也都是出自对《易经》的体验。其间，各种文化思潮融入了《易传》的哲学视野之中，《易传》的作者不断地整合这些哲学视野，并以之反观《周易》，实现他们自己对《周易》的阐释。《易传》的美学，就诞生在这动态的阐释历程之中。因此，《易传》美学的存在方式，也应当是一个动态的阐释的历程。这一历程是开放性的，也就是说，它并没有像很多学者所说，"构成了一个封闭的理论体系"，而是向后世的阐释者敞开着，所谓"仁者见仁，智者见智"是也。也正因为如此，才有了汉代易学用"象数之学"对《周易》的生发，才有了魏晋玄学的"以玄解易"，以及宋代的"易图学"等。同时，这一历程又极具包容性，《易传》的作者显然是不断地吸纳春秋、战国时期的思想文化，不断地把勃兴于中国的"轴心时代"的各种哲学视野融会到易学体系之中，并以这种融合之后的新视野反观《周易》，形成了"殊途同归，一致百虑"的博大境界。在战国时期，道家与儒家、荀子与孟子、阴阳五行家与名家墨家等各学派可能总是处于激烈地辩诘之中，可是我们却能够在《易传》中看到各种学派的影子，多家的学说就这样和谐地融会贯通，周行不殆。正因为此，这一过程也是一个生生不息的历程，《易传》的七种十篇或早或晚，前者已经产生了对"易道"的新见，而后者又站在前者的基础上继续生发。在《易传》作者的笔下，他们所体会的易道由隐而显，不断地完备成熟，显示出勃勃的生机。《易传》对《易经》的阐释决不是那种老死于章句之下的机械化的、概念化的规定，而是不断地进行视野融合的过程，这种视野融合是对《周易》的生发，生发出的新视野又会不断地同后来者的视野进行融合。正是从这个意义上来讲，对《周易》的阐释历程是"生生不已"的动态生命历程。不过，对于《周易》阐释的"生生不已"，似乎还应当有更深、更具本体意义的一层含蕴，那便是《周易》的作者们对生命的意识。正是这深沉的生命意识把产生于不同时代、交织着不同思想因素的《周易》经传粘合到了一起，也正是这深沉的生命意识使得《周易》勃发出强大的包容力和影响力，使它千百年来长盛不衰，始终是后人兴奋点所在。如果说这种生命意识在《易经》中还只是隐而不显地召唤着后人的话，在《易传》的阐发中，我们已经能够清晰地看到这种生命意识，因为它已经成为《易传》美学的精髓。七种十篇《易传》，无一不是在这种美学精髓的指引下铺排文字的。不过，它的呈列并不是平行并列地展开的，而是以一个从生命意识（意）到象数的时空体系（象）再到具体的言语描述（言）三个层层展开的阐释形态推演的。也即是说，《易传》作者一定是先有了对《易经》之中生命意识的深沉体悟，才会在脑海中构筑了卦爻象数运行的模态，最后方才形诸文字，将他们的体验落实到了形而下的言语表达，这一过程，实际上正是一个阐释/接受的循环。

《易传》对生命精神的把握，是伴随着一系列范畴的本体化而展开的。在《周易》古经中，这些范畴并没有获得本体化的地位。只有在《易传》的理论阐述中，它们才明确了核心范畴的地位，使得《易传》作者对《周易》生命精神的体悟鲜明地体现了出来。这一系列范畴中，有几组范畴的本体化最具代表性，分别是：元丨亨丨利丨贞、乾丨坤和阴丨阳。

　　我们先说"元、亨、利、贞"。

　　"元、亨、利、贞"在《易经》卦爻辞中所见极多，在这方面能与之相埒的大概只有"吉、厉、凶、悔、吝、咎"这组占断判词了。在卦爻辞中，"元、亨、利、贞"多数情况下也起到了命运判词的作用。据高亨先生统计，《周易》卦爻辞中，有元、亨、利、贞四字者凡一百八十八条。① 而此四字的组合情况又各有不同，学界对此也有详细的统计和说明。如黄庆萱先生分别梳理了《乾》卦辞中"元亨利贞"的四种句读和诠释，分别有：一、以"元，亨，利，贞"为四；二、以"元，亨，利贞"为三；三、以"元亨，利贞"为二；四、以"元亨利贞"为一几种情况。对于卦爻辞中的"元亨利贞"，则又可分为：一、"元亨利贞"连用者；二、"元亨"、"利贞"分用者；三、"元"、"亨"、"利"、"贞"分用者。总的说来，卦辞有"元亨利贞"四字连用者，凡六卦；卦辞有"元亨"二字连用者，凡四卦；卦爻辞"利贞"二字连用者，凡一十七则。其中九则句中有"亨"字。至于"利某贞"与"不利某贞"者十五则，两字相连为义。总之，黄先生以为"元亨利贞"四字在卦爻辞中多数情况下都是在讲"德性"，对应着《易传》的"四德"说。② 高亨先生则把这四个字在卦爻辞中的分合胪列得更细，"元"分为"元吉"十五则，"元亨"十一则，"元夫"一则；"亨"字有三十一则独立成句者被高亨先生直接释为"享"；又有三则"享"、"祭"字出现（《损》卦辞、《困·九二》爻辞、《困·九五》爻辞），高亨先生以为这是与"亨"通用；更有四条（《大有·九三》

---

① 高亨：《周易古经今注》，北京：中华书局1984年版，第124页。
② 黄庆萱：《周易纵横探》，南宁：广西师范大学出版社2006年版，第93—106页。

爻辞、《随·上六》爻辞、《益·六二》爻辞、《升·六四》爻辞),"亨即享祀之义享,尤为明显"。此外还有"小亨"两则,"元亨"十一条,也都是"享祭"的意思。"利"有"无不利"十三则、"无攸利"十则,"利某或不利某"又分为:甲、"利某事或不利某事"四十八则,乙、"利某人"两则,丙、"利某方或不利某方"两则,也都是言有利或无利的占卜结果。还有"利贞"的组合,其下又分为"泛言某利"二十三则,"利某事贞"九则,"利某人贞"六则,大抵都是指"谓筮得此卦爻,举行某事有利也,不利某事者与此相反"。"贞"的组合情况更复杂,分别有"贞吉"三十九则、"贞凶"十一则、"贞吝"四则、"贞厉"八则、"贞某事"六则、"可贞"六则,"利贞"三十八则。在高亨先生看来,卦爻辞中的这四个字,"元皆大义,亨皆享祀之亨,利皆利益之利,贞皆贞卜之贞,殆无疑义"①。两位先生在"元亨利贞"四字的句读组合方面的梳理在大的方面基本一致,只是有个别的差异。但是所得出的结论却迥然不同。黄先生站在传统易学的角度认为卦爻辞中的"元亨利贞"就是《易传》中"四德"之义,高亨先生则认为这四个字完全是占卜过程中的普通判词,并不具有高深的哲学含义。实际上,现在并没有绝对压倒性的证据可以说明这两种观点孰是孰非。一方面,所谓"四德"说之提出,最早见于春秋时期,大大晚于《易经》成书的时代;近代以来对殷墟甲骨卜辞的研究也证明,"贞"的本意为"卜问",而《易经》中"贞"字的出现频率及用例与卜辞也有很多相通之处,② 那么,"贞"字在卦爻辞中就很难说是蕴涵着明确的"德性"意识,而四字在卦爻辞中的组合随意性很大,并没有有规则地排列,在卦爻辞中更难以见到对这四个字的进一步阐发,其文字内容很多情况下也都直接或间接关乎卜筮。从这个意义上说,"元亨利贞"作为卜筮所用的判词,是完全说得通的。另一方面,如果说《易经》卦爻辞仍然将"元亨利贞"的认识局限于"大亨利占",似乎也有很大疑问。

---

① 高亨:《周易古经今注》,第110—124页。
② 李镜池:《周易筮辞续考》,载《周易探源》,北京:中华书局2007年版,第72—150页。

"元"本义为"始"殆无异议,而高亨先生将之全部解释为"大",首先就难以说通。另外,"元亨利贞"次序齐整地出现在《乾》卦卦辞中,而《乾》卦又是六十四卦中最特殊的一个,这种情况,并非偶然。而另一个特殊的卦——《坤》卦卦辞中也隐含着"元亨利贞"的顺序,"元亨"先出现,其次"利牝马之贞",这种安排也并不能说完全是随意的。

无论如何,"元亨利贞"四个字在卦爻辞中即便不像高亨、李镜池等先生们所认为的那样"毫无哲学含义",却也不是一组地位明确的、被本体化了的范畴,在这方面,它们同"吉凶悔吝"等命运判词并没有很大的差别。但是,在《易传》中,这种情况就发生了鲜明的变化,最主要的原因就在于我们所熟知的"四德"说的确立。在《乾·文言》中,这"四德"的诠释/接受思路最为清晰:

> "元"者,善之长也;"亨"者,嘉之会也;"利"者,义之和也;"贞"者,事之干也。君子体仁足以长人,嘉会足以合礼,利物足以和义,贞固足以干事。君子行此四德者,故曰:"乾、元、亨、利、贞。"

这段话显然是接受了《左传·襄公九年》和《子夏易传》的说法。《子夏传》云:"元,始也。亨,通也。利,和也。贞,正也。"而《左传·襄公九年》对此所记更详,并有一个著名的筮例可供参考:"穆姜薨于东宫。始往而筮之,遇《艮》之八。史曰:'是谓《艮》之《随》。随其出也。君必速出!'姜曰:'亡。是于《周易》曰:"《随》,元亨利贞,无咎"。元,体之长也;亨,嘉之会也;利,义之和也;贞,事之干也。体仁足以长人,嘉德足以合礼,利物足以合义,贞固足以干事。然,故不可诬也,是以虽《随》无咎。今我妇人而与于乱,固在下位而有不仁,不可谓"元";不靖国家,不可谓"亨";作而害身,不可谓"利";弃位而姣,不可谓"贞"。有四德者,随而无咎;我皆无之,岂随也哉,我则取恶,能无咎乎!必死于此,弗得出矣!'"这已经完全是以四种形而上的品德来描述这四个范畴了。史载,穆姜是鲁襄公的祖母,因曾逼迫成公去位,又私通叔孙侨如,被迫迁于东宫。虽然从筮得《随》卦卦辞的字面意义看,占者无咎,但是,穆姜认为,人只有具备了"元亨利贞"的四种品德才能无咎,而自己早已犯了天条,焉能无咎?这种认识显然是一次接受意义上的进步,它明确地讲出了"元亨利贞"作为四种品德在筮辞理解上的重要意义,此种意义完全成为理解卦辞的出发点。如此,"元亨利贞"四个字便成为本体化的范畴,所谓"善之长"、"嘉之会"、"义之和"、"事之干",鲜明地体现了人事的价值,而又融会到了充满天道价值的筮词解释进程之中,可以说是人的主体性在《周易》中的彰显。吴前衡先生对此评道:"这时的'元'、'亨'、'利'、'贞'、'无咎'已从命运判词中脱胎出来,成为人生反省要素的概念。这时就远离了趋福远祸的占筮主题,表达了对真、善、美的境界追求。"① 余敦康先生也认为穆姜的这种创造性的新解"说明巫术文化业已转化而为人文文化了。表面上看,穆姜的新解似乎是对本义的一种歪曲,但是,这种新解符合了中国文字本来具有的多义性的特点,而且适应当时人们推进文化向前发展的普遍的需要,所以能为人们所认同,并不是毫无根据的"②。

对于"元亨利贞"的新解是否标志着"巫性文化"被"人文理性"所取代,我们还会在后面提到。但是,"元亨利贞"这组范畴从此成为易学体系中一组本体化的范畴却是毫无异议了。然而,这四个字的本体化进程并未仅仅止于"四德"说的伦理训诫,在这层意义的基础上,还有更深的意蕴。孔颖达《周易正义》对"元亨利贞"进一步解释道:"'元'是物始,于时配春,春为发生,故下云'体仁',仁则春也。'亨'是通畅万物,于时配夏,故下云'合礼',礼则夏也。'利'为和义,于时配秋,秋既物成,各合其宜。'贞'为事干,于时配冬,冬既收藏,事皆干了也。"③

---

① 吴前衡:《〈传〉前易学》,第285页。
② 余敦康:《易学今昔》,第23页。
③ 李学勤主编:《十三经注疏·周易正义》,北京:北京大学出版社1999年版,第13页。

这显然是对"元亨利贞"四德的进一步接受。在《易传》中，我们虽然看不到"四德"与春夏秋冬之"四时"直接对应的语句，但是《易传》对此四德中蕴涵的生生不息的时间关系还是深有体会的。《乾·彖》云："大哉乾元！万物资始，乃统天。"此处既是说《乾》之德，也突出了"元"的意义："万物资始"。又云："大明终始，六位时成"。这既是对一卦中六爻之动的描述，也是对元亨利贞四德之相互关系的描述：它们终则有始，分处于不同的时位，各以其时而成。因此，四德之"善之长"、"嘉之会"、"义之和"、"事之干"，又体现出了事物发展的不同阶段，体现了终则有始的时间关系。可以说，对四德的新阐释，其最深沉的意义就在于对其时间关系的体验。这种体验使得"四德"与"四时"形成了互相阐释的关系，进而，整个《周易》的阐释便都与时间关系密不可分了。至于《系辞传》中那段著名的"法象莫大乎天地，变通莫大乎四时"，以及"广大配天地，变通配四时，阴阳之义配日月，易简之善配至德"，显然就本于这种时间的体验。"四时"之说，实际上并不是易学家的发明，中国的先民早就对岁时更替这种天道运行的本质规律有所体悟。《说文》曰："时，四时也。从日，寺声。"商周卜辞中就有"春秋"的季节之分，而《吕氏春秋·当赏》中则有"民以四时寒暑日月星辰之行知天"的说法；《黄帝内经》则有"人能应四时者，天地为之父母"。《周礼》中的"六官"分别为"天官"、"地官"、"春官"、"夏官"、"秋官"、"冬官"，也体现出了"四时"与天地同功的本体化地位。在这里，"四时"这一组范畴早已超出了时间节令的意义，而是与生命的时间联系在一起。这是一种深沉的、幽远的体验，《易传》作者虽然没有长篇大论地展开这种体验，如汉代易学家或如宋儒那样创构出一套繁复的"图文并茂"时空体系，却已经通过对元亨利贞之"四德"的礼赞，通过对各种"时义"的礼赞，通过对《周易》象数的有规律的梳理，展现出了元亨利贞与"四时"的对应关系。说到这里，我们不妨再看一看《易传》对另一组范畴的本体化历程：《乾》、《坤》。

从卦象上看，《乾》和《坤》应当是《周易》六十四卦中最特殊的两卦，一个六爻纯阳，一个六爻纯阴。而《易经》中这两卦在六爻之外分别又有"用九"和"用六"两则爻辞，可见在《易经》的时代，人们已经注意到了两卦的特殊性，并且在筮法的实践中不断深化这个认识。然而，通观整部《易经》，也并没有针对两卦的过多的诠释文字，单从卦爻辞的句法结构和字数上看，《易经》的编者似乎并不像《易传》作者那样特殊地偏爱两卦。从卦序上看，有证据显示《易经》的作者已经有意识地把《乾》、《坤》列为六十四卦之首，但总体的卦序依然有不同的排列版本。而所谓"三易"中的《连山》和《归藏》两个占筮体系中，其首卦分别为《艮》和《坤》，根据学界对《左传》、《国语》等文献中筮例的考察，可知其在春秋时期还有《周易》之外的占筮文本，可能就是《连山》、《归藏》。从这种情况看，《乾》、《坤》两卦被旗帜鲜明地推举为众卦之首，而且被摆到了极具本体意义的纲领性地位，还要再晚些。朱熹说"乾"、"坤"只是卦名，似乎也可以理解为两卦在早期只是代表了两个特殊的卦，代表了本卦所具有的"健"、"顺"等属性而已。

但是，在《易传》中，《乾》、《坤》却成为了最具核心意义的两卦，甚至单这两卦就可以用来代表整个六十四卦的体系了。我们先看两卦的《彖传》："大哉乾元！万物资始，乃统天。云行雨施，品物流行。大明终始，六位时成，时乘六龙以御天。乾道变化，各正性命，保合太和，乃利贞。""至哉坤元！万物资生，乃顺承天，坤厚载物，德合无疆，含弘广大，品物咸亨。"在《彖传》作者看来，《乾》、《坤》两卦的崇高地位已经无以复加，都是"大哉"、"至哉"，都成为"乾元"和"坤元"，万物之生都要仰赖乾坤。为什么呢？因为乾已经成为天的代表，坤则是地的象征。而生育万物则是天地最伟大的功能与特性。且看："天地变化，草木蕃；天地闭，贤人隐。"（《坤·文言》）"天地交而万物通也。"（《泰·彖》）"天地感而万物化生。"（《咸·彖》）"天地之道恒久而不已也。"（《恒·彖》）……这样的例子很多。《易传》对天地的礼赞是俯拾皆是的，而此中的天与地，或直接代表了六十四卦中的乾坤两卦，如《乾》、《坤》

两卦的《彖》、《象》、《文言》；或代表了作为"八经卦"之一的三画"乾"、"坤"两卦，如《泰》、《否》中的"天地"；或以卦象中的阴爻阳爻所体现的阴阳之气来代表天地。除了前引的各卦《彖》、《象》之外，其他各传也都鲜明地以乾坤为天地。如《说卦传》"天地定位"；"乾，天也，故称乎父；坤，地也，故称乎母"；再如《序卦传》："有天地然后万物生焉，盈天地之间者唯万物。"而《系辞传》把乾坤比方为天地而礼赞更为鲜明："天尊地卑，乾坤定矣。""乾知大始，坤作成物。"乾坤不仅仅被比做自然之天地，而且还与形而上的天地相关联："阳卦奇，阴卦偶。"这是说以乾为代表的阳爻代表着奇数，以坤为代表的阴爻代表偶数。而奇数又称做"天数"，偶数又称做"地数"。总之，乾坤被提高到了天地的高度，万物为其所生，万物周行于其中。因此，乾坤可以生成万物，又成为万物存在的前提。

进一步说，《乾》、《坤》也成为整个《周易》的纲领性原则，《文言传》只言《乾》、《坤》两卦就是一个明证。而《系辞传》则说道："乾坤，其《易》之蕴邪？乾坤成列，而《易》立乎其中矣；乾坤毁，则无以见《易》；《易》不可见，则乾坤或几乎息矣。"这种说法在《易经》卦爻辞中是没有的。而《系辞传》又强调："乾以易知，坤以简能；易则易知，简则易从；易知则有亲，易从则有功；有亲则可久，有功则可大。可久则贤人之德，可大则贤人之业。易简而天下之理得矣。天下之理得，而成位乎其中矣。"这已经是把乾坤纳入"三易"之道的阐释循环之中了。乾坤两卦代表着"三易"的易简原则，进一步说明了乾坤作为整个《周易》六十四卦二百八十六爻的抽象，成为最为本体化的纲领性原则。乾坤的纲领性作用，牟宗三先生认为是"创生"和"终成"，并结合了"元亨利贞"的流变过程来解说。他认为，"元亨"是一个阶段，"利贞"也是一个阶段。前者表示创生，后者表示终成，这是一个完整的终始的过程，在这个过程中，"乾道变化，各正性命"。也即是说，乾阳的健动促使万物各成其性，就好像《诗经·周颂》所说的"维天之命，于穆不已"。从这个角度讲，乾坤上升为本体化的范畴的同时，中国的智慧其最原初的根源也明了了，那就是健动不息的生命精神。① 因此，《系辞》云："天地之大德曰生"。这个"天地"也可被看做乾坤，这个"生"之所以能够发生，在于天地之存在；在天地之间，万物化生，遵循着"元—亨—利—贞"的从创生到终成、终而又复始的"生生不息"的生命循环的规律。

更进一步说，在《易传》的字里行间，我们不难发现，假如我们认为元亨利贞的"四德"说在《周易》的整体图式中描述了一个春生、夏长、秋收、冬藏的时间之维的话，乾坤之本体化，显然得之于两卦的特殊"地位"，而此地位更多地属于空间之维。因此，在《易传》中，乾坤与"位"的关系就十分紧密，如《系辞传》开篇处："天尊地卑，乾坤定矣。卑高以陈，贵贱位矣。"韩注曰："乾坤其易之门户，先明天尊地卑，以定乾坤之体。天尊地卑之义既列，则涉乎万物，贵贱之位明矣。"从这段话中，我们似乎可以得到这样一个结论，即对于乾坤的理解是解易的一个基本前提，而这个理解，首先便是从两卦特殊的位置体悟出来的。一者高高在上，为天；一者柔顺于下，为地。在这天地混沌之间，万物各得其位，各归其序列——这显然是一种空间化的描述。在《周易》的整体图式中，以乾坤为代表的空间关系和以元亨利贞为象征的时间关系又是密不可分的，两组范畴总是互为阐释的。"乾知大始，坤作成物"，天地之间已经天然地分判了时间轴上的始与终；而"元亨利贞"的时间流变又不曾有一刻离开天地之间的万物，正所谓"云行雨施，品物流行，大明终始，六位时成"。在这里，"品"乃天地间的万物，它们各有其所处的空间；至于"行"，牟宗三先生解释为："形态（forms），就是康德所说的'时间'。"②如此说来，"位"与"时"共同伴随着品物之"成"，也就是说，"乾坤"与"元亨利贞"两组范畴共同构成了万物流转变化所处的时空，构成了一个时空交织的整体图式。这样，六十四卦、二百八十四爻就整齐有序地梳理为一个整体图式，每一卦都有其特定的时空属性，它们的流

---

① 牟宗三：《周易哲学演讲录》，上海：华东师范大学出版社2007年版，第13页。
② 牟宗三：《周易哲学演讲录》，第13页。

变与转化都遵循着"创生"与"终成"的生生之道，对于这一点，《序卦传》描述得最明显："有天地然后万物生焉。盈天地之间者唯万物，故受之以屯；屯者盈也，屯者物之始生也。物生必蒙，故受之以蒙……有天地然后有万物，有万物然后有男女，有男女然后有夫妇，有夫妇然后有父子，有父子然后有君臣，有君臣然后有上下，有上下然后礼仪有所错。夫妇之道不可以不久也，故受之以恒；恒者久也。物不可以久居其所，故受之以遁……有过物者必济，故受之既济。物不可穷也，故受之以未济终焉。"可见，万物在天地之间流变，万物在时空之中生生不息。"久"代表时间的意识，"然后"代表了事物的前后承续。"有所错"、"居其所"代表了事物所处的空间，也就是"位"。从代表天地的乾坤开始，每一卦都与前后两卦形成了时空（逻辑）上的先后承续的流变关系。而这种流变"不可穷"，因此，它是终则有始的。因此，"元亨利贞"和"乾坤"无疑是《周易》整体图式中最重要的两组范畴。在这两组范畴之本体化的过程中，《周易》的时空体系便找到了理论的出发点和终极的依据——我们也可以说，《易传》的作者在以上两组范畴的阐释过程中，构筑了《周易》的整体化的时空体系，为《周易》的卦爻象构筑了一个"所游履攀"的"境地"。

然而，《易传》作者的本体化思路并未停留在单纯的时空关系上面，这一点可以从《易传》对阴阳这对范畴的本体化过程看出来。我们知道，"阴阳"是《周易》中最重要的一对范畴，两字在《易传》中很多见，而且"—""--"两个爻画也分别被称做"阳爻"与"阴爻"。不过，在前文中我们说过，遍览传世本《周易》卦爻辞，并没有一个"阳"字，"阴"字也只一见，即"鸣鹤在阴，其子和之"（《中孚·九二》）。最近又有证据表明，《夬》卦辞"扬于王庭"中的"扬"似乎与"阳"通用，如马王堆《帛书周易》中此条卦辞便写做"阳于王庭"，但这也只一见而已。至于"阴爻"、"阳爻"的说法，更是晚出，似乎比《易传》的某些篇章还要晚。不过，就像我们在前面论述过的，这种情况也只是说明在《易经》卦爻辞中，还没有清晰明贯的阴阳理论，这对范畴也没有明确地成为本体论意义上的核心范畴。其中一个重要原因就在于,"阴阳"范畴的理论有其自身的发展线索。

《说文》解"阴"曰:"阴,暗也,水之南,山之北也。"释"阳"曰:"高明也。"两字都"从阜"。因此,目前学界一般认为阴阳两概念得之于山的日光向背,这也可以从甲骨文中两字的写法得到旁证。在之后的生产和生活中,阴阳两概念的重要性或隐或显地呈现在先秦文献中。比如《尚书·禹贡》、《山海经》中多次出现带有"阴、阳"两字的地名,说明上古先民已经普遍应用了两个概念;《诗·公刘》中也有"笃公刘,既溥既长,既景乃冈,相其阴阳,观其流泉"的叙述。从这一点上来说,说"阴阳源于人和自然对象的基本关系"①,是毫无疑义的。关键在于,古代先民逐渐地把阴阳两概念与人的生命活动结合在一起,他们对"阴阳"的理解逐渐超越了人和自然的"基本关系"这个层面,把阴阳纳入做他们对人的"根本存在"的理解上面了。学界常常把《左传》、《国语》中一些著名段落作为"阴阳"成为哲学范畴的标志,如:

伯阳父曰:"周将亡矣!夫天地之气,不失其序,若过其序,民乱之也。阳伏而不能出,阴迫而不能蒸,于是有地震。今三川实震,是阳失其所而镇阴也。阳失而在阴,川源必塞;源塞,国必亡。"(《国语·周语上》)

十六年春,陨石于宋五,陨星也。六鹢退飞过宋都,风也。周内史叔兴聘于宋,宋襄公问焉,曰:"是何祥也?吉凶焉在?"对曰:"今兹鲁多大丧,明年齐有乱,君将得诸侯而不终。"退而告人曰:"君失问。是阴阳之事,非吉凶所生也。吉凶由人,吾不敢逆君故也。"(《左传·僖公十六年》)

---

① 吴前衡:《〈传〉前易学》,第393页。

从这几段话看来，阴阳的范畴"已经不是一个简单的孤立概念，而是作为看世界的立场，讲道理的依据，理解世界的方法。与被它解释的对象相比，'阴阳'显然具有能够包容各种对象的广阔视野，具有使对象'变得明白'的解释能力"①。这说明，在西周和春秋时期，阴阳范畴已经深入到人的生存活动中的每一个角落，它已经被等同于终极之道，充盈于天地之间。因此，春秋末年的学者把阴阳同医术理念、军事理论乃至整个宇宙生存论结合在一起，就是自然而然的事情。而战国时期诸家学派则真正把"阴阳"哲学演绎成中国形而上学的脊梁，最具代表性的就是老庄哲学。《老子·四十二章》云："万物负阴而抱阳，冲气以为和。"《庄子·田子方》："至阴肃肃，至阳赫赫，肃肃出乎天，赫赫发乎地。两者交通成和而物生焉。"对此，余敦康先生说："道家的最高哲学范畴是道而不是阴阳，但是他们援引阴阳这对范畴描绘了自然的和谐，揭示了自然的规律，从而建立了一个与传统的天命神学相对立的思想体系"②。我们也应该注意到，阴阳哲学的这一发展历程，也伴随着《易传》形成的过程。

所以，在《易传》中，阴阳哲学才会如此地深邃圆融，而且被摆到了最核心的理论位置上。"昔者圣人之作《易》也，将以顺性命之理。是以立天之道曰阴与阳，立地之道曰柔与刚，立人之道曰仁与义。兼三才而两之，故《易》六画而成卦。分阴分阳，迭用柔刚，故《易》六位而成章。"（《说卦传》）余敦康先生以为："这一段材料是结合象数与义理两个方面对《易》道所作的最完整的表述，其义理就是以阴阳为核心观念的三才之道，其象数就是一卦六爻中的阴阳刚柔的位次变化，二者共同构成为统一的《易》道。由此可以看出，卦爻符号具有阴阳哲学的意义，完全是《易传》解释的结果。原始的卦画并不具有这种意义，《易经》也不具有这种意义，春秋时期虽然出现了关于八卦的卦象说，但由于阴阳学说与易学处于对峙分流阶段，也没有人用阴阳来解释易学的象数关系。一直到战国

---

① 吴前衡：《〈传〉前易学》，第395页。
② 余敦康：《易学今昔》，第31页。

末年，《易传》综合总结了各家共同的思想成果，建立了一个阴阳哲学的体系，才对象数关系作出了全面的哲学解释。"①

以上大约便是"阴阳"范畴之本体化。对此，学界多有论述，本文便不赘述了。我们只需要补充几点。首先，阴阳范畴的本体化并没有使得"阴阳"成为超脱于《周易》卦爻体系的"纯理式"，它们与"乾坤"、"元亨利贞"等范畴一起，共同构成了《周易》的根本原则，它们不但可以互相阐释，而且其义理融会于象数的形式之中。尽管《易传》对这几组纲领性范畴作了深刻而系统的阐发，但这些阐发的文字却又都是本于对象数的解释而作的。因此，我们可以说，这几组范畴是体，《周易》的象数是用，体用之间又是融会无间的关系。所以《孔疏》又会把"乾坤"看成是"用"。其次，《易传》作者显然是先有了这种本体化的认识，然后才能编纂整理了《易传》诸篇章。只不过这种理解的表达是一个循序渐进的过程——从易学界对《易传》诸篇章成书次第的探讨来看，《易传》之成书果然经历了一个"逐渐完善和深入"的历程。② 不过，我们还应该看到，《易传》各篇的主导思想还是一致的，以上几组范畴的本体化地位在各篇中都有体现。这说明《易传》之成书显然经历了一个先接受《易经》本文、领悟《易经》的形上之道，然后再逐次形诸文字，将他们自己的理解表达出来的过程。这一过程伴随着先秦人文理性的成型和成熟，伴随着春秋、战国时期的理论视野同《易经》本文自身的视野相融合的过程。这种融合完成了一个"阐释的循环"，而后人通过对《易传》之文字的研习和阐发，不断推进着这种循环。再次，能够把《易传》各篇统贯为一体，进而将《周易》经传融会为一体，又成为整个易学体系的根本线索的，只能是生命意识。如前文所说，这种生命意识早已存在于《易经》作者的意识之中；而"元亨利贞"、"乾坤"等范畴的本体化，无一不联系着《易传》

---

① 余敦康：《易学今昔》，第 31—32 页。
② 对于《易传》各篇产生次序，说法颇多。李镜池先生、朱伯崑先生等人的说法影响较大，其主要思路也都是从各篇阐释次序和思想发展的先后着手的。吴前衡先生则把《说卦》（前两人都认为此传晚出）的形成分为四个阶段，认为此篇乃其余各篇的祖源，可备一说。

作者对生命的体认。至于前面所引的"昔者圣人之作《易》也,将以顺性命之理",更点明了"阴阳"范畴与生命意识的直接关联。对于这一点,我们还会在后文中系统地讨论。最后,"阴阳"等范畴的本体化,其高明之处就在于:它们不仅仅代表着《周易》的理论体系中最核心、最具形而上品质的范畴,同时它们又联系着实在的物质,这便是"阴阳二气"的说法。我们知道,阴阳范畴在西周末年成为哲学范畴的时候,便是以"阴气"、"阳气"的形态出现的,如前引《国语·周语上》中伯阳父的论断。在《易传》中,"阴阳"范畴总是与"精气"相联系,如《系辞传》中"精气为物,游魂为变,是故知鬼神之情状"语。据考,气之本义为"云气",或象征河水干涸。不论是哪一种意义,都紧密地联系着人的生产实践活动,与人的生存息息相关。而"精气"之说则更进一步,它把"太极"的基本构成要素解释为"阳气"和"阴气"两种精气,它们也成为万事万物的基本构成元素。这样,万事万物的生命联系就找到了一个根本的依据,即"同声相应,同气相求",天、地、人同由精气构成,阴阳二气之动成为了三才之道的本体属性。这阴阳二气既非纯形而下的物质,也绝非当然无形质的意识,而是极具功能性和亲和力的原质。这样,阴阳学说的理论体系便完成了一个圆构,后人对易学的生发也就完全可以以阴阳学说为内核,就如同汉代易学,尤其是《易纬》那一套以太极为本体、以阴阳二气为易之动,以易象的周流变易为卦爻图式的卦气学说一样,生发了《周易》的阴阳学说。所以,《庄子·天下》说"《易》以道阴阳",确实是对《易传》美学精髓的最好概括。

  总的说来,《易传》作者完成了几组重要的范畴"元亨利贞"、"乾坤"、"阴阳"等的深刻体悟之后,才作出了这样的理论总结:"一阴一阳之谓道。继之者善也,成之者性也。"又云:"易有太极,是生两仪,两仪生四象,四象生八卦。"前者对《周易》的理论精神进行了终极的抽象,最后得出的便是最"易简"的"阴阳之道"。后者则以一个生成论的形态统贯了三组范畴,"两仪"可看做是"乾坤",抑或"阴阳","四象"则可比做"元亨利贞"。在这里,"太极"也是《周易》的一种终极理解,它成为了《易传》对诸种范畴本体化历程的出发点。对此，我们还会在后文中说到。不过，以上都还只是对"易道"的阐释，而最能概括《易传》作者对易道之阐释过程的，便是"生生之谓易"了。这句话既点出了贯穿整个《周易》的线索——生命体验，又以最简易的文字描述了《周易》那"阐释的循环"：生生不已，终则有始。

三 "尽意莫若象"："象"层面上的经传接受

对于《易传》本文的第二个层面，我们可以用一句话来概括它，即：象数交织。

我们先说"数"。我们知道，"数"是易学中一个最重要的范畴。《系辞上传》云："参伍以变，错综其数。通其变，遂成天下之文；极其数，遂定天下之象。非天下之至变，其孰能与于此。"《说卦传》又云："昔者，圣人之作易也，幽赞神明而生蓍。参天两地而倚数，观变于阴阳，而立卦；发挥于刚柔，而生爻；和顺于道德，而理于义；穷理尽性，以至于命。"从这两段话中，可见《易传》对数的重视。在《易传》作者看来，卦爻的变化可以看做数学意义上的错综演变，而通晓了这种变化，就能把握变易的规律，在变易中把握"不易"；所谓"极其数"，即"穷极阴阳之数"，也就是从最高的意义上把握这种变数的规律，因此便能够体验天下所有物象。从这个意义上说，"数"之体验通于"象"之体验，"象数"是同一的，它们的演绎正可以体现"天下之至变"，也就是《周易》的易道了。反过来，《易传》的作者显然是先"幽赞神明"，有了终极的生命体验，然后才"立卦"、"生爻"、"理于义"——展开卦爻象数的铺排的。而这一过程显然受到了诸多本体化范畴的指引："参天两地"、"观变于阴阳"、"发挥于刚柔"、"和顺于道德"。所谓"天地"、"阴阳"、"刚柔"、"道德"，不正是前文中所强调的"四德"、"乾坤"、"阴阳"吗？"象数"既发端于这样核心的范畴，它的演绎过程便注定会使得研易者完成一次生命的体验，即所谓"穷理尽性，以至于命"。所以,"数"与"象"的交织错综,成为了易道的呈现者,如果说易道为"体",则象数就是"用"。可见,"数"在《周易》中的地位是并不亚于"象"的。

实际上,在《易经》卦爻辞中,数字就曾多次出现。如《屯·六二》爻辞:"女子贞不字,十年乃字";再如《蒙》卦辞:"初筮告,再三渎,渎则不告";再如《需·上六》爻辞:"有不速之客三人来";《讼·九二》爻辞:"其邑人三百户,无眚";《讼·上九》爻辞:"终朝三褫之";《师·九二》爻辞:"王三锡命"……诸如此类,不一而足。然而,我们要说的《周易》之数却不仅限于这些卦爻辞中的数字。这些数字的出现,也只是说明上古先民在很早的时候便已经有丰富的数学知识,这可以从很多考古发现得到证明。而且与《周易》筮算息息相关的进位演算以及奇数偶数的知识,也是在《易经》成书前几千年就为先民所掌握。① 但是,即便其中存有"先甲三日,后甲三日"(《蛊》卦辞)这样系统推演的数学知识,卦爻辞中这些散见的数字也并不能构成后世所说的《周易》之"象数"体系,因为它们并不构成一个体系化的、本体化的数理体系,不过是代表着不同事象、物象的序数和数量罢了。真正构成"象数"层面的"数",主要是指那些筮算过程中用以推演的"数"和构成卦爻象位之本质属性的"数"。在此,我对两类数强字之曰"筮算之数"和"象位之数"。其实此前学界对"象数"中的"数"之研究已经颇为深入,对这些"数"的分类已经早有心得。如张其成便把《易传》中的"易数"分为"大衍之数"、"策数"和"天数、地数"三类。② 再如李零先生在考察了术数之学中的数字之后,把这些数字分为两大系统,即"二"、"四"、"八"等偶数为代表的"剖分"系统和"三"、"五"、"九"等奇数为代表的"轴

---

① 有学者对河南舞阳贾湖遗址随葬龟甲中的石子数目和颜色进行了分析,并推断贾湖人已经掌握了正整数的奇偶规律。贾湖遗址距今八九千年,距《易经》之成书至少有两千年。见宋会群、张居中:《龟象与数卜》,载《大易集述》,成都:巴蜀书社1998年版,第13页。见吴前衡:《〈传〉前易学》,第217页。

② 张其成:《象数范畴论》,载《周易研究》1998年第4期。

心"系统。① 不过，在我看来，这几种分类方法还不能够彻底地解释《周易》象数之间的关系。张其成先生的分类充分注意到了《易传》对"数"的阐发，但所谓"大衍之数"、"策数"和"天数、地数"实际上都偏于"筮算之数"，对"象位之数"则重视不够。李零先生的分类也主要是从整个数术之学出发来考察"数"的范畴，但是对于《周易》这样兼有义理和象数的巫术操作体系，对奇数偶数的认识只能是周易数术之学的一个方面。因此，本文从接受理论的角度出发，分别考察"筮算之数"和"象位之数"，因为这是《易传》作者对"易数"的两种理解，而此种理解本身又构成了"易数"的存在方式。

所谓"筮算之数"，指的是作为筮算占卜所用到的数。我们知道，《周易》的筮算之所以能够取代龟卜物占等占算方法，最主要的原因在于《周易》的操作有着天然的优势。王振复先生在《巫术——〈周易〉的文化智慧》一书中指出，如果说在史前即存在的"象占"、"物占"、"梦占"等以未经人力改造的自然现象为前兆迷信的原始巫术是中华古代的"第一期巫术"、盛行于殷商西周时期的甲骨占卜属于"第二期巫术"的话，那么《周易》的占筮则属于"第三期巫术"，其区别即在于"天启"和"人为"何者占主导地位，进一步说，也就是以如何利用占卜工具、如何去理解占卜所得的兆象来区分的。早期的巫术往往直接由兆象而得出吉凶祸福的判断，而甲骨占卜进了一步，但占卜过程依然受到了天命神学的牢牢束缚，至于灼龟甲、钻牛骨，更是一种不可控、严重依赖"天启"的操作。但《周易》就不同了。在占筮的巫术体系中，"数"的文化因素举足轻重，"筮算之数"是它的基本文化机制，这又带来了占算之法的空前飞跃，使得筮算巫术成为一个有序的、成体系的操作系统。② 在这个操作系统中，人为的因素大大加强，本来是任运自然的

---

① 李零：《中国方术续考》，北京：东方出版社2001年版，第95—96页。
② 王振复：《巫术——〈周易〉的文化智慧》，杭州：浙江古籍出版社1999年版，第98—125页。

"数"被人们赋予了高深的意义，成为了神圣的"筮数"：

> 大衍之数五十，其用四十有九。分而为二以象两，挂一以象三，揲之以四以象四时，归奇于扐以象闰；五岁再闰，故再扐而后挂。天数五，地数五。五位相得而各有合，天数二十有五，地数三十，凡天地之数五十有五，此所以成变化而行鬼神也。《乾》之策二百一十有六，《坤》之策百四十有四，凡三百六十，当期之日。二篇之策，万有一千五百二十，当万物之数也。是故四营而成《易》，十有八变而成卦，八卦而小成。引而伸之，触类而长之，天下之能事毕矣。（《系辞上传》）

这段话可以说是"筮算之数"一个最好的说明。在此，一些最重要的数字都被囊括其中，而这些数字的推衍变化也被赋予了极为高深的意义。

首先，所谓"大衍之数"五十，象征着宇宙天地，象征着天地人的和合整体之象。分而为二、挂一象三、揲之以四，让我们看到了乾坤、阴阳、元亨利贞这些本体化范畴的影子。筮算者虔诚地分、挂、扐、揲等等动作，既推进了数的变化，也象征着时间的推进和天地的运行。"大衍"即"大演"，可见这一演算过程把这些数字神圣化了，这其中每一个数字都象征着宇宙时空，呈现着宇宙时空中生命的运化。应该说，此中的"大衍之数五十"，以及"分二象两、挂一象三、揲以象四时、归奇以象闰"，其意义完全在于筮算者的主观规定，在占筮者眼中，五十象征天地的整体之象，那么五十就是"大衍之数"。因此，这完全是一种人为的阐释，是占筮者主观认识与自然数理的视野融合。然而，这种视野融合的力量是强大的，即便有人怀疑所谓"大衍之数"应当为五十五而不是五十，但依然有无数学者力证五十就是"大衍之数"，如汉代京房便说："五十者，谓十日、十二辰、二十八宿也，凡五十。"此后荀爽亦云："卦各有六爻，六八四十八，加乾坤二用，凡有五十。"① 这已经纯粹是以数字的加减来凑和五十之数了。我们且不论这种牵和有多少"科学"依据，单从接受的角度来说，这种阐释思路背后有一个隐而不显的终极依据，那便是《周易》的生命体验。只要阐释的结果能够印证、呈现《周易》的生生之道，数学上的加减乘除就可以为我所用——这就是象数这个层面之"用"的鲜明体现吧！

这样说来，由"大衍之数"衍生出来的"策数"象征乾坤、期年和万物，就越发不足为奇了。所谓"策数"，是说按照《周易》的筮法，《乾》卦全由"老阳"爻组成，每个"老阳"爻都从"三变"揲算的三十六策而来，则 $6 \times 36 = 216$，《乾》卦六爻含有二百一十六策；同理，《坤》卦六爻皆由"老阴"爻组成，每个"老阴"爻二十四策，$6 \times 24 = 144$，《坤》卦六爻一百四十四策。两者相加为三百六十，正可对应一年三百六十日。《周易》六十四卦阴爻阳爻各一百九十二，阳爻乘以三十六，阴爻乘以二十四，计算公式：$192 \times 36 + 192 \times 24 = 11520$。这便是六十四卦运算的总策数。古人有"号物之数曰万"的说法，则《周易》的策数又象征天地万物。在《易传》作者看来，这种运算组合竟然能够"暗合"天地自然之数，而且是这样地完美、这样地密和无垠，所以，"引而伸之，触类而长之"，以这种类似于数字推演的联类机制推广开来，"天下之能事毕矣"！可见，《周易》之所以能够有如此强大的生命力和包容性，正在于这种高度自觉的联类机制，也便是"象思维"的自觉！而这种自觉所体验到的，又往往关乎天地自然和人的存在。人与天地自然，《周易》与天、地、人，都因为数理意义上的同构而被纳入到筮算的数的体系之中了。

此外，"筮算之数"还要包括四个重要的数字，即"九、六、七、八"。这是筮算过程中必然大量用到的四个数字。所谓"四营而成《易》，十有八变而成卦，八卦而小成"，便强调了这一点。因为，经过对五十根蓍草"分二、挂一、揲四、归奇"的"四营"之后，其结果有四种可能：

---

① 孔颖达：《周易正义》，第279页。

余数三十六、三十二、二十八、二十四。四个数字除以四，分别为九、八、七、六，所算之爻到底是老阳、少阴、少阳、老阴，也便可以确定了。因此，"九、八、七、六"四个数字就成为了定爻的"蓍数"。在前面我们曾经提到，上古的"数字卦"很可能就是"蓍数"，但它们却并不限于这四个数字。但是在《易传》中，这四个数字的使用已经确定无疑，它们的地位和意义便同样超越了它们本身的纯自然的视野，而被赋予了定阴阳、成八卦的意义。王弼《周易略例》云："夫卦者，时也。爻者，适时之变也。"而爻因何而定？就在于每次筮算之后得到的数字到底是"九、六、七、八"中的哪一个，因此，这四个数字便也成了"时"或者"适时"的象征了。

我们再说说"象位之数"。我们知道，在《易传》中，不论是六十四卦的卦序，抑或每卦六爻的位置关系，乃至构成六十四卦的"八经卦"，都有清晰的认识和系统的阐发。而这些关乎象位的认识也都是离不开"数"的。在《易传》中，这些"象位之数"又可分为"序位之数"和"阴阳之数"两大类。

首先，"序位之数"的认识得之于卦爻的排列，这种象位关系的认识与"筮算之数"是不同的。我们先来看《系辞传》中这样几段话：

《易》之为书也，原始要终以为质也。六爻相杂，唯其时物也。其初难知，其上易知本末也。初辞拟之，卒成之终。若夫杂物撰德，辩是与非，则非其中爻不备。噫！亦要存亡吉凶，则居可知矣。知者观其彖辞则思过半矣。二与四同功而异位，其善不同。二多誉，四多惧，近也。柔之为道，不利远者，其要无咎，其用柔中也。三与五同功而异位，三多凶，五多功，贵贱之等也。其柔危，其刚胜邪？

《易》之为书也，广大悉备。有天道焉，有人道焉，有地道焉。兼三才而两之，故六。六者，非它也，三才之道也。道有变动，故曰爻。爻有等，故曰物。物相杂，故曰文。文不当，故吉凶生焉。

从上面这两段话中，我们可以看到，《易传》已经明确地把爻位数字化了。这说明，《易传》作者对每卦六爻的初、二、三、四、五、上的位置关系有了清晰的认识，如果说《易经》中编纂者对于六爻的序位认识还只是一种隐含的直觉，只是体现在"包"、"中"等等这样散见于卦爻辞的象位描述语言的话，则《易传》早已将这种数字化的象位关系与《周易》的本体联系在一起："《易》之为书也，原始要终以为质也。"与前面所说的"筮算之数"不同，这种"序位之数"的认识采用了另外一个途径，前者的认识来自生命体验与数的推演的契合，后者则由数字的排列组合中悟出《周易》的"本末"。这样说来，"筮算之数"可以看做对数字推演的时间化认识的话，则"序位之数"更接近于对数字之排列组合的空间化认识。然而，在《易传》中，如同"乾坤"这对范畴总是处在生生不息的流变中一样，任何空间化的认识也总是由时间来引导，所以，"六爻相杂，唯其时物也"。这种时间性的序位关系还在于六爻之间如同不同的生命体一般，互相之间因不同的位置和序列发生着关系，这种相互的关系，就是后来为《易传》所发明的"承乘比应"的体例关系。而这种体例关系，又是形成爻象的根本要素。再进一步说，这种序位之数又明确地把人的存在包含了进来，使得本来是纯数理化的时间空间成为了人之存在的舞台："兼三才而两之，故六。六者，非它也，三才之道也。"这种体验显然来自六爻之间两两相叠加的位置关系，最上面的两爻象征天，最下两爻象征地，则人乃是生存与天地之间的中间两爻。这便是"天道，人道，地道"在六爻中的体现。可见，仅仅六爻，其间的数字关系已经足以构成一个天地人的整体之象，这种超越性的体验必然是以《易传》作者对天地、对自然、对生命的根本把握为前提的，而这种象位关系其功用也必然在于呈现天地人三道。

所谓"阴阳之数"，很多学者将之总结为"天地之数"，从阐释的角度来说，其揆一也，他们都是把数字的奇偶与天地、阴阳、乾坤等等对应起来，如前引"天数五，地数五。五位相得而各有合，天数二十有五，地数三十，凡天地之数五十有五，此所以成变化而行鬼神也"；再如"天一，地二；天三，地四；天五，地六；天七，地八；天九，地十"（《系辞上传》）；以及"阳卦多阴，阴卦多阳，其故何也？阳卦奇，阴卦耦。其德行何也？阳一君而二民，君子之道也。阴二君而一民，小人之道也"（《系辞下传》）。在这里，我们可以清晰地看到，作为《易传》中最为本体化的天地、阴阳等范畴之相反相成的关系被用以对应数学中最常见的奇数、偶数的错综对立，并用这种数字化的对立转化关系来阐释所谓"君子之道"、"小人之道"。当然，这种"阴阳之数"的体验与筮算息息相关，但这种对奇数偶数之间相对待关系的阐发，无疑得之于空间化的象位关系。

总的说来，《易传》作者通过对"筮算之数"和"象位之数"的体认和阐发，构筑了一个井然有序而又合于自然之道的数的世界。在这个世界里，各种数字的推衍运化和相互之间的逻辑关系构成了经纬纵横的时空体系，天地万物周行于其间，人的存在也厕身于其间，连"筮算之数"和"象位之数"都只是出于人的理解：前者可以看做是"人为而然"的数，是人类硬性地把数的逻辑套用在筮算的仪式之中；后者则属于"自然而然"的数，因为人们从《周易》的卦爻象位中体悟出了数的关系。可见，在《周易》的象数体系中，并不存在纯自然或者纯人为的数，因为人的存在就是最大的自然而然。在这里我们应该注意的是，与西方哲学体系中对"数"的理解相比，尤其是古代西方毕达戈拉斯学派的"数—形"二维结构中，"数被看作具有空间大小的有形实体而无法运动；在《周易》的'象·数·形'三维结构模式中，数的本质不在实体，而在关系"①。对于这一点，我们谈"象"的时候还要细说。

下面，我们来说说"象数"中的"象"。

我们知道，虽然《易经》的卦爻辞已经有明确的"象的自觉"，但是卦爻辞中并没有一个"象"字。条理化、系统化地阐述"象"范畴，并且使它成为《周易》的理论支柱，都是在《易传》中才完成的。据张其成先生统计，"象"在《易传》中出现485次，其中443次出现在《象传》中，

---

① 成立：《象·数·形：比较美学札记》，载《学术月刊》1996年第6期。

《系辞传》中39次，《象传》3次。除去《象传》中"《象》曰"这样对《象传》作指称的"象"，张其成先生把《易传》中出现的"象"分为三类，分别是：1. "象"为卦象，如："顺而止之，观象也"（《剥·彖辞》）；"圣人观象系辞焉。"（《系辞上传》）；"八卦成列，象在其中矣"（《系辞下传》）等等；2. "象"为物象，为卦所象征的万事万物之象（事象、物象），如："有飞鸟之象也"（《小过·彖辞》）；"在天成象，在地成形"（《系辞上传》）；"天垂象，见吉凶，圣人象之"（同前）等等；3. "象"为"取象"、象征，如"鼎，象也"（《鼎·彖辞》）；"拟诸其形容，象其物宜"（《系辞上传》）；"象事知器，占事知来"（《系辞下传》）等等。在张其成先生看来，这三种"象"是"有机结合在一起的，'卦象'是核心，'取象'是方法，'事象'、'物象'是'卦象'所象征的对象"①。这是从象之为"象"的角度出发来认识《周易》中的"象"，而传统易学也多是从此思路出发来认识易象的，比如章学诚所谓"天地自然之象"和"人心营构之象"是也。不过，本文则更为重视对《周易》之"象"的另一种理解，即与"数"一起，作为一个阐释学意义上的层面，作为《周易》之"意"的呈现的那个"易象"。《系辞》云：

是故形而上者谓之道，形而下者谓之器。化而裁之谓之变，推而行之谓之通，举而错之天下之民谓之事业。是故夫象，圣人有以见天下之赜，而拟诸其形容，象其物宜，是故谓之象。圣人有以见天下之动，而观其会通，以行其典礼，系辞焉以断其吉凶，是故谓之爻。极天下之赜者存乎卦，鼓天下之动者存乎辞；化而裁之存乎变；推而行之存乎通；神而明之存乎其人；默而成之，不言而信，存乎德行。

在余敦康先生看来，如果说《周易》之"意"就是那个形而上的"道"，"《易传》则把象数解释为一套由阴阳规律所支配的符号系统，象征着天道

---

① 张其成：《象数范畴论》，载《周易研究》1998年第4期。

人事的变化。这套符号系统是可以操作的,由蓍以生爻,由爻以成卦。通过'参伍以变'、'错综其数'的操作程序而形成的象数,穷尽了天下极为复杂的变化,所以称之为'天下之至变'。变中自有不变,变的是现象,不变的是规律。当阴阳规律凝结为卦的象数结构,这就形成了卦所特有的性质与功能"。因此,余敦康认为,《周易》的义理无形可见,是形而上;象数体系有形有器,是形而下,象数是义理的形式,义理是象数的内容。"事实上,《易传》在论述象数时,总是联系到义理;在阐发义理时,总是借助于象数。"① 从接受的角度来说,《周易》的象数相对于义理而言,确实在形而下。从这个意义上讲,余敦康先生的说法是正确的。不过,在我们看来,"象数"却又不完全是一个纯粹"形而下"的层面,在其之下,还有更形而下的卦爻符号和卦爻辞。象数作为一个阐释层次,并不完全是具有实存的形体的,它的存在,处于最形而上的"易道"的层面和最形而下的卦爻符号与卦爻辞——言的层面之间,是一个中介性质的、意向性的层面。刚才我们已经说到,《周易》中的"数"在于"关系",它本身即是无形体的,只是为"象"之存在提供了一个经纬纵横的"时空关系"。而存在此时空中的"象"虽然直观可感,却也是非实体性的存在。下面我们就一层层地解说这个问题。

作为一个中介性的层面,《周易》中的"象"上通于"意"而下联于"器",它首先便是"观物取象"的产物。对此,《系辞下传》有一段专论"观象制器",最具代表性:

> 古者包牺氏之王天下也,仰则观象于天,俯则观法于地,观鸟兽之文,与地之宜。近取诸身,远取诸物。于是始作八卦,以通神明之德,以类万物之情。作结绳而为网罟,以佃以渔,盖取诸《离》。包牺氏没,神农氏作,斲木为耜,揉木为耒,耒耨之利,以教天下,盖取诸《益》。日中为市,致天下之民,聚天下之货,交易而退,各得

---

① 余敦康:《易学今昔》,第62—64页。

其所,盖取诸《噬嗑》。神农氏没,黄帝、尧、舜氏作,通其变,使民不倦;神而化之,使民宜之。《易》,穷则变,变则通,通则久。是以"自天佑之,吉无不利"。黄帝、尧、舜垂衣裳而天下治,盖取诸《乾》、《坤》。刳木为舟,剡木为楫,舟楫之利以济不通;致远以利天下,盖取诸《涣》。服牛乘马,引重致远,以利天下,盖取诸《随》。重门击柝,以待暴客,盖取诸《豫》。断木为杵,掘地为臼,臼杵之利,万民以济,盖取诸《小过》。弦木为弧,剡木为矢,弧矢之利,以威天下,盖取诸《睽》。上古穴居而野处,后世圣人易之以宫室;上栋下宇,以待风雨,盖取诸《大壮》。古之葬者,厚衣之以薪,葬之中野,不封不树,丧期无数;后世圣人易之以棺椁,盖取诸《大过》。上古结绳而治,后世圣人易之以书契,百官以治,万民以察,盖取诸《夬》。

从这段话看来,《易传》认为伏羲作八卦首先在于"仰则观象于天,俯则观法于地","近取诸身,远取诸物",这显然是对《周易》作者"观物"过程的描述。这说明《周易》之卦爻象的来源正在于创制《周易》的那些圣人之"观"和"取",而不论是观或取,都是一种直观的体验,是一种主观的认识与客观事象的契合。对于此,《易传》不厌其烦地强调了很多次:"圣人设卦观象,系辞焉而明吉凶,刚柔相推而生变化";"仰以观于天文,俯以察于地理,是故知幽明之故;原始反终,故知死生之说;精气为物,游魂为变,是故知鬼神之情状";"圣人有以见天下之赜,而拟诸其形容,象其物宜,是故谓之象";"是故天生神物,圣人则之;天地变化,圣人效之;天垂象,见吉凶,圣人象之;河出图,洛出书,圣人则之"。在这里,除了"观"、"取",还有"察于地理"的"察"、"见天下之赜"的"见"、"圣人象之"的"象"、"圣人效之"的"效"、"圣人则之"的"则",诸如此类,实际上都是体验,或者说接受的意思。这种接受,是接受主体对于客体的认识,认识的结果便是"知幽明之故"、"知死生之说"、"知鬼神之情状"。"幽"、"明",分别代指有形、无形的事理；"死生之说"，指的是死生的规律，也就是生命的大义；"鬼神之情状"中的"鬼"，指生命消亡的存在状态、"神"则是精气所聚，是生命存在的本质因素。总的说来，上古的圣人通过"仰观俯察"而得到了关乎生命的终极体验，然后才"作八卦，以通神明之德，以类万物之情"。所谓"神明之德"、"万物之情"，首先就是他们的生命体验。而这种生命体验必然会凝结为诸卦之象，即是六十四卦、二百八十四爻之象。但是，这些卦爻象的构筑却不是体验的完成，它们若要落实，还有待于"制器"的过程，也便是前面所引的"作结绳而为罔罟，以佃以渔，盖取诸《离》……盖取诸《夬》"的过程。正是从这个意义上来说，《周易》的卦爻象只是一个中介性质的层面。

其次，作为一个中介性质的层面，《周易》之"象"必然具有直观可感性，也就是说，它必须是向接受者开放的，能够为人所接受。反之，它就成了千年的死迷，毫无存在的价值。因此，《系辞传》强调："见乃谓之象，形乃谓之器，制而用之谓之法，利用出入，民咸用之谓之神。"所谓"见"，即前面所说的"体验"。能够为接受者所体验，才能成为"象"。在此，《易传》又一次把"象"与"形"作了区分，"象"是用来体验的，由这种体验而形诸于物，即"形乃谓之器"。又曰："《易》有圣人之道四焉：以言者尚其辞，以动者尚其变，以制器者尚其象，以卜筮者尚其占。""尚"即"效法"。在这里，"辞"、"变"、"象"、"占"都具有可见之形，否则如何为人所效法？而《周易》之象向人们所呈现的，则是蕴藉于《周易》之中那幽深无形的易道，正所谓："圣人立象以尽意，设卦以尽情伪，系辞焉以尽其言。"卦爻符号和卦爻辞是易象的物质躯壳，人们正是从这些真正实在的符号中看到象数之存在的："八卦以象告，爻彖以情言。"正因为如此，《易传》对易象的直观可感，并且能够从中体验到易道的功用表示了衷心的嘉许。如《复》的卦象下震上坤，群阴剥阳，使得阳气几乎断绝，而一阳在下，象征着阳气复返，这代表着阴阳的更替交合，体现着生命的循环往复，周流不息。卦辞曰："反复其道，七日来复。"《彖传》赞曰："'反复其道，七日来复。'天行也！"正是因为这样的卦象让人看到了天地自然的运行法则，所以《易传》作者兴奋地强调："《复》，其见天地之心乎?!"这样的赞语，如"《豫》之时义大矣哉!"（《豫·彖辞》）、"观天之神道，而四时不忒，圣人以神道设教，而天下服矣!"（《观·彖辞》）、"《坎》之时用大矣哉!"（《坎·彖辞》）、"观其所感，而天地万物之情可见矣!"（《感·彖辞》）、"正大而天地之情可见矣!"（《大壮·彖辞》）诸如此类，比比皆是。对于那些学《易》、研《易》、用《易》者来说，面对《周易》这样一部经典，只有从本文中"观"到易象，才能真正体悟到《周易》中的生生之理。因此，《系辞》云："是故君子居则观其象而玩其辞，动则观其变而玩其占，是以自天佑之，吉无不利。"深悟天地生生之道者，其神乎！这样的人，必然为上天所眷顾，所庇佑。

进一步说，作为一个阐释层面，《周易》中不但每一卦每一爻都以其所成之象显现着易道，还以极具规律性的排列组合，构成了一个参互有序、周流不息的和谐整体，形成了一个极富节奏性的、生生不已的整体之象，这正是《周易》比之其他占卜形式的高明之处，也是《周易》能够位列先秦各经之首，成为一个极富包容性、能够为道家、儒家等多家学派所接受、所研习的经典，其中一个重要的原因即在于此。在这一点上，《序卦传》作用最为明显：

有天地，然后万物生焉。盈天地之间者，唯万物，故受之以《屯》；屯者盈也，屯者物之始生也。物生必蒙，故受之以《蒙》；蒙者蒙也，物之稚也。物稚不可不养也，故受之以《需》；需者饮食之道也。饮食必有讼，故受之以《讼》。讼必有众起，故受之以《师》；师者众也。众必有所比，故受之以《比》；比者比也。比必有所畜也，故受之以《小畜》。物畜然后有礼，故受之以《履》。履而泰，然后安，故受之以《泰》；泰者通也。物不可以终通，故受之以《否》。物不可以终否，故受之以《同人》。与人同者，物必归焉，故受之以《大有》。有大者不可以盈，故受之以《谦》。有大而能谦，必豫，故受之以《豫》。豫必有随，故受之以《随》。以喜随人者，必有事，故受之以《蛊》；蛊者事也。有事而后可大，故受之以《临》；临者大也。物大然后可观，故受之以《观》。可观而后有所合，故受之以《噬嗑》；嗑者合也。物不可以苟合而已，故受之以《贲》；贲者饰也。致饰然后亨，则尽矣，故受之以《剥》；剥者剥也。物不可以终尽，剥穷上反下，故受之以《复》。复则不妄矣，故受之以《无妄》。有无妄然后可畜，故受之以《大畜》。物畜然后可养，故受之以《颐》；颐者养也。不养则不可动，故受之以《大过》。物不可以终过，故受之以《坎》；坎者陷也。陷必有所丽，故受之以《离》；离者丽也。

有天地，然后有万物；有万物，然后有男女；有男女，然后有夫妇；有夫妇，然后有父子；有父子然后有君臣；有君臣，然后有上下；有上下，然后礼仪有所错。夫妇之道，不可以不久也，故受之以《恒》；恒者久也。物不可以久居其所，故受之以《遁》；遁者退也。物不可终遁，故受之以《大壮》。物不可以终壮，故受之以《晋》；晋者进也。进必有所伤，故受之以《明夷》；夷者伤也。伤于外者，必反其家，故受之以《家人》。家道穷必乖，故受之以《睽》；睽者乖也。乖必有难，故受之以《蹇》；蹇者难也。物不可终难，故受之以《解》；解者缓也。缓必有所失，故受之以《损》；损而不已，必益，故受之以《益》。益而不已，必决，故受之以《夬》；夬者决也。决必有所遇，故受之以《姤》；姤者遇也。物相遇而后聚，故受之以《萃》；萃者聚也。聚而上者，谓之升，故受之以《升》。升而不已，必困，故受之以《困》。困乎上者，必反下，故受之以《井》。井道不可不革，故受之以《革》。革物者莫若鼎，故受之以《鼎》。主器者莫若长子，故受之以《震》；震者动也。物不可以终动，止之，故受之以《艮》；艮者止也。物不可以终止，故受之以《渐》；渐者进也。进必有所归，故受之以《归妹》。得其所归者必大，故受之以《丰》；丰者大也。穷大者必失其居，故受之以《旅》。旅而无所容，故受之以《巽》；巽者入也。入而后说之，故受之以《兑》；兑者说也。说而后散之，故受之以《涣》；涣者离也。物不可以终离，故受之以《节》。

节而信之,故受之以《中孚》。有其信者,必行之,故受之以《小过》。有过物者,必济,故受之《既济》。物不可穷也,故受之以《未济》终焉。

这是一篇气度恢弘的论文。《序卦传》的作者就像演连珠一般,把每一卦的卦象连贯在一起,构成了一个整体之象。虽然就其对每一卦的卦象之阐释来说,还存在大量的牵强附会、以偏概全的成分,但是,从总体来看,《序卦传》对六十四卦的卦序之阐释却爆发出了惊人的张力,原本为编纂和携带的方便以及占筮的需要而随意组合的卦序在这里被有机地组合在一起,并使它呈现出天地人三才之道的高深意蕴。虽然这未必是先秦时期唯一通行的卦序,但是,《序卦传》一出,卦序便获得了极大的稳定性。《文言》以《乾》、《坤》两卦为纲要、《彖》、《象》三传以充沛的感情赞颂《乾》、《坤》,并且在彖辞和象词中处处透露着"非覆即反"的信息,自不待言;《系辞传》作为《周易》的总论,其中出现的卦序也都暗合《序卦传》所云。比如《系辞下传》中著名的"九卦三陈",其顺序分别为《履》、《谦》、《复》、《恒》、《损》、《益》、《困》、《井》、《巽》。(《系辞下传·第七章》)在《序卦传》中,这九卦的序号分别为"10、15、24、32、41、42、47、48、57"①。我们知道,按照数学排列组合原则的计算,六十四卦的随意排列,可以出现 1.27×10^{89} 种可能;即便以"两两对偶,非覆即变"来组合,也有 1.68×10^{37} 种可能。可是,《序卦传》所给出的卦序居然成为易学史上卦序排列之正宗,为后人代代接受,可见这种阐释范式的生命力之强。究其原因,就在于《序卦传》始终把六十四卦作为一个生生不已的动态整体,六十四卦的卦象都成为了互相联通而又井然有序的生命体。我们且看:"有天地,然后万物生焉。盈天地之间者,唯万物,故受之以《屯》"——这分明是把《乾》、《坤》比做天地,二卦交感而生

---

① 参考了吴前衡先生的统计,见《〈传〉前易学》,第340—341页。不过吴先生的统计似乎有问题,因为"三陈九卦"中最后一卦并不是他说的《涣》,而是《巽》。

万物，万物又以代表初生的《屯》为首，而后"生必蒙"、"物穉不可不养"、"饮食必有讼"等，以时间的绵延为线索，又以生命的脉动为纲领。延展到下经，又讲述"有天地，然后有万物；有万物，然后有男女；有男女，然后有夫妇；有夫妇，然后有父子；有父子然后有君臣；有君臣，然后有上下；有上下，然后礼仪有所错"的道理，体现了在生生的原则上天道人道互参的道理，进而讲《咸》，而后《恒》，然后《遁》……一个生生之理，把天下万象整合在一个直观可感的时空体系之中，这正是《序卦传》的大义所在。

在这时空体系中，我们又能清晰地感觉到节律的作用。六十四卦，每卦六爻，它们又可以分为上下两卦。三画成卦，有八种组合方式，那便是《周易》卦爻体系中最重要的"八经卦"：《乾》、《坎》、《艮》、《震》、《巽》、《离》、《坤》、《兑》。八经卦和六十四卦谁是最"原始"的，不在本文的讨论范围之内。可以确定的是，春秋时期，八卦的形态与理论就已经十分成熟，到了《易传》，八卦学说则成为了《彖传》、《象传》中最重要的解易理念；《说卦传》更明确地清整了八卦方位和八卦取象的学说，体系严整，层层设象，以至于有的学者认为《说卦》当为十翼之首。① 对于六十四卦的卦序体系来说，八卦把六十四卦的事象物象概括为八种最为核心的天地自然之象，而六十四卦又都可以以这八种基本元素的排列组合来阐明卦义，阐发卦德，言之成理，圆融有度。这就在六十四卦中建构了一个八经卦之间上下、内外、往来、感应、生克的象位关系，贯穿着六十四卦之绵延的始终，成为六十四卦之生生流布的节律。而在《说卦传》看来，八卦又可以解释为阴爻和阳爻交替消长的不同阶段之象，所谓："乾天也，故称父，坤地也，故称母；震一索而得男，故谓之长男；巽一索而得女，故谓之长女；坎再索而得男，故谓之中男；离再索而得女，故谓之中女；艮三索而得男，故谓之少男；兑三索而得女，故谓之少女。"这是以男女之长序来指代每卦之中三爻

---

① 见吴前衡：《〈传〉前易学》。

的阴阳消长，实际上便是进一步从八经卦归纳出阴阳哲学的期待视野来了。因此，我们可以说，《易传》作者研经析卦，得出了生生不息、阴阳消长的生命体验，又通过卦爻象的阐释和归纳，反证出"一阴一阳之谓道"的根本命题，完成了一个"阐释的循环"，也便推进了《易传》对《易经》的接受。《庄子·天下》云："易以道阴阳。"其依据正在于此！而六十四卦的整齐有序，参以阴阳交互的节律之美，正应了"静而与阴同德，动而与阳同波"的生之韵律！宗白华先生以为中国生命美学的韵致正在于这种节奏化、音乐化的空间感，在这里，《易传》的象数之学注定要成为这一理念的第一接受者了！

最后，《周易》之"象"与"器"有别，已详前文。这说明，"象"虽有形，却非概念化的实体。象之流布所凭赖的"数"的体系不在于实体而在于关系，则象与意之间、象与象之间、象与卦爻辞、卦爻符号、各种事物器具之间的关系，也不在于逻辑推理，不在于实在的物质作用，而在于联类。如前文所引："圣人有以见天下之赜，而拟诸其形容，像其物宜，是故谓之象。"赜者，幽深难见之至理也。圣人在作易之时所体验到的，首先便是形而上的"天下之赜"，所效仿的，也是"形容"、"物宜"，都不是实体性的存在，而是阴阳刚柔的属性。从根本上说，这是一种由于同构——同是由阴阳之气构成，所以可以取类感通，已详前文。正因为有这样的内在机制，所以《周易》的意、象、言（卦爻符号和卦爻辞）之间才能够"同声相应，同气相求"，在具体阐释的时候能够"各随其义"；也正因为如此，《易传》才强调："爻也者，效此者也；象也者，像此者也。"不论是"随"、"效"还是"像"，都是以同构为机制的类推，用《易传》的话讲，就是"引而伸之，触类而长之"。正是由于这种类推，《说卦传》从八卦之"象"联系出几百则卦象，近世很多学者都指出，《说卦传》列出的卦象很多都"风马牛不相及，没有必然的逻辑联系"。但是，在朱良志先生看来，"它们之所以能共存于一体，整合为一生生序列，不是依据于理性认识，而是得益于生命体验，共存于同一类别的物象中间，有一种共通的生命结构,生命的似有若无的联系瓦解了他们表面的差异。"① 可见,正是基于《周易》的生命体验,卦爻象才能够成为极富生命力的非实体之象,才能不局限于现成的事物,实现无限的类推和关联。这种强大的关联机制也正是《周易》强大的包容性之源泉。在《周易》的笼罩下,天下之能事早已涵括其中,天地人的三才之道也融合为一个整体。它还能够向未来无限延展,向后人的接受和阐释永远敞开。后人基于《周易》的象数体系,又绘出了《河图》、《洛书》,乃至九宫八卦,或者把卦爻体系对应于世应、飞伏的体系,以及二十四节气、四时八方的自然坐标,都是这种生命类推机制的体现。

总之,《易传》所描述的象数体系,构筑了一个奇异的感性时空体系。在这个时空体系中,象征着生命的卦爻象绵延不息,周行不殆。《周易》的生命精神、生命体验,正是借助于象数才能呈现出来,而象数也须臾未曾偏离《周易》之大道。《系辞下传》有一段话,正可以为这一节内容作一个总结:

> 是故《易》有太极,是生两仪。两仪生四象。四象生八卦。八卦定吉凶,吉凶生大业。是故法象莫大乎天地;变通莫大乎四时;县象著明莫大乎日月;崇高莫大乎富贵;备物致用,立成器以为天下利,莫大乎圣人;探赜索隐,钩深致远,以定天下之吉凶,成天下之亹亹者,莫大乎蓍龟。是故天生神物,圣人则之;天地变化,圣人效之;天垂象,见吉凶,圣人象之;河出图,洛出书,圣人则之。

这段话是对《周易》之"象数交织"一个最精炼的概括。太极者,醇和未分之气,它是一切生命存在之本真状态,任何人若要研习《周易》,都必须以把握太极——易道为终极宗旨,因为《周易》中的两仪、四象、四时、八卦、六十四卦乃至二百八十四爻的推行演化,囊括了乾坤、天地、

---

① 朱良志:《中国艺术的生命精神》,第20—21页。

阴阳、四时、五行、八方以及万事万物的运化。整个《周易》的道理，就囊括在这象数运化的体系之中。在《易传》中，从《周易》之"意"的层面到"象数"的层面，恰恰形成了一个"阐释的循环"：意待象数而显，象数待意而生。

四　"吉凶存乎辞"："言"层面上的经传接受

在《周易》的阐释结构中，"言"是一个独立存在而又不可或缺的接受层面。在前文中我们曾经交代过，《周易》中的"言"，是全书形诸于实在的文字符号和图形符号，既包括了卦爻辞和所有传文，也包括了所有的卦爻符号。我们之所以强调"言"之独立存在和不可或缺，大约有两层意思：一方面，《易传》对《易经》的接受只有落实到了"言"的层面，才算是完成了一个阐释的循环，从这个角度说，它是不可或缺的；另一方面，主要由实体性的符号组成的"言"只能是一个独立存在的阐释层面，它并不是意义的全部。也就是说，"言"并不等同于"意"或者"象"。

我们先从这第一层意思说起。

我们知道，在《易传》的阐释体系中，象数是对形而上的"易道"的阐释。作为一部"原始要终"的经典，"意"这个层面绝对是《周易》的阐释核心，《周易》美学的真正精髓全在于易道。又因为这种易道是一种非实体性、非对象性的生命体验，所以，对它的把握必须经由象数的直观，至于语言，则存在着很大的局限性，难以充分地呈现易道。因此，《系辞传》曰："子曰：'书不尽言，言不尽意。'然则圣人之意，其不可见乎？子曰：'圣人立象以尽意，设卦以尽情伪，系辞焉以尽其言。变而通之以尽利，鼓之舞之以尽神。'"这就是说，"言"是不能"尽意"的，这一点，《周易》的作者——古之圣人便早已知道。因此，他是通过卦爻象数的构建来表达自己之"意"的。而后人则从中变通发挥，在生生不已的体验中实现《周易》之"神"的。这个神，首先就表现为易道的非实体性、非现成性和直观性。所以，《系辞传》又云："默而成之，不言而信，存乎德行。"可见，《易传》的言意观是一种"言不尽意"的认识，这样的观点与战国时期老庄的"得意忘言"说颇有会心。也正是因为这一点，很多学者在《周易》的阐释结构中，只强调了"象数"的作用，如余敦康先生认为"义理是内容，象数是形式"，此间根本没有"言"的立足之处。

然而，与道家那种激烈地反对言辞的观点相比，《易传》却并没有完全否定"言"的作用，甚至可以说，在《易传》看来，易道的表达不但不能脱离"言"这一层面，而且，构成这一层面的卦爻符号和卦爻辞，完全是表达易道之所必需。我们仅从《系辞传》就可以举出相当多的例子：

> 圣人设卦观象，系辞焉而明吉凶，刚柔相推而生变化。
>
> 象者，言乎象者也；爻者，言乎变者也。
>
> 是故列贵贱者存乎位，齐小大者存乎卦，辨吉凶者存乎辞。
>
> 是故卦有小大，辞有险易；辞也者，各指其所之。
>
> 言行，君子之枢机。枢机之发，荣辱之主也。言行，君子之所以动天地也，可不慎乎！
>
> 乱之所生也，则言语以为阶。
>
> 《易》有圣人之道四焉：以言者尚其辞，以动者尚其变，以制器者尚其象，以卜筮者尚其占。
>
> 极天下之赜者存乎卦，鼓天下之动者存乎辞。
>
> 系辞焉而命之，动在其中矣。
>
> 爻象动乎内，吉凶见乎外，功业见乎变，圣人之情见乎辞。
>
> 夫易，彰往而察来，而微显阐幽，开而当名辨物，正言断辞则备矣！其称名也小，其取类也大，其旨远，其辞文，其言曲而中，其事肆而隐。
>
> 《易》之兴也，其当殷之末世，周之盛德邪？当文王与纣之事邪？是故其辞危。
>
> 八卦以象告，爻彖以情言，刚柔杂居而吉凶可见矣。
>
> 凡《易》之情，近而不相得则凶，或害之，悔且吝。将叛者其辞

惭，中心疑者其辞枝。吉人之辞寡，躁人之辞多。诬善之人其辞游，失其守者其辞屈。

从以上这些条目中，我们就可以清楚地看到《易传》作者对于卦爻符号和文字符号的倚重。虽然圣人之意不可言传，可他总还是要"系辞焉而明吉凶"，因为观察象数的变化，进而体察"圣人之情"，依然要经由这些实在的符号："系辞焉而命之，动在其中矣"、"爻象动乎内，吉凶见乎外，功业见乎变，圣人之情见乎辞"、"齐小大者存乎卦，辩吉凶者存乎辞"、"开而当名辨物，正言断辞则备矣"。因此，我们看到，虽然《易传》接受了盛行于战国时期的"言不尽意"的观点，却依然把这些卦爻符号和卦爻辞作为阐释过程中一个必经环节，而且，正因为它们的这种重要的作用，所以《易传》作者对于"言"的使用也是十分重视的："言行，君子之枢机。……言行，君子之所以动天地也，可不慎乎！"这背后的原因是不难理解的。先秦道家之所以如此激烈地反对实在的"言"，实在是因为其哲学观点确实存在"蔽于天而不知人"的思想倾向，过于重视"以人合天"，最终完全超越了形而下的世界，遨游于形而上的太虚当中。而《周易》的高明之处在于，它始终视天地人三才之道为一个整体，因此，《周易》之道虽然极幽深、极辽廓，却总是联系着具体的器具事物和社会生活，联系着踏实的实践和操作。所谓"形而上者谓之道，形而下者谓之器"，并不是强调形上与形下的完全分割，而是强调两者的不可分离，他们共同处在生生不息的整体之中。

因此，《周易》的阐释到了象数的层面，还依然没有落实，没有实现"整体之象"的完满。只有在"言"这个符号性质的层面中，《周易》的"吉凶悔吝"和"圣人之情"，才真正地可见，可感，可以流传后世。所谓"《易》之兴也，其当殷之末世，周之盛德邪？当文王与纣之事邪？是故其辞危"，除了塑造"圣人作易"的故事，给《易经》涂上一层神秘色彩之外，还告诉我们这样一个实在的道理：没有"辞"的流传，而仅靠"殷之末世、周之盛德"的口耳相传，我们还能衣钵传续地接受《周易》吗？

下面我们再说这第二层意思。

在《易传》的阐释中,从"意"到"象"再到"言"的阐释层次是比较清晰的。虽然《系辞传》所云"《易》有圣人之道四焉"把"以言者尚其辞"和"以制器者尚其象"并举,但这主要是从"用"的角度来说的。与本体意义上的易道相比,不论是言还是象,都只能是易道之用,在这个本体论的意义上,言、象、变、占是可以并列的。然而,在接受论的层面上,它们却也是阐释和被阐释的关系,如:"彖者,言乎象者也;爻者,言乎变者也。"此处之"象"和"爻",显然是指卦爻辞这样的文字符号。孔颖达《周易正义》云:"彖,谓卦下之辞,言说一卦之象也。……(爻者)谓爻下之辞。"它们的功用便是描述卦象,阐析爻位之间的变动,也就是说,卦爻辞是用来解释卦爻象的。至于说这两句之后的"列贵贱者存乎位,齐小大者存乎卦,辩吉凶者存乎辞",则把卦爻符号包括了进来。所谓"存乎位"、"存乎卦",虽然在说卦爻象,但是所谓"存乎"显然是一种落实,指向的是一种物化的存在。所以后面才会有"存乎辞"。在此,"位"和"卦"又代表了卦爻符号的存在,它们与作为语言符号的"辞"是并列的,因为它们都属于"言"的层面。正是因为这些符号代表了不同的卦爻象,所以"卦有小大,辞有险易",这是为了阐释之需,各种符号所呈现出的不同样貌。"辞也者,各指其所之",则明确了"言"这个层面的符号意义。所谓"符号",总是"能指"和"所指"的统一,如果说它的实体化形态是它的"能指"的话,"其所之"便是它的"所指"。可见,早在先秦时期,《易传》作者就对这些符号的阐释意义有所认识。

也正是如此,魏晋玄学家王弼才提出了"言"、"象"、"意"的层层递进的阐释观:

> 夫象者,出意者也;言者,明象者也。尽意莫若象,尽象莫若言。言生于象,故可寻言以观象,象生于意,故可寻象以观意。意以

象尽，象以言著。故言者所以明象，得象以忘言；象者所以存意，得意而忘象。(《周易略例·明象》)

在这里，我们明白地看到，"言生于象"、"象生于意"，这是因为阐释者必须先有对"意"的理解，才能在脑海中构筑象数；象数成竹于胸，才能形诸文字，这便是"意以象尽，象以言著"的道理。而作为后世的接受者来说，也必须先经由有形有质的"言"去观象，再通过非实体性而又直观可感的"象"去寻意。在这个阐释—接受的循环中，言、象、意总是层次分明，各具其用的。任何一部流传久远、为人代代接受的经典，总是以这三个层次的层层演进而呈现于接受者面前；接受者也往往通过自身的体验、感悟而在脑海中筑象，进而以实在的文字、书画的形态完成自己的阐发，完成这个阐释的循环。

因此，"言"这个层次既是《周易》阐释中不可或缺又不能用以替代"象"或者"意"的层次。学界常有把《周易》的阐释分为"象数"与"义理"两大内容的观点，认为"象数是形式，义理是内容"，这样的分法却忽略了"言"的阐释作用；还有的学者把卦爻符号与卦爻象等同，那便是忽略了"象"与"言"属于不同阐释层次的特点。

那么，"言"这个层面具有何样的美学特质呢？一言以蔽之，曰：以言铸象。

首先，在前文中我们说过，在《易经》的本文结构中，卦爻符号和卦爻辞并不是同时出现的，其来源也大不相同。卦爻符号与"数字卦"的密切关联说明卦爻符号极有可能来自每次占筮所得之筮数的记录，而卦爻辞则是占断结果的记录。如果说卦爻符号是对占筮所得的卦象的一种标记，即以经过了抽象化处理的数字、进而由更具抽象意义的阴阳爻来标记的话，这本身就构成了一个阐释现象，也就是说，卦爻符号本来与所占得的卦爻象没有逻辑上的联系，此时却充当了它们的象征，成为某类事象或者物象的物化凝固体。这也说明了筮占从其出现之初就存在着阐释的行为，而阐释也是占筮的内在需求——没有超越性地阐释，就无法从眼前的数字或者卦爻符而推知吉凶悔吝的人道教训，占筮也就无法由天启而指导人为。不过，数字卦阶段的占筮绝不可能满足于以符号来记录并从中判明吉凶，因为前人的卜筮活动势必要形成积淀，并且为后代的占筮者所接受，否则这套占筮的文化就会随着前代使用者的死亡而长埋在地下。语言的发展和文字的创制为这种进一步的接受提供了可能，因此，后出的卦爻辞之不断记录和编排就是理所当然的事情。这些卦爻辞，当然不会是随机地、强制地牵和于某一卦或某一爻，它必然与此卦或此爻所代表的卦爻象息息相关，而且只有在卦爻辞编纂者形成了对该卦爻象的"前理解"的基础上，他才能够把该条卦爻辞系于卦爻符号之后，使自己的理解与前代积淀下来的、对这个卦爻符号所代表的卦爻象的历史理解产生融合，进而使得这条卦爻辞凝固下来，与卦爻符号共同构成一个阐释整体。表面上看，这些卦爻辞与卦爻符号，以及由这些卦爻符号所象征的卦爻象没有逻辑或者概念上的必然联系，但是这些卦爻辞的出现，却使得无形无常、变动不居的卦爻象实现了意义的落实，这些卦爻辞由汉字组成，而每一个汉字又各有其"本义"，这个本义常常是约定俗成的、比较实在和稳定的意义。这些汉字符号组成一个句子，形成一条完整的卦、爻辞之后，它就成了一个意义的载体，卦爻象也正是经由这个物化的载体才得以实现其自身的。《系辞传》所说的"成性存存"，就包含了这种物化的存在于其中，虽然物化并不是"存存"的全部。

《易传》正是看到了这一点，才又以一系列布局严整又一以贯之的文字，实现了《易传》作者对"易"的阐释，把他对《易经》的理解凝固下来，完成《易传》对《易经》的接受。在《易传》中，作者把这种接受摆到了很崇高的地位，即前引"圣人设卦观象，系辞焉而明吉凶，刚柔相推而生变化"——所谓"系辞焉"，必然以实在的"辞"为载体；"刚柔相推"，也必然依托于实在的卦爻符号。当然，言辞的阐释决不是随意发挥，因为接受者总是先有"见天下之赜"，才能"设卦"、"系辞"，所以才"拟之而后言,议之而后动","拟之",是比拟物象;"议之",是审议物情。这也就是王弼所说的"言生于象"了。更为重要的是,在《易传》看来,这种阐释由"意"到"象"再到"言",由无形的体验到境生象成一直到落实于文字,由形而上的意识到介于形上和形下之间的"象"再到完全属于形下的物态的符号载体,完全符合《周易》所描述的那种易象的生生之动,这种接受也便非常符合《周易》的生生之道。比如,在《易传》看来,《乾》卦是"天行健",是天道运行的源泉、动力和始基;而《坤》卦呢,总是"厚德载物"的,因为它必须"顺承天",以踏实的、具有包容性的躯体承载着、延展着这生生不已的健动。在每一卦中,六爻之中也总能分出"天地人"三才,最下的两爻便总是那承载着"天"、"人"两"才"的"地之才"。因此,《易传》对于"言"的阐释功能,是相当自信的。在《易传》中,作为动词的"言"多次出现,每次现身都是在强调卦爻符号与卦爻辞作为"阐释"的大用:"彖者,言乎象者也;爻者,言乎变者也。吉凶者,言乎其失得也;悔吝者,言乎其小疵也";"夫《易》广矣大矣,以言乎远则不御,以言乎迩则静而正,以言乎天地之间则备矣";"系辞焉以断其吉凶,是故谓之爻,言天下之至赜而不可恶也。言天下之至动而不可乱也。拟之而后言,议之而后动,拟议以成其变化";"君子居其室,出其言善,则千里之外应之,况其迩者乎?居其室,出其言不善,则千里之外违之,况其迩者乎?言出乎身,加乎民;行发乎迩,见乎远。言行,君子之枢机。枢机之发,荣辱之主也。言行,君子之所以动天地也,可不慎乎!""二人同心,其利断金。同心之言,其臭如兰";"乱之所生也,则言语以为阶"……总之,《易传》正是接受了卦爻辞对卦爻象的这种阐释,并将之发扬光大,撰成一篇篇既用以解古经又用以阐发新易理的阐释之文,才实现了《传》对《经》的接受。

其次,《易传》还发现了"言"这个层面中卦爻符号和文字符号的一些本质特征,并将之生发、放大,使它们以其自身本质特征的呈现,完成了《易传》对《易经》的深刻阐释。

一方面，卦爻符号的"错综"之美，为《易传》对《易经》的接受提供了灵感。所谓"错综"，即前引《系辞传》中"参伍以变，错综其数。通其变，遂成天下之文；极其数，遂定天下之象。非天下之至变，其孰能与于此"等语。孔颖达《正义》云："'错综其数'者，错谓交错，综谓总聚，交错总聚其阴阳之数也。'通其变'者，由交错总聚，通极其阴阳相变也。'遂成天地之文'者，以其相变，故能遂成就天地之文。若青赤相杂，故称文也"①。

《易传》对这种"错综成文"十分重视，甚至认为这种阴爻阳爻交错组合，代表了"天下之至变"，它也正是《周易》的认识之源。这种认识，首先便是得之于阴阳交错的自然之美。《系辞传》又云："道有变动，故曰爻。爻有等，故曰物。物相杂，故曰文"。在《易传》中，这种自然物的交错之美被发挥成"文"、"章"之美，对此，刘纲纪先生指出："'文'的概念自古以来即与事物的花纹、纹理相关，表现为交错的线条，所以《说文》释'文'为'错画也，象交文'。"②

刘先生并归纳了"文"的各种构成，其中既有卦与卦之间的错综对称，又有每一卦内上下卦之间的对称和交错。实际上，六爻的交错组合，其变化还是很细微的，但就是这细微之变，让《周易》的作者从中悟出了天地运化的生生之道，所谓"圣人有以见天下之赜，而拟诸其形容，像其物宜，是故谓之象。圣人有以见天下之动，而观其会通，以行其典礼，系辞焉以断其吉凶，是故谓之爻"是也。可见，这是由自然物那种细微的变化现象而得出的生命体验，在其中，万物的变化都包括进来了，万事的吉凶悔吝都能呈现出来，而后这种体验再用以指导生活实践，完成一次阐释的循环。至于说"阴阳解易"、"八经卦"的提炼、"乘承比应"的体例，

---

① 李学勤主编：《十三经注疏·周易正义》，第284页。依照原书，传文中用"天下之文"，《正义》引文用"天地之文"。

② 刘纲纪：《周易美学》，第202页。

大约也都是这个思路。

另一方面，《周易》的另外一个组成元素——文字的本质特点也被《易传》作者所发挥。这首先就表现为文字的多义性。在传统阐释学看来，词语的多义性是理解的一大障碍，因为它很容易"误导"接受者，使他的理解产生偏差。但是，在《易传》看来，汉字这种多义性正是阐释的张力之源。比如一个"易"字，在《易传》中便获得了三种不同的理解。"易一名而三义，所谓易也，变易也，不易也"，最早见于《易纬·乾凿度》，郑玄则将之概括为"易简、变易、不易"。但是这种理解在《系辞传》中就已经成形，《系辞传》第一章云：

> 天尊地卑，乾坤定矣。卑高以陈，贵贱位矣。动静有常，刚柔断矣。方以类聚，物以群分，吉凶生矣。在天成象，在地成形，变化见矣。是故刚柔相摩，八卦相荡，鼓之以雷霆，润之以风雨；日月运行，一寒一暑。乾道成男，坤道成女。乾知大始，坤作成物。乾以易知，坤以简能；易则易知，简则易从；易知则有亲，易从则有功；有亲则可久，有功则可大；可久则贤人之德，可大则贤人之业。易简而天下之理得矣。天下之理得，而成位乎其中矣。

从"天尊地卑"到"变化见矣"，即是说易之"不易"，也即易道的常性；再从"是故刚柔相摩"到"坤道成女"，则在说易之"变易"，即易道的生生之动；最后一段，以乾坤的抽象来代表整个周易的"易简"。这三种说法，与整个《易传》的解经精神互为表里，成为了《系辞传》最重要的一段总纲。实际上，"易"之本义很有可能是"占卜"，王振复先生便指出："'易'字的古貌古义并非'从日从月'，也不是'从日从勿'。而是所谓那'从日'之'日'原是盛水容器的把手的象形；'从勿'之'勿'，实是半个盛水容器腹部的象形。"① 然而，在文字的演化发展中，"易"字却生发出了多种意义，并且被《易传》作者巧妙地融会在对于易道的理解之中，这当然是一种"偏见"、"误读"，但是这种对于本诂的曲解却引出了《周易》的生生之道，这便是阐释的力量。而这种阐释的力量又来自文字符号本身的多义属性。从整个《周易》文本来看，《彖》、《象》两传对每一卦卦名的解释、《序卦传》和《杂卦传》对每一卦之德性的描述，乃至《文言》对《乾》、《坤》两卦的生发，无一不可见出汉字多义性在阐释过程中的作用。如每一卦的卦名，这些文字各有其本义，本来都与《周易》没有什么逻辑上的必然联系；但是经过《易传》一解释，却往往能够从中悟出"天德"、"时义"，可见，这都是以这些文字本质的呈现来实现易道的阐发，这是不同视野的融合，完全是《易传》作者对卦爻象和卦爻辞接受的结果，并体现在文字的层面上。

更为重要的是，先秦时期中国文字的"规范化"，更使其成为凝固了生命信息的重要符号，这种抽象和整合的过程与卦爻画的不断的"再认识"有着异曲同工之妙，所以才有"书卦同理"的提法。而吴前衡先生更将两种符号归结为"象符号"，因为它们共同具备的联类属性成为了《周易》之阐释的源泉。从《易传》开始，这种"生命的类推"被圆融地应用到了《周易》的卦爻体系中，成为捕捉《周易》生生之道的最重要的"筌蹄"。它同时也决定了中国理论思维必然以"象"的思维为主。

再次，《易传》更接受了《易经》卦爻辞"诗化语言"的阐释模式，使得整个一部《周易》氤氲着浓厚的诗意。

我们所说的"诗化语言"，得之于意大利美学家维柯（Giambattista Vico）在《新科学》（*Scienza Nuova*, 1744）中所提出的"诗性智慧"一词。他说："我们发现各种语言和文字的起源都有一个原则：原始的诸异教民族，由于一种已经证实过的本性上的必然，都是些用诗性文字（poetic

---

① 王振复：《巫术：〈周易〉的文化智慧》，第25页。

characters）来说话的诗人。这个发现就是打开本科学的万能钥匙，它几乎花费了我的全部文学生涯的坚持不懈的钻研，因为凭我们开化人的本性，我们近代人简直无法想象到，而且要费大力才能懂得这些原始人所具有的诗的本性。"① 当然，维柯的这个提法如同接受美学这个理论刚刚问世时一样，虽然具有强烈的启发意义，是一个天才般的远见卓识，却未必考虑成熟，也没能圆融地应用到人文科学之中。可就是这无形的启发意义，却是极富召唤性的，它启发了人们跳出概念化语言的桎梏，能够从感性直观的角度，重新审视语言的生命，语言的存在，还有语言的功用。同时，它也使人们认识到，感性的、直观的语言，是人类文明最原初的语言，是人类早期文化重象、重直观的思维模式的载体。随着人类文明的发展，理性的概念思维日渐完熟，但诗性思维却始终内蕴在人类文化的结晶之中，这一点在《周易》身上体现得最为明显。作为一部跨越了整个先秦文化历程的经典，《易经》卦爻辞作为"诗化语言"的特色就早已为人们所熟知。比如著名的"明夷于飞，垂其翼。君子于行，三日不食"（《明夷·初九》）；再如"鸣鹤在阴，其子和之，我有好爵，吾与尔靡之"（《中孚·九二》）两则，李镜池先生把这两条爻辞同《诗经》作了比较，发现了卦爻辞的比兴之韵。在他看来，这种富有诗一样美感的卦爻辞比卜辞更进步，而早于《诗》，正是典型的诗化语言。在卦爻辞中，此类"诗化"的辞句比比皆是，如"屯如邅如，乘马班如"（《屯·六二》）；"乘马班如，泣血涟如"（《屯·上六》）；"其亡其亡，系于苞桑"（《否·九五》）；"枯杨生梯，老夫得其女妻"（《大过·九二》）；"鸿渐于陆，夫征不复，妇孕不育"（《渐·九三》）……或者整齐对仗，或者萦曲回环，无怪乎李镜池先生赞叹："我们读这些话，仿佛是在读《诗经》了。"② 除了李先生，高亨先生也认为"《周易》中的短歌是《诗经》民歌

---

① 〔意〕维柯：《新科学·上册》，朱光潜译，北京：商务印书馆1997年版，第30页。
② 李镜池：《周易探源》，第38—49页。

的前驱"①。

《易传》正是沿用了《易经》这种诗化的阐释模式。在《易传》的本文中，我们既可以看到错综成对、对仗齐整的句子，如"天行健，君子以自强不息"（《乾·象》）和"地势坤，君子以厚德载物"（《坤·象》）；又如"二人同心，其利断金；同心之言，其臭如兰"（《系辞上传》）；以及"夫乾，天下之至健也，德行恒易以知险；夫坤，天下之至顺也，德行恒简以知阻"（《系辞下传》）等。还有韵散相间、低昂互节的段落，如："是故刚柔相摩，八卦相荡，鼓之以雷霆，润之以风雨；日月运行，一寒一暑。乾道成男，坤道成女。乾知大始，坤作成物。"（《系辞上传》）在这里，雨、暑、女、物，在上古音是可以通押的，整段话读起来，朗朗上口。再如"分阴分阳，迭用柔刚，故易六位而成章"（《说卦传》）中的阳、刚、章，"乾刚坤柔，比乐师忧。临观之义，或与或求"（《杂卦传》）中柔、忧、求等也都可看做韵脚。此外，《易传》中还可见到大段的排比，很多都意脉连贯而结构整饬，如"天道亏盈而益谦，地道变盈而流谦，鬼神害盈而福谦，人道恶盈而好谦"（《谦·彖》）；"昔者圣人之作易也，将以顺性命之理。是以立天之道，曰阴与阳；立地之道，曰柔与刚；立人之道，曰仁与义"（《说卦传》）；更有汪洋恣肆、气势恢宏、如纵横家辞令的长篇铺排，如《序卦传》、《杂卦传》，而《系辞传》和《说卦传》、《文言传》则辞彩盎然，用词精准，读起来既能感受到易道的广大宏阔、无所不包，也能被这诗化的语言所打动，被这流光溢彩的"言"之美所感染。可见，这是一种诗化的阐释，《易传》作者以其诗人般的语言表达了自己对《易经》的独到接受——《庄子》云："天地有大美而不言"（《知北游》）。然而，通读《易传》的言辞，我们怎能说其中不蕴涵着"大美"呢？

更进一步说，我们说《易传》的语言是"诗化语言"，还在于它是一

---

① 高亨：《周易杂论》，济南：齐鲁书社1979年版，第67页。

种非概念性的语言,是一种"象语言"。维柯曾这样说过:"诗性的智慧……一开始就要用的玄学就不是现在学者们所用的那种理性的抽象的玄学,而是一种感觉到的想象出的玄学,象这些原始人所用的。这些原始人没有推理的能力,却浑身是强旺的感觉力和生动的想象力。这种玄学就是他们的诗,诗就是他们生而就有的一种功能(因为他们生而就有这些感官和想象力);他们生来就对各种原因无知。"[①] 所谓"对各种原因无知",即"推理能力的欠缺",而只有这种概念思维的薄弱,才能使得感性的直观中的潜能得到最大程度的发挥,才有了诗性智慧的勃发。在先秦时期,中国的"诗性智慧"以象思维的形态融会在诸多经典的文献中,《庄子》便是最典型的例子。我们知道,《庄子》是旗帜鲜明地反对"言能尽意"的。然而,《庄子》却以三十余万言流传于世,《老子》讲求无言之美,却也有五千言传世。之所以如此,正是因为它们都是以诗化语言来展示自身的存在。所谓"以谬悠之说,荒唐之言,无端崖之辞,时恣纵而傥,不以觭见之也。以天下为沈浊,不可与庄语"(《庄子·天下》),正是这种诗化语言的最好描述。而《庄子》又以"三言":"卮言"、"重言"和"寓言"为世所熟知。其中的"寓言"最是深得诗化语言之妙。对于《易传》来说,牟宗三先生则提出了"漫画式"语言的说法。他指出:"乾象这种语言不是严格的概念语言,这是具体的漫画式的语言。漫画式的语言重要的是要了解它的意义,要了解这种具体的语言它表示的是什么意思。"[②] 实际上,所谓"漫画式"语言,关键在于"描述",它并不是通过周密的逻辑和严格的概念规定,而是通过一种图式化的描述,也就是通过"筑象"来完成的。比如他以"时乘六龙以御天"为例,说它"纯粹是漫画式的语言,这句话就是图画。我们说乾卦每一爻是一条龙,象征自然现象的变化,山河大地不管怎么复杂,统统可以用这种图画来表象它。因为这种是

---

① 〔意〕维柯:《新科学·上册》,第181—182页。
② 牟宗三:《周易哲学演讲录》,第15页。

古典的语言……现代人的头脑习惯于西方的概念语言、科学的语言，习染太久了，所以对古典那种不是很严格的概念化的语言很难看得懂"①。我们看《彖传》、《象传》，不就是为我们构造一幅幅图画，用以再现卦爻象，进而阐发《周易》之道吗？而《易传》自然也看到了这一点，所以才有"其称名也小，其取类也大，其旨远，其辞文，其言曲而中，其事肆而隐"这样的描述。所谓"其辞文"，即是说《周易》语言的诗化特征；"其言曲而中，其事肆而隐"，正说明了概念化的认知方式对这种诗化的语言是多么的无力。

　　总的说来，"言"这个层面在《周易》的阐释结构中处于最实在、最踏实的位置。正是它的存在，才使得《周易》的本文能够为人所代代接受。然而，它的存在却又能够超越其本身的物质化的存在，因为它是诗化的语言，它这种诗化的存在使得接受者在"居则观其象而玩其辞，动则观其变而玩其占"的过程中，体验到了《周易》的生生之道，进而能够反思宇宙的终极存在。对此，海德格尔也有过极深湛的探讨。在他看来，语言就是"存在的展开"，而艺术作品的语言，则更是"以文字或以作品的形态凝固下来的'话'，是作为作品结构而同其作者分离出来的一种有独立的生命力和独立意义的'存在'"②。也就是说，《周易》的本文本身就是具有生命意义的存在，它以其自身的存在述说着，并且召唤着接受者。而一旦接受者使自己的存在与本文的存在交汇、融合的时候，新的生命体验产生了。而此种生命体验又必须落实成文字，才能使得自己的接受完成。《易传》也看到了这一点。"《易》之兴也，其当殷之末世，周之盛德邪？当文王与纣之事邪？是故其辞危。危者使平，易者使倾，其道甚大。百物不废，惧以终始，其要无咎。此之谓《易》之道也。"（《系辞下》）这是在强调作《易》者正是以"辞"来表达他对于自己所存在的那个时空的体

---

① 牟宗三：《周易哲学演讲录》，第16页。
② 高宣扬：《德国哲学通史》，上海：同济大学出版社2007年版，第804页。

验："是故其辞危"。《周易》的语言，最能体现作者的情志："变动以利言，吉凶以情迁。是故爱恶相攻而吉凶生，远近相取而悔吝生，情伪相感而利害生。凡《易》之情，近而不相得则凶，或害之，悔且吝。将叛者其辞惭，中心疑者其辞枝。吉人之辞寡，躁人之辞多。诬善之人其辞游，失其守者其辞屈。"这也就是"吉凶存乎辞"的意义所在。所谓吉凶这样的人道警示，都是内蕴于卦爻辞、十翼乃至所有的卦爻符号、卦爻象数的诗化存在之中的。

相对于《周易》本文的"意"与"象"，"言"是最标准的"形而下"。"意"是主脑，是《周易》的"使形"。《坤·文言》曰："君子黄中通理，正位居体，美在其中，而畅于四支，发于事业，美之至也。"如果说创作者和接受者是其中的"君子"，则《周易》的生生之道则是以"黄中通理"这样的象数形式"美在其中"；落实到具体的实践来，便是"畅于四支，发于事业"。这种终于实践的生生不息，正是"天行健，君子以自强不息"精神的体现。因此，"言"这个阐释层面的完成，也就是"理财正辞"这项事业的初成。

言行，君子之所以动天地也，可不慎乎！

第五章　从《易传》到《文心雕龙》

1914年，黄侃先生率先把《文心雕龙》作为一门独立的学科搬上北京大学的讲台。此后，刘师培、范文澜、刘永济等先生纷纷开课讲授《文心雕龙》，他们的研究思路也突破了传统国学那种校注、评点的研究范式之藩篱，自觉地以科学的新方法系统地研究《文心雕龙》，这种革命性的转变自然地被后人确立为现代"龙学"的开端。这样算来，"龙学"发展到今天，已经走过了近百年的时光。

与现代易学相类似的是，"龙学"从其诞生之日起就备受关注，众多国学大家都参与到《文心雕龙》的研究队伍中来。发展到今天，龙学早已成为名副其实的"显学"，其研究价值与理论意义并不亚于《周易》的研究。而作为一部"体大思精"的著作，《文心雕龙》与《周易》又有着千丝万缕的联系，其中尤以《易传》与《文心雕龙》的联系最为昭彰。刘勰不但在《原道》、《征圣》、《宗经》、《序志》等重要篇章中系统地阐发了自己创作《文心雕龙》以《周易》中的圣人之意为宗，在全书构架上亦取"大易之数"为法。而在《文心雕龙》各篇中，《易传》的文字更是多次出现，可见《易传》对彦和影响之深。对此，龙学界早有认识。黄侃先生便在他的《札记》中多次谈到刘勰受《易》之影响，如其论《征圣》曰："且诸夏文辞之古，莫古于《帝典》，文辞之美，莫美于《易传》。一则经宣尼之刊著，一则为宣尼所自修。"① 此后，学界凡有谈及刘勰的哲学思

---

① 黄侃：《文心雕龙札记·征圣第二》，上海：上海古籍出版社2006年版，第12页。

想、文学理论和美学理论的,都必然要谈其与《易传》的关系。比较有代表性的,如杨明照先生在《从〈文心雕龙〉〈原道〉〈序志〉两篇看刘勰的思想》(1962)一文中强调:"文原于'道'的论点是刘勰的创见吗?个人看法它来源于《周易》。"① 再如李泽厚、刘纲纪《中国美学史》:"从《原道》及《文心雕龙》全书可以清楚地看出,儒家的重要经典《易传》的基本思想是《文心雕龙》的根本的理论基础。……刘勰对于《易传》的精神实质真正做到了心领神会,应用自如,使它渗入了《文心雕龙》全书之中。"② 可见,《易传》与《文心雕龙》之比较,很有学术价值。在易学研究的现代性越发为人所重视,新方法论、新视角的生命力越发突显,尤其是几十年来形成的概念化思维惯性不断被打破、传统国学的本真存在益发昭彰的今天,我们选取《易传》与《文心雕龙》为切入点,寻绎那跨越千年而又生生不已的文化之链,更是本书的题中之意。

在本章中,我们便从"龙学"研究里最具核心意义的"自然之道"这一问题入手,再选取"风骨论"、"物感说"和"隐秀篇"几个最具代表性的问题,谈一谈《文心雕龙》与《易传》的美学关联。

一 自然之道:《文心雕龙》的美学来源

对于整个龙学的理论体系来说,"自然之道"的问题永远是最根本、最核心的问题。著名龙学家牟世金先生曾经强调:"可以毫不夸大地说,若不知'原道'之'道'为何物,便无'龙学'可言。"③

这一方面是因为刘勰在《文心雕龙》一书中以《原道》开宗明义,又与《征圣》、《宗经》、《正纬》、《辨骚》联缀成全书的"枢纽",构成了一

---

① 杨明照:《从〈文心雕龙〉〈原道〉〈序志〉两篇看刘勰的思想》,见《杨明照论文心雕龙》,上海:上海科学技术文献出版社2008年版,第60页。
② 李泽厚、刘纲纪:《中国美学史·魏晋南北朝编》,合肥:安徽文艺出版社1999年版,第593页。
③ 牟世金:《文心雕龙研究论文选·序》,济南:齐鲁书社1987年版。

个"道—圣—文"的理论范式,如《序志》篇所云:

> 盖文心之作也,本乎道,师乎圣,体乎经,酌乎纬,变乎骚,文之枢纽,亦云极矣。若乃论文叙笔,则囿别区分,原始以表末,释名以章义,选文以定篇,敷理以举统,上篇以上,纲领明矣。至于剖情析采,笼圈条贯,摛神性,图风势,苞会通,阅声字,崇替于《时序》,褒贬于《才略》,怊怅于《知音》,耿介于《程器》,长怀《序志》,以驭群篇,下篇以下,毛目显矣。位理定名,彰乎《大易》之数,其为文用,四十九篇而已。

可见,刘勰创作《文心雕龙》,绝不是在闲情逸致支配下散乱地汇集自己的心得和体验,《文心雕龙》之所以不同于后世的各种札记、诗话,其根本原因就在于刘勰对全书有一个明确的理论自觉,即"本乎道,师乎圣,体乎经,酌乎纬,变乎骚"。这是一种上升到本体层面的思考。而上篇"文体论"之文字铺排,不论是"原始以表末"、"释名以章义"、"选文以定篇",还是"敷理以举统",都要达到"明纲领"这样一个整体效果。而下篇"创作论"和"杂论"则以"显毛目"为要,这一部分在"剖情析采"的同时不忘"笼圈条贯",那种一以贯之的理论指引纵贯全书。至于刘勰自云《文心雕龙》的构架"彰乎《大易》之数",更显出作者用心之精深。仅从这几段文字,我们就可以知道,在《文心雕龙》之中,必然蕴涵着刘勰的一致之思。而作为《文心雕龙》一书的"元范畴"之一的"道",显然就是刘勰一以贯之的出发点和本原。因此,以刘勰所原之"道"为研究的切入点就成为了再合理不过的事情。搞清楚了刘勰所原何道,才能进一步去推求刘勰的思想倾向和批评理念。

另一方面,龙学界对《文心雕龙》之"道"的问题争论已久,客观上也促使后人更多地去关注这个"自然之道"。我们知道,清代学者纪昀点评《文心雕龙》时曾说过:"文以载道,明其当然;文原于道,名其本然,识其本乃不逐其末。首揭文体之尊,所以截断众流。"又云:"齐梁文藻,日竞雕华，标自然以为宗，是彦和吃紧为人处。"① 此前，论《文心雕龙》者多从道统观念出发，并不能结合六朝文学发展的实际。而纪晓岚以"考证精核、辨论明确"为前提，态度上更为严谨客观，立论又很有大气度，故而影响甚大，前引这两段话多为后人引用，实际上是现代"龙学"的先声。在龙学的"原道"大讨论中，后人也多沿着这样的思路展开探讨，既能够从《文心雕龙》的文本出发，又能客观地结合其时文学思想的实际，并且从"原道"的问题放射到刘勰整个文学理论和哲学思想的研究中。按牟世金先生的总结，在龙学的开创期（1914—1949），对"原道"的探讨"大体存在两种对立的看法，一指道乃'圣道'，一指道即'自然'"。② 虽然此一时期的研究总还是未尽脱古代文论研究的套路，但是，西学参照系的采用，使得学者们能够以哲学本体论和系统论的新视角来阐析"原道"说，这不能不说是《文心雕龙》研究思路的一个巨变。在龙学的发展期（1950—1964），伴随着对刘勰和《文心雕龙》思想倾向的激烈讨论，对"原道"的认识主要有"儒道"、"佛道"、"宇宙本体"和"自然之道"四说③，其中，陆侃如先生以刘勰之"道"为"自然规律"这种看法显然是一种新的创见，影响很大。此一时期的激烈辩论总是摆脱不了"唯物"或"唯心"的意识形态化判别，虽然没有得出让人真正信服的结论，却发现、提出了很多新的问题，这种激烈的争锋也为后来龙学的繁荣埋下了伏笔。对于龙学的兴盛时期，牟世金先生总结了"新时期"的前九年（1977—1985）。在他看来，龙学在"文革"之后进入了"大丰收"的时期，对"原道"的讨论更具广度和深度，对"道"的认识可大致归纳为四种："儒道"、"佛道"、"自然规律"和"儒玄相融之道"，除此之外又有很多新见，如"天意"说、"神道"与"圣人之道"结合说等。④ 总的说来，

---

① 纪晓岚评《文心雕龙》，见黄霖编著：《文心雕龙汇评》，上海：上海古籍出版社2006年版，第13、14页。

② 牟世金：《文心雕龙研究论文集·序："龙学"七十年概观》，北京：人民文学出版社1990年版，第8页。

③ 见牟世金：《文心雕龙研究论文集·序："龙学"七十年概观》，第17页。

④ 见牟世金：《文心雕龙研究论文集·序："龙学"七十年概观》，第39页。

这七十年来，论者对刘勰所原之"道"倾注了极大的热情，但讨论的范围并不出纪晓岚眉评的范式，主要就在于"圣人之道"和"自然之道"的辨析。而两者的辨析又可以牵引出儒道、儒玄乃至唯物或唯心、本体或规律等问题的大探讨，实在是牵一发而动全身，可见"原道"说正是龙学的一大"关键"。从九十年代到今天，龙学实际上又经历了巨大的发展。其中一个很明显的变化，就是更多的学者自觉地从整个中国文化传统的立场来看待《文心雕龙》所原之"道"，越发地注意到多种学派的交汇和融合对于刘勰的思想理念之影响。虽然此前人们并不是没注意到刘勰思想的兼收并蓄，但是在概念化认识的指引下，人们总是力图辨明"原道"中的"道"是个什么东西，总是把它当做一个现成性的实体来看待。那么，"太极"也好，"神道"也好，"自然之道"也好，甚至"自然规律"都包括进来，都一定要被学者规定出概念的外延，推导出概念的内涵，明确化为哪一家哪一宗的具体概念，才算"得出结论"。那种"唯物"或"唯心"的分判是如此，"儒道"或"自然之道"的辨析也是如此。

那么，《文心雕龙》所原之"道"的学派归属，到底属于儒家、道家还是佛学范畴呢？

历来以为文心之"道"乃儒道者，大约持以下几点理由：首先，刘勰在《序志》篇自叙其志，如："齿在逾立，则尝夜梦执丹漆之礼器，随仲尼而南行。旦而寤，乃怡然而喜，大哉！圣人之难见哉，乃小子之垂梦欤！自生人以来，未有如夫子者也。"这种强烈的尊圣慕圣的思想，显然是儒者的普遍理想。其次，所谓"原道"、"征圣"、"宗经"，大体表现了儒家的文论意识，尤其是尊圣道而宗五经，这些都表现了刘勰的儒家道统意识。比如他在《宗经》中说："于是《易》张《十翼》，《书》标七观，《诗》列四始，《礼》正五经，《春秋》五例。义既埏乎性情，辞亦匠于文理，故能开学养正，昭明有融。"再如《序志》中这一段："唯文章之用，实经典枝条，五礼资之以成文，六典因之致用，君臣所以炳焕，军国所以昭明，详其本源，莫非经典。"再次，反观刘勰对纬书和楚辞的返归雅正的要求，以及散见在各篇中对经诰的推崇和对那些偏离五经轨道的诗文的批评，也可知道刘勰之文学理论的出发点显然是落实在儒家理念之上的。还有一点需要注意的是，各家都特别强调了《文心雕龙》与《易传》的诸种关联，而《易传》又被普遍看做儒家的经典，因此，《文心雕龙》立足于儒家就成了"显而易见"的事实。很多论者更进一步指出，刘勰的基本立场属于古文经学派，如王元化先生就曾说过："刘勰解《易》，基本上依从郑学路线，而并不像王《易》那样对于五行象数之说一概采取排斥的态度。"① 李泽厚、刘纲纪《中国美学史》也理出一条《荀子》——《易传》——《文心雕龙》的理论链条："刘勰尊儒，以荀学、《易传》这一系统为主，兼及汉代的扬雄。总的来说，他从儒家思想中继承了一种积极入世的精神和荀学的求实精神，这是刘勰儒家思想中最宝贵的东西。"② 可见，在"原道"的研究中，《易传》是一个颇为关键的切入点。而《易传》的影响同样存在于以刘勰之"道"为道家的"自然之道"这种论述中。

黄侃先生在《文心雕龙札记》中，虽然在多处名物训诂中明确地指出了《文心雕龙》与《周易》的联系，却依然强调一种自然之道创生万物的逻辑范式，并征引《韩非子·解老》："道者，万物之所然也，万理之所稽也。理者，成物之文也；道者，万物之所以成也。"③ 这说明，刘勰所提出的"自然之道"与道家的关系是难以否认的，尤其是《老子》中"天法道，道法自然"与"自然之道"的联系更显而易见。因此，蔡钟翔先生认为："'自然之道'一语，追本溯源，盖来自先秦之道家。"④ 再如漆绪邦先生《以道为体，以儒为用》一文也说："《原道》论文之源，虽多少有些神秘色彩，但以道家的'自然之道'为文的根本这一观点，还是清楚的。"⑤ 这种以本体论为立足点的认识，必然要联系到刘勰与魏晋玄学的关

---

① 王元化：《刘勰的文学起源论与文学创作论》，见《文心雕龙研究论文集》，第464页。
② 李泽厚、刘纲纪：《中国美学史·魏晋南北朝编》，第597页。
③ 黄侃：《文心雕龙札记·原道第一》，第5页。
④ 蔡钟翔：《论刘勰的"自然之道"》，见《文心雕龙研究论文集》，第358页。
⑤ 漆绪邦：《以道为体，以儒为用》，见张少康编：《文心雕龙研究》，武汉：湖北教育出版社2002年版，第245页。

系，因为，这显然是玄学"崇本以息末"说法的体现。通观《文心雕龙》，刘勰对玄学方法论的体会很深，在书中俯视可见此种观念的影子："正末归本，不其懿欤"（《宗经》）；"逐末之俦，蔑弃其本"（《诠赋》）；"振本而末从，知一而万毕"（《章句》）；"乘一总万，举要治繁"（《总术》）；"原始以要终，虽百世可知"（《时序》）……众所周知，这种以本统末的本体论范式，显然是王弼用以治《易》的基本要则。所谓"夫众不能治众，治众者，至寡者也"（《周易略例·明象》）的说法必然深深地嵌入到刘勰的思想体系之中，并贯穿了《文心雕龙》一书的始终。此外，细观刘勰之文字，他对于道家、玄学也并不像正统儒者那样一概否定。在《诸子》中，刘勰曾这样说道："李实孔师，圣贤并世，而经子异流矣。"如果说因刘勰对孔子尊奉有加而判定其为儒家门徒，那么，将孔李并举，又说明了什么问题呢？至于"庄周述道以翱翔"（《诸子》）、"庄周齐物，以论为名"（《论说》），也抓住了庄学的要点。对于玄学诸子，刘勰也认为他们"并师心独见，锋颖精密，盖论之英也。""独步当时，流声后代。"（《论说》）再有，从《文心雕龙》的一些文学批评观点来看，其中也体现着道家美学的智慧。张少康、韦海英《〈文心雕龙〉与道家美学》以"崇尚自然的审美理想"、"'杂而不越'的整体和谐美"、"意在言外的隐秀美"和"注重'虚静'、'神思'的艺术创作论"几个方面为代表，阐述了道家美学对刘勰的影响。其中，整体和谐的美学理想，又离不开《易传》的美学建构，所谓"位理定名，彰乎《大易》之数，其为文用，四十九篇而已"（《序志》），正体现了刘勰对《文心雕龙》的整体美学架构。而"隐秀"之美，也离不开《易传》和道家那种"得意忘言"的思维方式。

以刘勰之"道"为佛道者人数并不多，但此说却激起很大反响，也有明显的依据。刘勰早年出家，深受佛学思想熏陶；他又著有《灭惑论》一文，是标准的佛学论文。因此，《梁书·刘勰传》说"勰为文长于佛理"。龙学家们在考镜刘勰生平时大多注意到了这一点，也都承认佛学观念对《文心雕龙》的影响。而《文心雕龙》中也确实带有一些佛学的印记，如"动极神源，其般若之绝境乎"中的"般若"(《论说》)；"故其义圆通，辞忌枝碎"的"圆通"(《论说》)；"研阅以穷照，驯致以怿辞"的"穷照"(《神思》)；"独照之匠，窥意象而运斤"的"独照"(《神思》)；"诗人比兴，触物圆览"的"圆览"(《比兴》)等。《文心雕龙》中多有动词"圆"出现，也多为佛家说法。此外，王元化等学者也特别强调了佛家因明学对刘勰的影响。虽然据此认为刘勰的"道"就是"以佛统儒"仍然有猜测之嫌，其中有些论据也未必充分，但是《文心雕龙》与佛教成实学的联系还是比较的关系却找到了新证。普慧先生在《〈文心雕龙〉与佛教成实学》一文中指出，与佛教经典《成实论》相比，《文心雕龙》一书的构架与之有着惊人的相似，二书的总论几乎"如出一辙"；在表述上，两书都条理清晰，前后一贯；在写作动机上，刘勰与《成实论》的著者呵梨跋摩（Harivarman）又都有"矫枉过正、建言立论"的目的；在研究方法上，两者"皆注重追根溯源，旁征博引，由末归本，释名定义"。在以上四点中，两书构架之接近确实引人注目，普慧先生为此还做了一个图表：

	成　实　论		文　心　雕　龙
五聚	Ⅰ．发聚（总论佛教性质） 　a．佛、法、僧三宝论 　b．余论……十论 Ⅱ．苦谛聚 　论说色、识、想、受、行等 Ⅲ．集谛聚 　a．业论：详述善恶诸业 　b．烦恼论：详论断惑之事 Ⅳ．灭谛聚 　详说断灭假名心、实法心、空心等"三心" Ⅴ．道谛聚 　以八正道分别正定、正智；用"止观"概括"灭苦"的所有方法	五论	Ⅰ．文原论（总论文学性质） 　a．原道、征圣、宗经 　b．余论……正纬、辨骚 Ⅱ．文体论 　论文叙笔、囿别区分 Ⅲ．文术论 　a．剖情析采、笼圈条贯 　b．摘神性、图风势苞会通、阅声字 Ⅳ．文评论 　崇替于时序、褒贬于才略 　怊怅于知音、耿介于程器 Ⅴ．绪论 　长怀序志 　以驭群篇

可见，两部书在结构上有着惊人的相似。从结构上看，《成实论》以"四谛"（苦、集、灭、道）为中心组织佛教学说，以"五聚"来构架全书，形成了结构严谨、层次分明的特点。《文心雕龙》则以"原道"、"征圣"、"宗经"、"正纬"为"枢纽"，组织其文学理论，以"五论"（文原论或本体论、文体论、文术论、文评论及绪论）来安排全书，构成了布局缜密、体大精思的特点。①

概括来说，各家对刘勰"原道"的阐析，实际上可以归结为"生成论"与"本体论"两种认识。以刘勰之"道"为儒家之道者，大体上都依照《易传》所描述的那个"太极生两仪，两仪生四象，四象生八卦"的创生模式来看待《文心雕龙》。进一步说，刘勰一定是在浓郁的儒学文化环境中形成了一个经学家一般的儒学体验，而全书构架的展开和文学理论的铺展、各种批评观念的枝蔓无不生于这种核心体验。与之相对，以道家或玄学之"道"来描述刘勰之"道"的观念则构筑了一个本体论的范式，即刘勰的文学理论体系是以"自然之道"为本的，因此，《文心雕龙》的文论一个根本的要求就是"自然而然"。从这个意义上来说，认为刘勰之"道"是"自然规律"的，实质上也是从本体论的角度来解读这个"自然之道"。而"佛道"的说法也更多地倾向于本体论的认识，即以佛道为本体，尽管所谓"以佛统儒"的说法实质可看做儒道创生论的一种替代。

不过，不论是创生论还是本体论，儒家、道家、玄学还是佛家，似乎都无法绝对排他地说服对方。这一方面就表现为各种学说都拿出了非常"雄辩"的事实来支持自己的观点，其中除了少数带有猜测性的机械牵和之外，多数论据都言之凿凿，并且在《文心雕龙》一书中不是孤立地出现的。而各家学说本身又都是圆融具足、立身已久的学派，从这些学说的视野出发，往往能够自圆其说，理出一条《文心雕龙》的核心理念出来。另一方面，我们又能够找到很多证据证明刘勰对以上各家之信奉并不是那么"纯粹"。以儒道说来看，刘勰少年出家，此后又一生不婚娶，这样立身行

---

① 普慧：《〈文心雕龙〉与佛教成实学》，载《文史哲》1997年第5期。

世,如何能确定他就是孔氏门徒?而刘勰时时在文中透露出那种儒者品格,又与道家那种邈然遁世的逍遥格格不入,更不要说,"诗必柱下之旨归,赋乃漆园之义疏"(《明诗》)的文坛现状也遭到了刘勰多次批评,"详览《庄子》《韩》,则华实过乎淫侈"(《情采》),也可见刘勰对庄子并不是完全赞成。此外,刘勰的《文心雕龙》显然是生成论和本体论共存的,在他的语言表述里,既有"人文之元,肇自太极"、"乾坤两位,独制文言"(《原道》)这样"甲生乙"、"乙始于甲"的创生模式,也有"本乎道,师乎圣,体乎经,酌乎纬,变乎骚"这样的"甲本乎乙"、"乙体乎甲"本体论模式。正因为此,现在龙学界似乎形成了一种共识,即刘勰显然受到了儒道玄佛阴阳五行各种学派的多重影响,其思想背景的复杂性是不可否定的。在如此复杂的背景下,任何一种思想的"单打一"也是不可能的。进一步来说,刘勰对这些学派的思想采用了一种"通变"和"折衷"的态度。通变的思想虽然是用来评判整个文学史的,却能体现出刘勰不拘于古、泥于古的开放性的态度,它的要点在于"穷则变,变则通,通则久"的变化之道,实际上就是承认了一个生生不已、变动不息的文化传统。因此,刘勰即便尊奉儒家学说,他所认识的"儒"也应当是"六朝之儒"。而所谓"唯务折衷",则体现了一种会通诸家的包容性的态度,它一方面使得刘勰不会狭隘地拘于一家,又能"在道、儒、佛三学综合基础上自创新格"。①

那么,作为一个"体大思精"的理论体系,刘勰的《文心雕龙》的理论核心到底是什么样子的呢?

首先我们应该知道,我们承认刘勰思想的复杂性,却不能简单地认为刘勰仅仅是把各家思想稍微改造一下,把它们平行并列地散布在自己所构架的理论体系之中。原因很简单,通观刘勰的《文心雕龙》,书中显然还是存在着一个超越于文字之上的核心意识的,而这一核心意识的根本来

---

① 王振复:《"唯务折衷":〈文心雕龙〉文论思想的文化品格》,载《求是学刊》2003年第2期。

源，就是《易传》。

我们知道，虽然目前龙学界对《文心雕龙》之"道"还有不同的看法，但是，各家的说法都离不开《易传》。我们先看"儒道"说。以刘勰之"道"为"儒道"说者，基本都肯定了刘勰的思想来源于《易传》。在他们看来，《易传》是标准的儒家经典，则"原道"当是原儒家之天道，"征圣"便是征引伏羲、周公、仲尼这些参与了《周易》之编订的儒家贤圣，"宗经"则是宗以《易》为首的儒家五经。至于"人文之元，肇自太极，幽赞神明，《易》象惟先。庖牺画其始，仲尼翼其终。而《乾》、《坤》两位，独制《文言》"（《原道》），"书契决断以象夬，文章昭晰以象离，此明理以立体也。四象精义以曲隐，五例微辞以婉晦，此隐义以藏用也"（《征圣》）等等更是儒味十足，并且把《易经》同其他儒家经典并举，足见作为儒家经典的《易传》对于刘勰文论影响之深。以"自然之道"为道家之"道"或玄学之"本"的，依然离不开《易传》。我们知道，魏晋玄学一个最大的特点就是"以玄解易"，他们通过本体论的建构，把《易传》所说的"太极"纳入老子本体论哲学的轨道中，则老庄所言之"道"便与"太极"，同归于本体之"无"。因此，《周易》也自然地成为"三玄"之一，而刘勰在文中多次强调的"原始要终"、"正末归本"等玄学意味浓厚的说法，也都是玄学用以解易的最为重要的方法论。再比如"佛道"的说法，不论是"以佛统儒"，还是全书构架与《成实论》的惊人相似，也都离不开《易传》的影子。尤其是后者，虽然从全书构架来看，篇目和内容的安排确实有模仿《成实论》之处，但这种骨架的安排还处于形而下的层次，至于其精神实质，刘勰自己都明确强调了"大易之数"的指导作用。

其次，我们说刘勰文论的美学来源是《易传》，还在于《易传》美学的包容性。

从前面的论述中，我们知道，刘勰的思想并没有那种狭隘的门户意识。在《文心雕龙》的思想体系中，"亦儒非儒"、"亦道非道"、"亦佛非佛"的倾向表现得非常明显。很显然，刘勰超越了诸家学派的具体教条，通过《文心雕龙》的写作，建构了他自己的一个"文道"观念，并由这个观念出发，延伸到了全书的每一篇文章之中，使得整部书呈现出一种整饬严正、一以贯之的体系化的特点，如王更生先生所形容的"《文心雕龙》全文有特定的体系，不啻如常山之蛇，击首则尾应，击尾则首应"①。这个特点，在影响刘勰的诸种经典中，只有《易传》表现得最为明显。

在前文中，我们曾经说过，《易传》在成书过程中，对《易经》作了一个更深入的阐释，并通过阴阳象数体系的建构，放大了那个本就蕴涵在《易经》本文中的生命意识，就此，《易传》确定了中国文化的基调，成为此后几千年中国文化的一个原点。在此意义上说，《文心雕龙》以《易传》为本原，是一点也不奇怪的。作为中国历史上影响最大、泽被最深远的学派，儒家学派把《易经》和《易传》牵合为一部完整的理论著作，并奉其为儒家五经之首，也是题中应有之义。而道家/玄学家们也把《周易》封为三玄之首，使它的地位高于"道德真经"和"南华真经"，也是因为《周易》可以看做道家思想的一个重要源头。那么，我们再去考证《周易》到底是儒家经典还是道家经典，就有点本末倒置的意味。吴前衡先生在他的遗著《〈传〉前易学》中曾列专章，激烈地指出"《易传》的学派性质是伪命题"，其中一些说法很值得我们注意。在他看来，规定《易传》为哪家哪派，其前提一定是"诸子生《易传》"，也就是说，一定是先有了儒家学派或道家学派，才有了《易传》的写定。而对于这种思路，吴先生似乎是非常反感的：

> 学坛的有些人有个习惯，凡论及先秦学术，不论问题本身是什么，而首先要议论其"学派性质"。似乎先必验明是哪家哪派的学派身份，然后才再作理论。犹若审案，首先是问明来者身份，然后再谈案情。学派如何发生？似乎并不重要，重要的是获得了"学派身份"之后，就可以"贴标签"，即根据对学派所订立的一些框框，若符合

---

① 张少康编：《文心雕龙研究》，第265页。

者，就贴上"某家某派"的标签，加于所论问题的身上，于是也就完成了对该问题的考镜源流。①

话虽说得很尖刻，却也点出了一个问题。后人在评判《易传》的学派性质的时候，往往先入为主，戴着一副有色眼镜去看待文本，也就很容易地以概念化的"框框"去套，其目的就在于将此文本限定在某个学派的概念当中。而从《易传》的成书来看，这是一个漫长的过程，它的发生早在西周时期就开始了，那时候各个学派还没有完全成型。当然，老子、孔子、荀子等百家诸子必然对《易传》的理念产生了不小的影响，但在《周易》面前，他们都只是阐释者，他们所阐释的对象，早在千百年前就已经在不断地发展、成型、完善，那便是中国先民的生命意识，它被《易经》的早期作者们物化为卦爻象数的直观形式，又将之体系化，并系之以极富象征意义的卦爻辞，然后才有各家各派对这些卦爻象数和卦爻辞的吸纳和体验、发挥和改造。当然，这还不是问题的重点。重要的是，《易传》作者显然有一种超越了战国诸学派的会通百家、折衷诸子的观念，专力营构那蕴涵在象数体系中的"形而上学"。这是时代促成的一场盛事，是一种超越性的建构。对此，余敦康先生赞道：

> 就《易传》的义理内涵所蕴含的根本精神而言，既吸收了儒道两家，又超越了儒道两家。孔子思想的根本精神属于阳刚类型，表现为对理想的执着，积极进取，奋发有为，"知其不可而为之"。与此相反，老子思想的根本精神则属于阴柔类型，表现为对客观规律的顺从，贵柔守雌，自然无为。在《易传》的太和思想中，儒道两家的根本精神不再彼此排斥，而形成了一种刚柔相济、阴阳协调的互补关系，阳刚与阴柔紧密联结，表现为中和之美。……《易传》的这种焕发着中和之美的根本精神，在两千余年的易学传统中，薪火相传，久

---

① 吴前衡：《〈传〉前易学》，第517页。

而弥新，并且影响深远，广泛地渗透到各个文化领域，由源头活水发展为一道生命洋溢、奔腾向前的洪流。从这个角度来看，《易传》的这种根本精神实际上也就代表着中国文化的根本精神。①

正是因为《易传》能够会通其时代的各家学派而又超越了它们，并把各家的说法纳入到一个以"太极"为枢纽的"整体之象"之中，才有了如此强大的包容性，形成了那种"天下同归而殊途，一致而百虑"的大气度。

与《易传》一样，《文心雕龙》也会通诸家而又超越诸学派，在各家学说的基础上营构了一个全新的象数体系，在其中，我们可以看到儒家、道家、佛家、玄学、阴阳五行学说等多家学派的影子，但刘勰的"自然之道"早已超越了这些学派的认识而达到一个超越性的高度，也正是在这个层面上，刘勰接受了《易传》的文化精神，他也像《易传》的作者那样，站在一个更为宏观的角度，重新阐释了本源于《易传》的这个文化精神。而这个文化精神也并不算是刘勰的"独创"，因为它一直或隐或显地绵延在中国文化历史进程中，魏晋时期那种会通儒道、调和儒道的时代精神，就是《易传》这种文化精神的新诠释。所以，刘勰在接受了《易传》文化精神的同时，也在一个超越性的高度阐释了魏晋六朝的时代精神。罗宗强先生曾对刘勰作了这样的评价："刘勰站在其时文学思想的发展潮流之中，而比同时的其它思想家更冷静地思考问题。"②《文心雕龙》之所以能在后世产生经久不息的影响，成为一部不刊之宏论，其原因正在于此吧！

这样，我们不妨对刘勰的"自然之道"作如下的诠释：

刘勰的"自然之道"并不完全等同于儒家的"天道"、道家的"无极"或者佛家的"佛道"，它的直接来源是易学中的"原象"，是一种超越性的体验。很多学者认为刘勰并不是一个哲学家，甚至认为刘勰的《文

---

① 余敦康：《〈易传〉的义理内涵》，见朱伯崑主编：《周易通释》，北京：昆仑出版社2004年版，第113页。

② 罗宗强：《刘勰文学思想的主要倾向》，见《魏晋南北朝文学思想史》，北京：中华书局2002年版，第283页。

心雕龙》中还有很多思想矛盾之处。实际上，刘勰之用意不在于缜密地说理，亦不在于偏激的辩驳，而在于以《文心雕龙》这样一部精心构架的著作，自然地呈现出他所体验的那个"自然之道"。这是一种阐释模式，它的来源自然也是《易传》。《易传》的作者正是建构了一种圆融的象数体系，在这个象数体系中，蕴涵在《易经》中的生命体验吸纳了《易传》的理解，通过卦爻象数的整体图式，自然地呈现在接受者面前。因此，《易传》对《易经》的阐释经历了理解（《易传》作者对《易经》之生命精神的理解）——阐释（《易传》作者对《易经》之生命精神的阐发）——呈现（生命精神自然地呈现在后世接受者面前）的过程。《文心雕龙·原道》云："心生而言立，言立而文明：自然之道也。"这不正是对前述阐释模式的极为精当的概括吗？如此说来，我们看到，刘勰的"自然之道"比之《易传》，显然更进一步，却又未离《易传》之本旨，原因就在于，刘勰以更具体的文学批评和严正有序的理论形态演化了《易传》中的生命美学。同时，虽然刘勰在此也谈了"自然"，但是此处之自然又异于道家的自然观。道家的自然观强调"纯任自然"，是一种不加任何人力刻削的"自然而然"。人的存在寓身于此自然之中，但其生存的最高境界只能是顺应自然，人为的改造和雕饰都是对自然的损害。所以，在道家的自然观中，人是被动的。反观刘勰的"自然之道"，我们看到的是《易传》中那种包含着主观色彩的自然观，《易传》从不否认人的积极行为和坚毅的意志可以改变自己的命运，而刘勰也从不会完全否定人为的文采对文学的辅翼之力。这是一种积极的、主动的自然观，则《文心雕龙》的"自然之道"也超越了道家的自然观而纳入到了《易传》的美学轨道上。总之，刘勰的"自然之道"超越了各家学派，是一个文化意义上的自然观。它反映出魏晋六朝时代那种调和精神，又因为文学理论自身所具有的阐释上的巨大优势，使得刘勰的"自然之道"说成为一个承前启后的典范，为后人所津津乐道。

二 象外之隐:"隐秀"与易学

在"龙学"成为显学之后,有关《文心雕龙》的各个问题都得到了细致而深入的梳理。不论是全书的整体构架、理论体系,还是"创作论"、"文体论"、"批评论",以及《神思》、《风骨》、《比兴》、《情采》等重要篇章,都有大量的研究成果问世。其中,《隐秀》篇作为刘勰探讨文学创作的重要篇章,也受到了相当程度的关注。诚然,如张少康先生所说的,如果说《文心雕龙》中的心物关系体现了刘勰的文学创作理论核心,风骨论是刘勰的文学理论主要精神之所在,则"隐秀论体现了他文学理论的审美特征"①。因此,在系统地阐发刘勰的审美理念时,我们并不能绕过"隐秀"这个范畴。

然而,通观百余年来的"龙学"研究史,我们却不难发现,比之"文笔说"、"自然之道"、"风骨"、"情采"这些重要课题,"隐秀"的研究并不能算做龙学研究的重点。与其他问题那种论争近乎白热化的情形不同,对隐秀的阐发和探讨,常常是在一个宏大问题的探究过程中"一笔带过",而单纯以"隐秀"为对象的研究则并不多见。在《文心雕龙》与《周易》的比较研究中,《隐秀》篇也只是因为多次以"互体变爻"来比方"隐"的审美特征而成为援《易》论文的例证之一,很少有人以《隐秀》为一个重要的切入点,来深入探讨《文心雕龙》与《周易》两部经典的关系。这种局面之形成,大约有三个原因。

首先便是《隐秀》篇"补文"的问题。我们今日所见之《文心雕龙·隐秀》篇,大约有四百字左右是补文,即从"澜表方圆"以下的"始正而末齐"的"始"字至"朔风动秋草"的"朔"字,占全篇之大半。在元明流行的《文心雕龙》诸本中,此处一直残缺,直到明末万历年间,藏书家钱功甫从阮华山所藏宋本找到这四百字,并补入《隐秀》篇。明末

---

① 张少康:《再论〈文心雕龙〉和中国文化传统》,载《求索》1997年第5期。

清初的藏家学者对这个《隐秀》的"全篇"并无疑义，但是从纪昀开始，补文的真实性便受到了极大的挑战。《四库全书总目提要·文心雕龙提要》已指出这段补文"其书晚出，别无显证，其词亦颇不类"。（《四库全书总目提要》卷195）而纪昀又在他的《文心雕龙》眉评中进一步指出"呕心吐胆"、"锻岁经年"、称陶渊明为"彭泽"、称班姬为"匹妇"等语出处晚于刘勰，又此段"论诗而不论文，亦非此书之体"。因此，他的结论是"似乎明人伪托，不如从原本缺之"。① 此说影响甚大，后人多以此补文为伪。到了黄侃，又举张戒《岁寒堂诗话》尝引《隐秀》"情在词外曰隐，状溢目前曰秀"，而这两句并不见于补文之中，可算是呼应纪昀的又一力证。刘永济也指出《文心雕龙》全书并未提及陶渊明，只有补文中有"彭泽之□□"，"而《陶集》流传，始于昭明，舍人著书，乃在齐代，其时《陶集》尚未流传，即令入梁，曾见传本，而书成已久，不及追加。故以彭泽之闲雅绝伦，《文心雕龙》竟不及品论"②。以此为据，刘氏亦力证此段为伪。因此，两百余年来，《隐秀》篇的补文很少为人所接受，直到今天，很多学者谈到"隐秀"的问题时，多将这四百余字置而不论，仅采用残存的文字以作阐发。也正是受此影响，《隐秀》便难以与《风骨》、《神思》、《比兴》这样的篇章一样，成为众人细细研磨的重点篇目。

其次，在《隐秀》篇"残文"中，刘勰对"隐"与"秀"作了解说，参以全书其他篇章的说明，则"隐秀"的概念、内涵和审美效应并不难以判定，学界对此实际也没有太大分歧。

在"残文"中，刘勰是这样谈"隐"的："隐也者，文外之重旨者也；""隐以复意为工；""夫隐之为体，义生（或作'主'）文外，秘响旁通，伏采潜发；""晦塞为深，虽奥非隐；""文隐深蔚，余味曲包。辞生互体，有似变爻"。从这几句话，可见刘勰在《隐秀》篇所说的"隐"，强调的是一种含蓄委婉之美，好的文章应该有曲折重复的意旨，也便是当有

---

① 黄霖：《文心雕龙汇评》，第134页。
② 刘永济：《文心雕龙校释》，北京：中华书局2007年版，第140页。

"文外之意",而不是局促于字里行间。同时,隐之美并不在于一味地晦涩古奥,即"晦塞为深,虽奥非隐"之义。对此,刘勰在其他篇章中也多次提及。在《练字》篇中,刘勰指出"经典隐暧,方册纷纶,简蠹帛裂,三写易字,或以音讹,或以文变",这些问题都是文学上的大忌,它非但不能带来蕴藉婉曲之美,反倒影响了后人对典范作品的接受,而这些弊病又以"经典隐暧"为首。在《总术》篇中,刘勰又云:"奥者复隐,诡者亦曲"。对此,肖洪林先生以"曲径通幽"为例进行说解:"具有文外之旨的作品,'幽处'与'曲径'是密不可分的,必有'幽'可达,又有'径'可通,才有余味可玩。而'诡者'不走正路,故为艰深,既无'幽'可达,亦无'径'可通,所以晦涩难读。"①

对于"秀",刘勰的"残文"云:"秀也者,篇中之独拔者也";"秀以卓绝为巧";"雕削取巧,虽美非秀";"言之秀矣,万虑一交。动心惊耳,逸响笙匏"。作为与"隐"相对待而提出的概念,"秀"更多地在强调一种审美效果,后人也多从此角度来描述"秀",如黄叔琳引陆平原"一篇之警策"来形容"秀"②,刘师培也说"有警策而文采杰出,即《隐秀》篇之所谓'秀'"③。至于张戒所引的"状溢目前曰秀",也是对审美效果的描述。据詹锳先生考证,刘勰之所以以"篇中之独拔"来形容"秀",是从秀穗的意思引申出来的。"《尔雅·释草》:'木谓之华,草谓之荣,不荣而实者谓之秀,荣而不实者谓之英。'秀字的原义就是秀穗,所以《隐秀》篇在形容'秀'这种风格时,说它'譬卉木之耀英华'。"进一步说,詹先生又指出,《隐秀》篇从"秀"之本义又引申出了两层意思,"一层是秀出,就是'独拔',也就是'卓绝',是说它超出于其他部分之上,而特别能震人心弦";"另一层意思是秀丽,所以才'譬卉木之耀

---

① 肖洪林:《论刘勰的"余味"说》,见《文心雕龙学刊》第四辑,济南:齐鲁书社1986年版,第359—360页。
② 黄霖:《文心雕龙汇评》,第132页。
③ 刘师培:《论文章有生死之别》,录于罗常培记录:《汉魏六朝专家文研究》,见詹锳:《文心雕龙义证》,上海:上海古籍出版社1989年版,第1485页。

英华'，或者说是'英华耀树'。"① 总的说来，所谓"秀"，必然是尽态极艳，特出俊逸，与"隐"之含蓄蕴藉不同。

那么，"隐"与"秀"之间是什么关系呢？刘勰在"残文"中有"源奥而派生，根盛而颖峻，是以文之英蕤，有秀有隐"之句，则两者虽然相反成对，却又不可分割，相反相成，一者为根，一者为颖，也就如同一棵生机盎然的大树那般，既有盘曲深虬的树根，也有缀满英华的枝叶，英华之所以曜树，正在于地下之根盛；而隐篇之"秘响"、"伏采"，也有待于秀句来"旁通"、"潜发"，如刘永济所云："文家言外之旨，往往即在文中警策处。读者逆志，亦即从此处而入。盖隐处即秀处也。"② 再进一步说，"隐秀"作为一种统一的风格，必须做到自然天成，即所谓"自然会妙，譬卉木之耀英华；润色取美，譬缯帛之染朱绿"。因此，人为的晦塞为深固不可取，而有意雕削取巧，也不能称之为秀。在这一点上，"隐"与"秀"亦是一致的。而这种纯任自然的审美要求，正与全书之宗旨相契合，如前引纪评云："标自然以为宗，是彦和吃紧为人处。"

可见，"隐秀"之内涵，仅从《隐秀》"残文"中，便可一窥究竟，后世学者对它的解读，便也没有大的争议，这大概也是《隐秀》未成为人们重点探究的篇章之另一原因吧。

最后，探究《文心雕龙》与《周易》的关系，才是本文要讨论的要点。从《隐秀》"残文"来看，刘勰援易以喻隐秀，是显而易见的事情。

> 夫隐之为体，义生文外，秘响旁通，伏采潜发，譬爻象之变互体，川渎之韫珠玉也。
>
> 故互体变爻，而化成四象；珠玉潜水，而澜表方圆。
>
> 文隐深蔚，余味曲包。辞生互体，有似变爻。

---

① 詹锳：《〈文心雕龙〉的"隐秀"论》，载《河北大学学报（哲学社会科学版）》1979年第12期。

② 刘永济：《文心雕龙校释》，第141页。

仅三百余字的"残文"便有三处征引易学,更不要说在其他篇章中,涉及"隐"这个范畴时,也多次引据《周易》:"文王患忧,繇辞炳曜,符采复隐,精义坚深。"(《原道》)"四象精义以曲隐,五例微辞以婉晦,此隐义以藏用也。"(《征圣》)"夫《易》惟谈天,入神致用。故《系》称旨远辞文,言中事隐。"(《宗经》)可见,《周易》与刘勰所标举的"隐秀"关系极为密切,其中,所谓"互体"、"变爻"以及"四象"的说法更是刘勰用以说明"隐"的重要依据。

"互体"是汉代易学的说法,指《易》卦六爻分为上下两体,除去最下方的初爻和最顶端的上爻,中间的四爻又可以互相取象,即二、三、四爻与三、四、五爻交互,各成一卦;"变爻"则是春秋时期很常用的一种算法,对此,孔颖达解释道:"易之为书,揲蓍求爻,重爻为卦,爻有七、八、九、六,其七八者,六爻并皆不变。……其九六者,当爻有变,每爻别为其辞,名之曰《象》。……每爻各有象辞,是六爻皆有变象。二至四、三至五两体交互各成一卦,先儒谓之互体。圣人随其义而论之,或取互体言其取义无常也。"(《春秋左传注疏·庄公二十二年》)至于"四象",历代研《易》者说法不一,《文心雕龙》的注家多从孔颖达《周易正义》引庄氏说"四象谓六十四卦之中有实象,有假象,有义象,有用象"。不过,黄寿祺、张善文等先生却指出,孔颖达实不赞成庄氏说法,而是认为"四象"指筮算中出现的"有七、八、九、六",即以"阴、阳、老、少"释"四象",朱熹也在《周易本义》中接受了此说法①,谓四象为"太阳、太阴、少阳、少阴";此外,还有以"四象"为"天生神物"、"天地变化"、"天之垂象"、"河图洛书"的。②

虽然对"四象"的解说仍有争议,但是有一点是可以肯定的,即"互体"、"变爻"、"四象"都是《周易》"用象"的方法。而这种曲折隐微而

---

① 黄寿祺、张善文:《试论〈周易〉对〈文心雕龙〉的影响》,见《文心雕龙学刊》第四辑,济南:齐鲁书社1986年版,第391页。

② 李平:《〈周易〉与〈文心雕龙〉》,载《周易研究》1991年第3期。

又秘响旁通的易学范式又可以为"隐秀"那种象外之美作最权威最直观的注脚。考虑到《周易》对于《文心雕龙》全书的巨大影响,学界一般都承认刘勰的"隐秀"论必然以《周易》为论述的依据和起点。

从以上三点,可见《文心雕龙》的《隐秀》篇似乎没有什么太多可说,在《文心雕龙》与《周易》这个话题里,《隐秀》也只不过是作为刘勰援易以为说的一条根据而已。不过,细究起来,以上三个方面依然有值得商榷的地方。

首先,对于"补文"的"真伪"问题,我们似乎并不应该满足于仅以残留的几百字作为探讨"隐秀"的唯一依据。这是因为,那些力辩补文为伪的观点,也未必就是凿凿的"铁证"。对此,周汝昌先生和詹锳先生反驳最力。周汝昌先生在《〈文心雕龙·隐秀篇〉旧疑新议》中首先指出张戒那句"情在词外曰隐,状溢目前曰秀"未必便是真正的《隐秀》篇佚文,很可能是他凭记忆自己另作的"撮叙"。这是可能的,古人引文,确实未必一字不差地实录句摘,而是随性剪裁。"剪裁不仅掐头去尾,而是删省词、字、句,甚至改造原句法。"因此,以这句话不合于补文而将之看做补文为伪的"铁证",似乎也不是那么确凿。至于补文中称陶渊明为"彭泽",纪昀指出此说不见于六朝,但周先生却指出:"近来有学者引了鲍明远集中恰恰就有'陶彭泽'之称,纪氏的'权威论断'便被戳破了。"① 至于"呕心吐胆"、"锻岁经年"这些说法,《四库提要》认为它们似乎摘自《六一诗话》、《李贺小传》和《诗品》,周先生也作了驳斥,詹锳先生则指出,《神思》篇有"扬雄辍翰而惊梦"、《才略》篇有"子云属意,辞人最深。……而竭才钻思","这些都和《隐秀》篇补文中所说的'呕心吐胆,不足语穷'的状态是一致的,不见得刘勰的'呕心吐胆'这句话就出于李商隐《李贺小传》所说的'呕心出胆'"。至于"锻岁经年,奚能喻苦"句,亦从此理。而认为补文称班婕妤为"匹妇"就是抄自《诗

---

① 周汝昌:《〈文心雕龙·隐秀篇〉旧疑新议》,载《河北大学学报》1983年第2期。

品》，也未必能站住脚。① 詹锳先生又从版本学的角度对补文的可信度作了考察。此外，还有一种"证据"极为关键，即黄侃所指出的："且原文明云：思合自逢，非由研虑，即补亡者，亦知不劳妆点，无待裁镕，乃中篇忽羼入驰心、溺思、呕心、煅岁诸语，此之矛盾，令人笑诧，岂以彦和而至于斯？"② 这就是说，补文强调那种呕心吐胆、沉潜溺思的构思有违于"残文"所推重的那种自然化工之妙。对此，詹锳先生指出，所谓"故自然会妙，譬卉木之耀英华；润色取美，譬缯帛之染朱绿。朱绿染缯，深而繁鲜；英华曜树，浅而炜烨"，分明是以自然美和人工美并重，其中的"润色取美"就是作者"驰心煅岁"的结果，它显然不同于刘勰所反对的"雕削取巧"；更不要说刘勰在其他篇中，也并不反对苦思，如《神思》篇："若夫骏发之士，心总要术，敏在虑前，应机立断；覃思之人，情饶歧路，鉴在虑后，研虑方定。"也就是说，对于那种"覃思之人"，创作时一定要"研虑"才可定稿，则自然和苦思之间，并没有什么矛盾。可见，那些斥《隐秀》补文为伪的诸多证据，也都不能成为什么铁证。当然，平心而论，周汝昌先生和詹锳先生所提出的依据，也不一定是确凿无疑的新证，很多情况下也是一种推测。因此，学界也没有完全接受两位先生的反驳，对于"补文"依然持一种怀疑和回避的态度。

在我们看来，《隐秀》篇补文的真伪，虽然涉及一种"客观真实"的问题，也就是说，如果我们援引补文中的字句来说明问题，是否会让人信服？我们是不是应该完全无视这可疑的四百字，还是不加思考地全盘接受呢？这就需要我们从另一个角度重新审视这个问题了。今天我们探讨刘勰的文学理论，尤其是考察《文心雕龙》与《周易》之间的美学联系，考其版本之真伪只是问题的一个小方面。既然《文心雕龙》是对刘勰之前文学经验和理论的总结，那么，我们在研习《文心雕龙》的时候，同样应该超越那些机械的、客观的文字，而关注那些超越了形而下的文字的刘勰的本

---

① 詹锳：《〈文心雕龙〉的"隐秀"论》。
② 黄侃：《文心雕龙札记·隐秀第四十》，第195页。

然体验。因此，这段补文是否可以采信，重点在于它所体现的思想是否符合刘勰创作《文心雕龙》的本意。对这一点来说，补文所体现的文学思想，确实是与"残文"以及整部《文心雕龙》一致的。比如，"始正而末奇，内明而外润，使玩之者无穷，味之者不厌"，其文意紧承"互体变爻"、"珠玉潜水"之喻，强调了"隐之为体"必然是一种不同层次间的意义传递，字面的意义为末，为外，则隐含在字面意义之外的意义便为始，为内，这种自然天成的隐美必然使接受者体验到无穷的余味——这是以一种描摹的语言来形容"隐"。再如，"烟霭天成，不劳于妆点；容华格定，无待于裁熔"，强调了"秀"美的重要特征：自然天成，无劳人力之点缀。这一点，不但呼应着后文"雕削取巧，虽美非秀"之论，而且也与刘勰在全书中标举的自然之道一脉相承，无怪乎纪昀在此评点道："纯任自然，彦和之宗旨，即千古之定论。"① 可见，对这段补文，纪昀也承认其深合刘勰之本旨。至于"夫立意之士……奚能喻苦"一段，黄侃以为这种务欲造奇而潜心苦思恰与前文矛盾，周汝昌和詹锳两位先生对此已有解说。需要补充的是，前面文字中的"纯任自然"，更多地是在强调一种审美视域中的自然混成，是接受者眼中的隐秀之美；而此段中的"驰心"、"锻岁"，则是从创作过程入手，指出任何神来之笔，都是作者多年来勤修苦练的结果，才能"藏颖词间"、"露锋文外"，才能使得接受者"蓄隐而意愉"、"抱秀而心悦"。显然，这段话呈现的是一个由构思到落笔再到接受者的审美体验的历时进程。一部已经完成的作品呈现在接受者面前时，必然以含蓄蕴藉而又秀丽天成为美，但它显然与创作过程中所融入的主观努力并不矛盾。反过来说，能体验到文章中蕴藏着的隐秀之美者，也必然是那种富有鉴赏力的人，也便是"蕴藉者"和"英锐者"。《知音》篇："慷慨者逆声而击节，酝藉者见密而高蹈；浮慧者观绮而跃心，爱奇者闻诡而惊听"。对此，詹锳先生认为这段补文与《知音》篇的欣赏论也是一

---

① 黄霖：《文心雕龙汇评》，第133页。

致的。①补文为说明隐秀而举的"隐篇"和"秀句"争议最大,纪昀在"将欲征隐,聊可指篇"句评曰:"此转挂漏,且隐亦不止于诗。"在"如欲辨秀,亦惟摘句"处,又曰:"此亦更仆难数。"不过,在詹锳先生看来,补文所举之例,也与《文心雕龙》的整体思想是符合的,如"陈思之《黄雀》,公干之《青松》,格刚才劲,而并长于讽谕",便与《明诗》所说"慷慨以任气,磊落以使才"相应;而《明诗》"嵇志清峻,阮旨遥深"和《体性》"嗣宗俶傥,故响逸而调远;叔夜俊侠,故兴高而采烈"句,又可与补文中说阮籍《咏怀诗》"境玄思澹,而独得乎优闲"互相印证。对于补文所举的"秀句",詹先生也都一一作了分析。②因此,《隐秀》补文的理论并没有与残文或《文心雕龙》其他篇章舛异不合之处,即便我们退一步说,补文确实是后人增补上去的,但是,这篇补文依然可以看做是很好地接受了刘勰之理论的优秀作品,我们在考察"隐秀"的美学含义的时候,就不应该对这段补文视而不见。

其次,虽然刘勰在"残文"中已经对"隐"与"秀"的含义作了清楚的解说,但其中还有进一步阐释的空间。其中一个最重要的问题就是:作为刘勰"创作论"中的一篇,《隐秀》所提出的"隐秀"这组范畴,其美学意义何在?对此,学界可就是众说纷纭了。童庆炳先生在最近的一篇文章中,将这些说法大致归纳为四种③:第一,修辞说,以清人黄叔琳、近人黄侃、范文澜、现代学者周振甫和台湾修辞学家沈谦等先生为代表。黄叔琳将隐概括为"含蓄",秀概括为"警策",完全是两种写作技巧。周振甫则明确说:"隐秀是修辞学里的婉曲格和精警格。"④沈谦也说:"彦和以之藉喻辞义含蓄与秀句特出之写作妙境,即文章修辞之婉曲与警策是

---

① 詹锳:《〈文心雕龙〉的"隐秀"论》。
② 詹锳:《〈文心雕龙〉的"隐秀"论》。
③ 童庆炳:《〈文心雕龙〉"文外重旨"说新探》,载《陕西师范大学学报(哲学社会科学版)》2007年第2期,下同。
④ 周振甫:《文心雕龙今译》,北京:中华书局2005年版,第355页。

也。"① 第二，风格说，以近人刘师培、傅庚生和詹锳等先生为代表。刘师培认为"风骨"与"隐秀"是两种对立的风格，一偏于刚，一偏于柔。傅庚生将隐总结为"润色取美"，秀则是"自然会妙"②；詹锳先生认为隐与秀是两种相反相成的风格。③ 第三，艺术表现方法说。以钟子翱为代表。他的主要观点在于："文学作品中刻画艺术形象时，有'隐'与'秀'两种艺术表现方法相结合，才会刻画出生动感人而有意蕴丰富的艺术形象来。"④ 第四，意象说，以郁沅先生为代表。他认为："隐秀篇集中论述了意象的特征，就意的方面而言是'隐'，就象的方面来说是'秀'，所谓'隐'就是'义主文外'、'文外之重旨'，或称'复意'，这就是说，意象中的意具有多重性，说出的是一层，没有说出的还有一层，甚至是两层。所谓'秀'，就是'篇中的独拔者也'……'秀'不仅是指篇中的佳句秀句，而且是指十分成功的、具体生动的形象描绘。"⑤

从《文心雕龙》全书的构架安排来看，把"隐秀"看成作为写作技巧层面的范畴，即"修辞方法"或者"写作风格"，是无可厚非的。从刘勰在《序志》篇的陈述来看，《隐秀》篇属于"剖情析采"的创作论，而《夸饰》、《事类》、《练字》几篇与《隐秀》篇前后相属，显然都属于对具体创作技巧的探讨。不过，《隐秀》篇的美学意义显然不局限在写作技巧的层面。一方面，"隐"这个范畴实际上早已超出了此篇之封疆。据统计，全书中"隐"字五十三见，主要分布在《原道》、《征圣》、《宗经》、《正纬》、《谐讔》、《史传》、《论说》、《诏策》、《檄移》、《隐秀》等19篇中。作为一种创作技巧的"隐"并不限于《隐秀》一文，如《原道》"符采复隐，精义坚深"；《谐讔》"遁辞以隐意，谲譬以指事"；《议对》"不以环

---

① 沈谦：《比兴、夸饰、用典、隐秀》，见张少康：《文心雕龙研究》，第601页。
② 见詹锳：《文心雕龙义证》，第1486—1491页。
③ 詹锳：《文心雕龙风格论》，北京：人民文学出版社1982年版，第92页。
④ 童庆炳：《〈文心雕龙〉"文外重旨"说新探》。
⑤ 郁沅：《论〈文心雕龙〉的纲及创作美学体系》，见《文心雕龙研究》第一辑，北京：北京大学出版社1995年版，第61页。

隐为奇"；而"隐"在全书中又往往不单单指创作技巧，又兼以描述一种审美效果，如《宗经》"旨远辞文，言中事隐"；如《史传》"睿旨幽隐，经文婉约"，等等。以上这些，又都可以在《隐秀》篇看到相呼应之处。比如"始正而末奇，内明而外润，使玩之者无穷，味之者不厌矣"，同样也是对审美效果的描述。最值得注意的是，刘勰并不是一味重隐，在全书中，刘勰多次强调了负面之"隐"。比如《正纬》篇中，"世敻文隐"就是"好生矫诞"的根由之一；《神思》"枢机方通，则物无隐貌；关键将塞，则神有遁心"，证明了"隐"有时恰恰是思路通达、理解顺畅的对立面。再如《檄移》"露板以宣众，不可使义隐"，《议对》"事以明核为美，不以环隐为奇"等等也说明了有些文体并不适合一味地用隐。可见，从全书来看，刘勰并不是单纯地推重"隐"这种写作技巧或者审美效果。在这里，值得注意的是，刘勰在《隐秀》篇中提出"虽奥非隐"的说法，但这只是区分了"奥"（晦）和"隐"，却不像前面那几个例子那样，否定了不合时宜之"隐"。与此问题相应，"秀"也多次在《隐秀》篇之外出现，但是，单纯的"秀"，即那种"绘事图色"之美也未必处处以肯定的形式出现。另一方面，"隐"与"秀"之间的关系也是很有意味的问题。"隐"与"秀"是相反的一对范畴，一者在于隐，一者在于显，一者在于含蓄蕴藉，一者在于秀拔特出。虽然刘勰在其他篇中也会将相反成对的两个范畴并置于一文之中，如《风骨》、《比兴》、《熔裁》等篇，但是，行文中，刘勰总会将两个范畴合为一体，如："风骨不飞，则振采失鲜"；"捶字坚而难移，结响凝而不滞，此风骨之力也"；"诗人比兴，触物圆览"；"非夫熔裁，何以行之乎"。反观《隐秀》篇，不论残文还是补文，刘勰始终把两个范畴放在相对待的位置上，通篇都是分别阐发隐与秀，除了标题，未见"隐秀"作为一个统一范畴出现，倒是黄侃的《补隐秀》多次将两范畴合为一体，如"然隐秀之原，存乎神思"；"故知妙合自然，则隐秀之美易致，假于润色，则隐秀之实已乖"；"求其隐秀，希若凤鳞"……那么，我们因何知道隐秀是相反相成的呢？其原因并不在于"隐以复意为工，秀以卓绝为巧"、"隐篇所以照文苑，秀句所以侈翰林"这样的骈句，而在于

《文心雕龙》从来都讲求一种"唯务折衷"的文化品格，更因为刘勰始终以一种超越生生的"自然之道"为出发点，强调一种"振本而末从，知一而万毕"的认识论。则隐秀虽然相反成对，却总能够"会通合数"，统一在自然之道的视域之中。也正是在这个意义上，后世的接受者都看到了"隐秀"作为一个统一的范畴，两者互相依存，相反相生。进一步说，《隐秀》篇中虽然分别描述了隐与秀的美学特征，但显然各种比方和阐释都处在一个互文的语境中，所谓"爻象之变互体，川渎之韫珠玉"、"互体变爻，而化成四象；珠玉潜水，而澜表方圆"，既用以比方"隐"，也可以形容"秀"。而"自然会妙"与"润色取美"，便也概括了隐与秀的共同宗旨，即：人工美与自然美交融一体，主观与客观融会无间。所以，才有"隐处即秀处"的说法。从上面这两方面来看，"隐秀"这个范畴，早已超越了修辞技巧或写作风格层面的问题，而是涉及了多个角度、多个层面的开放性的问题，因此，才有学者能够分别从创作论、作品论和鉴赏论等多个角度来阐发《隐秀》之美学思想①；《隐秀》篇的美学意义也并不仅仅在于对"隐"或者"秀"的阐发，而在于两者之间的美学关联。

这样看来，把《隐秀》与"意境"的探讨联系起来就是自然而然的事情。"隐"的含蓄不尽，余味绕梁，"秀"的才情嘉会，万虑一交，不正是"情景交融"的最佳注脚吗？而"互体变爻，化成四象"的比喻，也形象地描绘了"隐秀"那种象外之美。这种说法启发后人以"弦外之音、言外之意"论诗，如梅圣俞所云"状难写之景如在目前，含不尽之意见于言外"（《六一诗话》），严羽所说"其妙处莹彻玲珑，不可凑泊，如空中之音，相中之色，水中之月，镜中之象，言有尽而意无穷"（《沧浪诗话》），以及张戒那句"情在词外曰隐，状溢目前曰秀"等等便都系于《隐秀》篇之后，一脉相承。所以，童庆炳先生认为，"隐秀"的美学意义早已超越了"修辞"、"风格"、"艺术表现手法"和"意象"四说，而应被看做中

---

① 陈莉：《〈文心雕龙·隐秀〉篇中的文艺美学思想》，载《信阳师范学院学报》2006年第5期。

国美学和文论的最重要的范畴——意境说的准备和形态。在他看来，"'隐'侧重对意境中对'意'的提炼的规范，'秀'侧重对意境中对'境'的描写的要求，这规范和要求同时达到，那么意境也就产生了。若用司空图的'象外之象'来解说，'秀'是第一个'象'，'隐'是第二个'象'，象内之象，要求'秀'，要求卓绝，独拔，历历如在目前。通过这象内之象则要求达到'象外之象'，这象外之象则要求'隐'，要求复意，要求'情在词外'，要求'文外重旨'，要求'余味曲包'。"① 对于"隐秀"与"意境"之联系，除了童庆炳先生，还有很多学者谈到此问题。肖洪林先生《论刘勰的"余味说"》认为，《隐秀》篇中"义生文外"的说法是"余味"说最主要的论点之一，因为文外之义对应着那种未尝言传却可意会的"味外之味"，它与"辞约旨丰"的"味内味"共同构成了因内符外的"余味"说，它代表了中国文学重虚不重实的特点，"是表现于虚实相生和情景交融中的深情妙趣。"② 再如古风先生在《意境探微》一书中指出，刘勰的《文心雕龙》乃是意境理论的奠基之作，而"隐秀"的问题又是《文心雕龙》一书中"心物关系"的深入探讨，为后来"情景交融"的说法奠定了理论基础。③ 总的说来，"隐秀"的美学价值在于它与"意境"理论的关系。不过，从目前来看，这里还有很大的阐释空间，尤其在关乎《周易》这个问题的时候。

最后，我们再来说说《隐秀》与《周易》这个问题。

在前面我们提到过，《隐秀》篇援引《周易》共有三处，总结起来也不过是涉及易学中的"四象"、"互体"和"变爻"几个问题，虽小有争议，但并不影响它们对于"隐秀"这一文学现象的阐释，历代注家对此所阐甚明，似乎没有进一步探讨的必要。但是，细论起来，还是有几个问题需要说一说。

---

① 童庆炳：《〈文心雕龙〉"文外重旨"说新探》。
② 肖洪林：《论刘勰的"余味"说》。
③ 古风：《意境探微》，南昌：百花洲文艺出版社2001年版，第39、48、50页。

第一，《隐秀》援易以为说，从表面上看也仅限于"互体变爻"和"化成四象"，以往学界说到《隐秀》与《周易》，也都到此为止，不再深究。这样看来，刘勰似乎只是借用了汉代易学用以解卦的几种说法来比方隐秀的美学特征，但这还只是局限在"技巧"的层面，因为隐秀那种形态近似于卦爻象之组合模态，所以刘勰以"四象"和"互体"、"变爻"为例来说明问题，仅此而已。但是，仅此而已吗？第二，所谓"四象"、"互体"和"变爻"，在《周易》经传中并没有系统的阐发，它们都属于汉代易学的视域。那么，《隐秀》与《周易》的经传有没有关系呢？第三，我们已经知道，"隐秀"不但与中国传统美学中一个重要范畴——"意境"颇有关联，甚至可以说是意境说的理论准备。这其中也有《周易》的影子，因为，正是"四象"的蕴藉幽隐和"互体变爻"的触类旁通，才使人联想到"象外之象"的说法，才有了后来意境理论中"情景交融"和"境生象外"的理论总结。但是，具体到《周易》——《隐秀》——意境这一理论链条上，学界又往往语焉不详。实际上，以上三个问题，共同指向了一个根本问题，即"隐秀"之美学意蕴的问题，只不过这里面多出来一个重要的参照系——《周易》。下面，我们就沿着这三个问题所给出的思路，进一步探讨在易学视域中"隐秀"的美学意蕴。

我们知道，刘勰对《周易》的接受是全方位的。刘勰文论的出发点——"自然之道"首先便与《周易》极有渊源，已详前文。而刘勰在推阐他的创作论、文体论、批评观的时候，无不渗透着易学的思路，不论是"折衷"、"通变"、"知一毕万"、"奇正互参"、"沿隐至显"等等方法论，还是全书的篇目结构，无处不见《周易》的影子，而全书中援用、化用易学的范畴、文辞，更是不胜枚举。从全书来看，《隐秀》篇援用易学中几种解卦体例来比方"隐秀"，似乎只是不经意间的一种摹拟。但是，不论是"化成四象"，还是"互体变爻"，都无法与"隐秀"构成严格的对应关系。比如，我们无法把"隐"看做假象，更不能把"秀"看做实象；而不变的"少阳"、"少阴"和必变的"老阴"、"老阳"更无法对应隐秀中任何一端。至于解卦过程中解析出来的"本卦"、"之卦"、"别卦"、"复卦",也并不能指代隐或者秀之"体"。因此,刘勰所说的"隐之为体","譬爻象之变互体,川渎之韫珠玉",指的是一种"关联",而不是"四象"或者"互体变爻"本身。这当然是一种"用象之法",但是,刘勰对"隐之为体"的认识显然并不止于单纯的"用"。对于"夫隐之为体,义生文外,秘响旁通,伏采潜发,譬爻象之变互体,川渎之韫珠玉也"这句话,历代注家都强调刘勰的本义当是以卜筮过程中的"取义无常"来比喻隐的含蓄蕴藉,但这种描述性的阐释还是不足以概括"隐之为体"的。也就是说,隐之为隐,并不是一次卦变过程的还原,而在于超越了每一次卜筮卦算之上的范式。那么,这个范式又是什么?是一种思维方式。在易学中,这种思维方式超越于每一次筮算之上却又可以指引每一次筮算,它化身于周易的每一次"用象"过程中,却又不仅是一种用,而是以一种"即体即用"的形态存在着。《周易》的这种思维方式,才是"隐之为体"所指的真正的"体"。《周易》中存在这样一个思维方式,早已为学界认可。自从卜筮这样一种文化现象发生以来,它就伴随着每一次筮算活动而存在着,人们的筮算行为必然受到这种思维方式的指引,同时又不断地反思、总结、描述这种思维方式,深化人们对它、对筮算,以及经由《周易》的文化视野所认识的这个世界。因此,到了《周易》文本成型之后,随着易学的深入人心,这种思维方式也便牢固地深入到中国文化的经脉之中。这种思维方式的一大特点便是由先民的生命意识出发,把具体的揲蓍演算和思考判断的过程看成象数的流变过程,并将他们对这象数的体验和认知形诸文字,通过一种直观而又含蓄的符号体系表达出来。这符号体系主要由结构简单的卦爻符号和卦爻辞组成。人们在解读这些卦爻符号和卦爻辞的时候,依然通过相同的思维方式的指引,产生一种新的认识,这新的体验同样要经由接受者脑海中象数体系的重构,直到作者的体验与接受者的经验合而为一。这是一种由意(体验)到象数再到言(卦爻符号、卦爻辞),再由言到象(数)到意的循环过程。在整个过程中,以象数为中介的思维方式既可以化为每次具体的"用象",它的存在也可以同化为这种言象意周流循环的关系,或者说过程。对此,王振复先生以两个图示作了说明:

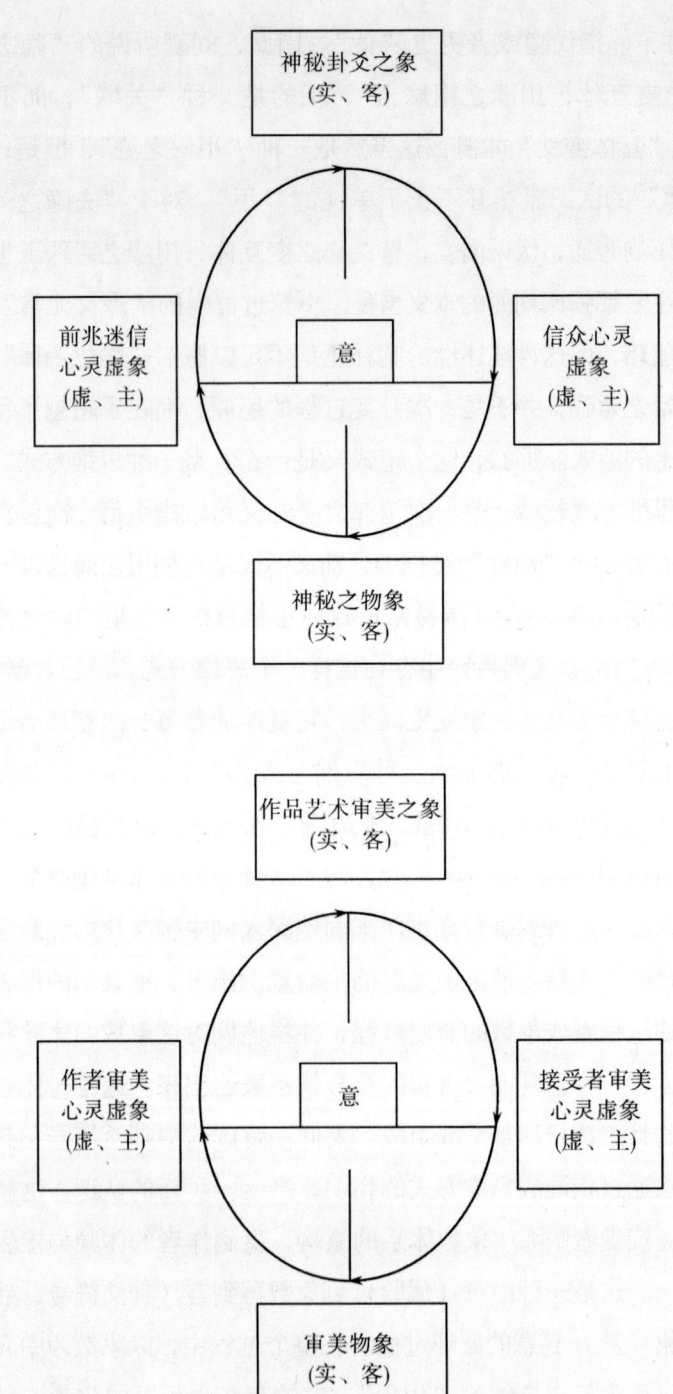

上图可看作一个"'意'、'象'的转换模式","这是原始巫术占筮'意'、'象'转递的四层次"。与之相应,"艺术审美'意'、'象'的转递,也有相应结构的性质不同的四层次",即上面下图。对此,王振复先生进一步解释道:

> 艺术审美在结构上,与巫术占筮是相似、相通的。卢卡契《审美特性》第一卷指出:"在巫术的实践中包含着尚未分化的以后成为独立的科学态度和艺术的萌芽。"这话,好像是专门针对中国《周易》巫筮文化而言的。《周易》的象、数,确是"以后""艺术"审美与"科学态度"的"萌芽"。就"象"而言,孔颖达《周易正义》也说得很对,"凡易者,象也。以物象而明人事,若诗之比喻也。"章学诚《文史通义》则说:"易象通于诗之比兴。"易与诗相通,盖因"象"也。①

这种图示说明了易学中那种以象数为中介的思维方式与文学的关系,正可用来阐释那种隐藏在"互体变爻,化成四象"这种卦变和解易模式之后的思维范式。对于这种思维方式,学界早有认识,并分别以"形象思维"、"艺术思维"、"意象思维"、"象征思维"等名称来概括它。在这里,我们采用的是王树人、吴前衡和王振复等先生提出的"象思维"这个提法。

如此说来,我们就明白了一个道理,刘勰援易以为说,以"互体变爻而化成四象"来比方"隐之为体",其深层意蕴正在于易学中那种"象思维"的思维范式是"隐秀"这种美学范畴的终极依据,而第一次由刘勰所标举出来的"隐秀",又可看做"象思维"的最生动的诠释。首先,补文中所云"呕心吐胆,不足语穷;锻岁炼年,奚能喻苦",强调的是一种思维的训练,这是一种"竹榻蒲团"般的渐修功夫,并不是单单指创作构思的过程。因此,后文中才有"若篇中乏隐,等宿儒之无学,或一叩而语

---

① 王振复:《中国美学的文脉历程》,第258—260页。

穷；句间鲜秀，如巨室之少珍，若百诘而色沮"的比方。所谓"宿儒之无学"、"巨室之少珍"，指的就是经过了思维训练之后形成的"才胆识力"。只有具备了相应的功力，才能称富于才思，无愧于文辞。而《易传》所说的"君子居则观其象，而玩其辞；动则观其变，而玩其占"、"仰以观于天文，俯以察于地理，是故知幽明之故。原始反终，故知死生之说"，实际上也包含了这种思维的训练。惟其如此，才能够"自天佑之，吉无不利"。我们再看刘勰所说的"隐之为体"。所谓"义生文外，秘响旁通，伏采潜发"，这并不是一个概念，而是对一种审美境界的描述。至于"譬爻象之变互体，川渎之韫珠玉"，则完全是对这种境界的一种比方和描述。可见，隐之"体"并不是一种实体，也不是一种概念化的存在，它本身只能是一种非实体的、形而上的动态化存在，就如同爻象之周而复始变动不居，如同川流不息的水流深蕴珠玉。这样说来，隐之"体"在于"变"，在于"蕴"，这都是一种动态描述。而对于"秀"来说，所谓"远山之浮烟霭，娈女之靓容华"，也在于"浮"，在于"靓"。更进一步说，《隐秀》篇中各种"指篇"、"摘句"，也都重在对一种含蓄不尽而又"深浅各奇，秾纤俱妙"的意象之烘托；至于"朱绿染缯，深而繁鲜；英华曜树，浅而炜烨"，更体现出隐秀之用，就在于一种"用象"，所谓"卉木之耀英华"、"缯帛之染朱绿"，并不是真的指一棵树或一正帛，而是从这种实象出发又超越这种实象的"象外之象"。这种"象"虽然是超越性的，但又是直观可感的，所以才能"动心惊耳"。如此说来，隐秀之"象"又是一种开放的、召唤的象，其中的余味，必须由人玩味："玩之者无穷，味之者不厌"。如此，才可以"使酝藉者蓄隐而意愉，英锐者抱秀而心悦"。这就如同《易传》所说的"圣人有以见天下之赜，而拟诸形容，象其物宜，是故谓之象。圣人有以见天下之动，而观其会通，以行其典礼，系辞焉，以断其吉凶，是故谓之爻"。眼前的隐秀之象为人所体味，所咀嚼，在内心中构筑成一个新的"象"，此"象"才是隐秀真正的存在形态。总之，借助于象，而又以描述性的语言铸成一种具有超越性而又直观可感的"意中之象"，正是《隐秀》之本旨所在。其中既有《易传》的影子，也有意境理论的萌芽。很多学者认为刘勰对"意象"的理论总结是意境理论的滥觞，实际上，由《易传》那种卦爻象的体系所体现出来的"象思维"才是意境理论能够与之前各种"理论准备"贯穿起来的线索。对此，我们将在下一节中作进一步的阐发。

三 取类感通："物色"对《易传》的接受

通过前面的阐述，我们已经知道，"隐秀"这对范畴是"易学"与"龙学"这两大学理体系的一个重要契合点，它又可被看做是"意境"理论的一个重要的理论准备，则《周易》与意境的联系便形成了一个链条，隐秀则是这个链条上一个重要的节点。可见，刘勰成功地把他对《易传》的理解和他的文学主张融汇到隐秀这对范畴的体验之中，并将这种体验落实于《文心雕龙·隐秀》篇的文字之中，以一种描述性的"漫画"语言构筑了一种自然蕴藉的理想境界。不过，刘勰对这种理想境界的阐发并不单单局限于"隐秀"这一对范畴。通观全书，还有几组范畴非常值得我们注意。

首先，便是"情"与"言"（辞）。如：

> 雕琢性情，组织辞令。（《原道》）
> 圣人之情，见乎文辞。（《征圣》）
> 情欲信，辞欲巧。（《征圣》）
> 博文以该情。（《征圣》）
> 序以建言，首引情本。（《诠赋》）
> 结言于四字之句，盘桓乎数韵之词。约举以尽情，昭灼以送文。（《颂赞》）
> 怨怒之情不一，欢谑之言无方。（《谐讔》）
> 顺情入机，动言中务。（《论说》）
> 言敷于下，情进于上。（《奏启》）

情动而言形,理发而文见。(《体性》)

设情有宅,置言有位;宅情曰章,位言曰句。(《章句》)

情以物迁,辞以情发。(《物色》)

其次,"物"与"情"(志)。

人禀七情,应物斯感,感物吟志,莫非自然。(《明诗》)

婉转附物,怊怅切情。(《明诗》)

铺采摛文,体物写志。(《诠赋》)

庶品杂类,则触兴致情……象其物宜,则理贵侧附。(《诠赋》)

原夫登高之旨,盖睹物兴情。(《诠赋》)

情以物兴,故义必明雅;物以情观,故词必巧丽。(《诠赋》)

物色尽而情有余者,晓会通也。(《物色》)

再次,"心"(志)与"言"(文)。

心生而言立,言立而文明。(《原道》)

言之文也,天地之心哉!(《原道》)

言以足志,文以足言。(《征圣》)

简言以达旨。(《征圣》)

在心为志,发言为诗。(《明诗》)

乐心在诗,君子宜正其文。(《乐府》)

心以制之,言以结之。(《章表》)

言,心声也;书,心画也。声画形,君子小人见矣。(《书记》)

言与志反,文岂足征?(《情采》)

夫心生文辞,运裁百虑,高下相须,自然成对。(《丽辞》)

心既托声于言,言亦寄形于字。(《练字》)

写气图貌,既随物以宛转;属采附声,亦与心而徘徊。(《物色》)

以上这些例子仅是一种摘撷。作为一部"言为文之用心"的"雕镂龙文"之作,"心"、"情"、"志"、"言"、"文"、"辞"、"物"等范畴在《文心雕龙》中大量出现,必然是刘勰的言内之意。据粗略统计,《文心雕龙》全书讲到"情"的有120余处①,"志"字出现了38次②,又据王元化先生统计,《文心雕龙》一书中单独用到的"物"字就有48处,那些"物字与他字连缀成词者,如:文物、神物、庶物、怪物、细物、齐物、物类、物色等"还都不在此列。③ 至于"心"、"文"、"辞"等范畴,在书中出现频率也非常高,连"文心雕龙"这个书名都可见"文"和"心"两字。刘勰之所以大量运用这些范畴,当然有明显的外部原因。在中国的文化传统里,这些范畴自古便与诗文创作关系密切。如《礼记·乐记》云"凡音者,生人心者也。情动于中,故形于声,声成文谓之音";再如《毛诗序》云"诗者,志之所之也,在心为志,发言为诗,情动于中而形于言,言之不足,故嗟叹之,嗟叹之不足故永歌之,永歌之不足,不知手之舞之,足之蹈之也"。可见,"诗言志"的美学传统早已把这些范畴与文学联系到了一起。而魏晋南朝玄风大炽,更推进了时人对"情"的自觉认识。罗宗强先生在《魏晋南北朝文学思想史》一书中指出:"此时之诗人,写内心感受极佳,感情的复杂变化与体验,微妙而又细腻。中国士人的感情层次仿佛丰富起来了,从早期的粗线条,变成了细线条;那个被经学僵化了的内心世界已经消失,成为过去了。他们好像发现了自己,发现了自己还有如此丰富如此细腻的感情活动,而且这种感情活动本身就是人生的一种必不可少的生活需要,甚至是一种美的体验,美的感受。"④ "抒情之倾向,成了建安文学最引人注目之特征,也成了建安文学的灵魂。正是它

---

① 见缪俊杰:《情动言形,理发文见——刘勰"情理"说的美学意义》,载张少康:《文心雕龙研究》,第565页。

② 见童庆炳:《〈文心雕龙〉"感物吟志"说》,载《社会科学战线》1987年第4期。

③ 王元化:《心物交融说"物"字解》,见《文心雕龙创作论》,上海:上海古籍出版社1984年版,第105页。

④ 罗宗强:《魏晋南北朝文学思想史》,第23页。

标志着文学思想的巨大转变。而此一转变，对以后中国文学的发展，关系至为重大。它的意义，不限于建安一代文学的成就。它的意义，实有关乎中国文学发展之前途。"① 此外，魏晋时期士人对才气学力的月旦品评，都实在地影响了六朝文论家的文学批评视野。这样，"情"、"心"、"志"等主观范畴自然为六朝文学批评家所关注。此外，东晋时山水田园诗的兴盛，六朝时的隶事之风，又从一个侧面反映了当时人们对"物"的自觉认识。对山水之美的重视，使人们的文学视野转向自然物象。而王瑶先生也强调：《南齐书文学传论》所谓"缉事比类，非对不发，博物可嘉，职成拘制"，实在是当时一般文人共同的风气。② 这种对琐物的过度重视虽被看成一种"因内容的空虚而转向繁缛华丽的装潢"，却体现了六朝文学对"外物"的重视。当然，这样的问题并不是一两句话可以说清的，但是，刘勰写作《文心雕龙》时的时代视域却可见一斑。不过，此中还有一个绵延久远的历时性视域，这就是《易传》。

虽然《周易》与《文心雕龙》的比较研究早已受到相当的重视，也积累了数量可观的研究成果，但是专就《文心雕龙》中情与言、物与情、心与言等对范畴之间的关系而联系《周易》来谈的委实不多。下面，我们就从这几对范畴之间的关系入手，一层层地来谈这个问题。

首先，我们可以看到，每当前面所列的几组范畴并列于骈句之中时，总是存在着表与里、外与内、本与末、主体与客体这样的对待关系。比如："圣人之情，见乎文辞"，就分明体现了一种表与里的对应关系："圣人之情"为里，则"文辞"为表，两者存在一种表现和被表现的关系。同样的，"心生文辞，运裁百虑"、"物色尽而情有余者，晓会通也"、"约举以尽情，昭灼以送文"、"辞以情发"、"情动而言形，理发而文见"、"心既托声于言，言亦寄形于字"诸条，也是这种表里的关系，但细追究起来，这几条中的前后范畴之间还体现为主与客的关系："文辞"由心而生，

---

① 罗宗强：《魏晋南北朝文学思想史》，第26页。
② 王瑶：《中古文学史论集》，上海：上海古典文学出版社1956年版，第131页。

"物色"之表现也由情主宰；而"序以建言，首引情本"、"心生而言立"则明确指出了两个范畴之间本与末的关系，同时，我们也看到"情与言"、"心与言"、"理与文"之间那种由内及外、主客互动的关系；至于"应物斯感"、"婉转附物"、"情以物兴，物以情观"、"睹物兴情"、"触兴致情"，又都表现为一种由外及内的感应：外部的"物"为居内的"情"所感，或感于外物而兴情。从此意义上来说，我们也可以把居于内的"情"看做主观因素，把外部的"物"看做客观因素。总的说来，当"言"、"情"、"心"、"物"诸范畴并立时，它们之间的对待关系大体可分为由外及内的物——情（心）和由内及外的心（情）——言的两种模式。更进一步来看，这诸种范畴之间的关系又可以简化为心物关系。也就是说，前面提到的"心"、"情"、"理"、"志"诸范畴，都可以"心"这个范畴来概括；而"言"、"物"、"文"、"辞"这些范畴也都可以用"物"来概括。

当然，这些范畴，不论从其本义，还是从它们在《文心雕龙》中的出现情况来看，还都各有差异。我们以"情"这个范畴为例。在很多地方，刘勰显然是把"情"看做一个本体化的范畴，最明显的例子就是《明诗》篇所说的"人禀七情，应物斯感，感物吟志，莫非自然"。可以说，这句话呼应了汉代诗学"情动于中而形于言"的提法，后者明确指出了诗歌语言就是情的表现，而"人禀七情"又说明了人所以能"动于中"，正因为有了"情"之存在。因此，"情"显然是一个联结着"感物"过程和"形于言"过程的中心范畴。但细检全书，刘勰笔下之"情"却又有不同用法。据缪俊杰先生的归纳，《文心雕龙》中之"情"，大抵有三种情况：一、指人的性情、情志，如"雕琢性情，组织辞令"（《原道》）、"人禀七情，应物斯感，感物吟志，莫非自然"（《明诗》）、"情以物兴，故义必明雅；物以情观，故词必巧丽"（《诠赋》）等。二、指文情、世情，如"情与气偕，辞共体并"（《风骨》）、"登山则情满于山，观海则意溢于海"（《神思》）、"三曰情文，五性是也"（《情采》）、"昔诗人什篇，为情而造文；辞人赋颂，为文而造情"（《情采》）、"无翼而飞者声也；无根而固者情也"（《指瑕》）、"率志委和，则理融而情畅；钻砺过分，则神疲而气衰"(《养气》)等等。三、作为情况等一般名词使用,如"是以将阅文情,先标六观"(《知音》)、"夫缀文者情动而辞发,观文者披文以入情"(《知音》)等等。① 与之相应,"心"、"性"、"志"、"意"等范畴在书中情况也各有不同,其间的区别也是龙学中一个很常见的话题。比如"心"与"情",朱熹曾有言:"盖心之未动则为性,已动则为情,所谓心统性情也。"(《朱子语类·卷五》)则"心"便统领着"情",前者的意义外延大于后者。在这里,"情"指情感,"心"则包含着人的所有精神存在。至于"情"和"志"这对范畴,从"人禀七情……感物吟志"这句来看,刘勰把两者联系在一起,却又有所区别。从历时的视域来看,"诗言志"和"诗缘情"两说都产生过巨大影响。不过,前者强调诗表达的是人的志向、怀抱,因此"诗言志"说总是跟汉儒的政治教化有关;后者始自陆机《文赋》所说的"诗缘情而绮靡"。"诗缘情"说产生于魏晋文学自觉的时代,已经超出了儒学诗教观的束缚。对《文心雕龙》中的"情"和"志",王元化先生认为,"'情'可归入感性范畴,相当于我们所说的感情。《文心雕龙》所用的'五情'、'七情'、'情性'、'情趣'、'情致'、'情韵'、'情源'诸词,大体上都属于这个'情'的概念。'志'可归入理性范畴,相当于我们所说的思想。"② 童庆炳先生更进一步区分道:"七情,是先天的,自然的;'志'是后天的,个人的,同时也是社会的,但总的说是经过审美情感过滤的,或者可以说'志'已经是审美的'志'。"③ 再比如"情"与"理",刘勰虽然有"情动而言形,理发而文见"的"情理"说,但他使用两者时,却也有区别。比如"道心惟微,神理设教"(《原道》)、"神理共契,政序相参"(《明诗》)的"神理",再如"象其物宜,则理贵侧附"(《诠赋》)的"文理","晓其大纲,则众理可贯"(《史传》)的"事理","思理为妙,神与物游"(《神思》)的"思理"等等,均与发于

---

① 缪俊杰:《情动言形,理发文见——刘勰"情理"说的美学意义》,载张少康:《文心雕龙研究》,第571—572页。
② 王元化:《释〈情采篇〉情志说》,见《文心雕龙创作论》,第223页。
③ 见童庆炳:《〈文心雕龙〉"感物吟志"说》。

心的"人情"有或近或疏的距离。与这些主体性范畴的情况相近,"言"、"物"、"文"、"辞"这些范畴在《文心雕龙》中也各有不同。可见,在具体的概念分判上,这些组范畴并不能简单地归纳为"心"和"物"两种类别。

但是,从超越的层面上来看,两组范畴却正可以联结为"心"和"物"两个范畴。在《说文》中,"情"、"性"、"志"、"意"几条前后相连,都是"从心"之属。从概念上来看,"情"为"人之阴气有欲者","性"为"人之阳气性善者";"志"为"意也","意"为"志也","察言而知意也"。可见,几条概念之间本就有互文转注的联系。而且,从《文心雕龙》一书的整体来看,刘勰虽然有意分判这几对范畴,却分明可见出它们的联系。我们知道,刘勰创作《文心雕龙》,总是从整体出发,书中概念的互文足义,也是显而易见的。而且,在书中,像"正末归本"(《宗经》)、"振本而末从,知一而万毕"(《章句》)、"乘一总万,举要治繁"(《总术》)这样的方法论阐述多次出现,体现了王弼玄学那种"以少总多"的解易精神对刘勰的影响。可见,在刘勰的视野中,自有一种超越性的意识存在;与这种方法论有关,易学中那种同类相推的方法论也时有体现,如"触类以推,表里必符"(《体性》)、"概举而推,可以类见"(《声律》)、"龙虎类感,则字字相俪;乾坤易简,则宛转相承"(《丽辞》)等,足见刘勰在超越了概念规定之上,自有一种归类的自觉。最主要的是,刘勰有"虽句字或殊,而偶意一也"(《丽辞》)之语,黄侃《札记》对此论曰:"明对偶之文,但取配俪,不必比其句度,使语律齐同也。"①在此,刘勰说的虽然是文学作品中声律的道理,却体现了他那种归类为一的方法论认识。反观"心"、"情"、"性"、"志"、"意"几对范畴,我们也能看到,它们同属于主观性的范畴,均是形而上的存在。尤其是在"心与言"、"物与情"、"情与言"这几对范畴的并立现象中,我们可以鲜明地看到这种主观性范畴与"物"、"言"等客观性范畴相对待时那种类别归

---

① 黄侃:《文心雕龙札记·丽辞第三十五》,第162页。

属。比如"心生而言立"比之"情动而言形",再如"在心为志,发言为诗"比之"圣人之情,见乎文辞",虽然所论不同,却分明表示了同样一种内外、表里、本末相反相对的关系。在此,"心"、"情"、"志"等范畴总处在居于内、归于本的位置,相对于有实在之形的"言",它们都可看做同样的形而上之存在。这真是"物虽胡越,合则肝胆",当我们超越了具体的概念分判而总一其类时,便很自然地将它们归于一种精神性范畴。《原道》篇云"言之文也,天地之心哉","心"作为一个本体性的范畴,确实可以涵纳这些主体性范畴。与之相应,"言"、"物"、"文"、"辞"等范畴也都是形而下的客观性存在。王元化先生曾对《文心雕龙》中的"心物交融"问题作了专门的研究,在他看来,"物"代表"外境或自然景物"。① 而在前文中我们也曾作过分析,在《易经》本文中,相对于"象"与"意"诸层面,"言"是形而下的层面,它包含了《周易》古经本文中所有的文字符号和卦爻符号,也就是接受本文中所有形诸物化存在部分。从此意义上看,"言"也是一种"物"。

因此,这几对范畴之间的对待关系正可以概括为"心物"关系。王元化先生把"随物宛转"和"与心徘徊"中的"物"统括为"客体,指自然对象而言";"心"则"可解释作主体,指作家的思想活动而言"。② 实际上,刘勰的创作论,就是在探讨创作过程中的心物关系。是为第一层意思。

其次,从这第一层意思出发,我们又可以看到,所谓"心物"关系,又分为由外及内的"物—心"和由内及外的"心—物"两类关系。而对于这两种关系,《物色》篇作了全面的阐发。

> 春秋代序,阴阳惨舒,物色之动,心亦摇焉。盖阳气萌而玄驹步,阴律凝而丹鸟羞,微虫犹或入感,四时之动物深矣。若夫珪璋

---

① 王元化:《心物交融说"物"字解》,见《文心雕龙创作论》,第106页。
② 王元化:《释〈物色篇〉心物交融说》,见《文心雕龙创作论》,第103页。

挺其惠心，英华秀其清气，物色相召，人谁获安？是以献岁发春，悦豫之情畅；滔滔孟夏，郁陶之心凝。天高气清，阴沉之志远；霰雪无垠，矜肃之虑深。岁有其物，物有其容；情以物迁，辞以情发。一叶且或迎意，虫声有足引心。况清风与明月同夜，白日与春林共朝哉！

这是《物色》篇的第一段，主要说的是外物对人有感召之理。"物色之动，心亦摇焉"，这句话是刘勰对外物与人心之关系的一个总括。在他看来，天地自然的生生之动，互相之间总是存在着感召："微虫犹或入感，四时之动物深矣"。在此，"四时之动物"早已超越了"四季"的概念，因为中国人的时空理念早已将"四时"看做宇宙大化的生命时间。而人作为天地自然的一部分，作为生生不息的生命时间之流的一环，自然也处在这种物色感召之中，所以说"物色相召，人谁获安"。被这样的自然物色所感染，才有"诗人感物，联类不穷。流连万象之际，沉吟视听之区"。这种"情以物迁"、"随物宛转"的观点，便是心物关系的第一环，及外物感人心。在《文心雕龙》一书中，这样的说法多次出现，可见刘勰对物感的肯定，最典型的例子就是《明诗》的"人禀七情，应物斯感，感物吟志，莫非自然"。从《文心雕龙》扩展开来，我们还可以看到，不论在历时还是共时的视域来看，这种"因物兴感"的体验是早有传统的。很多学者将之上推到《礼记·乐记》："凡音之起，由人心生也。人心之动，物使之然也。感于物而动，故形于言。""乐者，音之所由生也。其本在人心之感物也。"陆机《文赋》也说过："遵四时以叹逝，瞻万物而思纷。悲落叶于劲秋，喜柔条于芳春，心懔懔以怀霜，志眇眇而临云。"如果说前者肯定了诗人之创作具备"感于物"的可能的话，后者则进一步指出了天地自然对人心的感动。而与刘勰大约同时的钟嵘则在《诗品序》中说："若乃春风春鸟，秋月秋蝉，夏云暑雨，冬月祁寒，斯四候之感诸诗者也。嘉会寄诗以亲，离群托诗以怨。至于楚臣去境，汉妾辞宫。或骨横朔野，或魂逐飞蓬。或负戈外戍，杀气雄边。塞客衣单，孀闺泪尽。或士有解佩出朝，一去忘返。女有扬蛾入宠，再盼倾国。凡斯种种，感荡心灵，非陈诗何以展其义？非长歌何以骋其情？"至于"气之动物，物之感人，故摇荡性情，形诸舞咏"，更是与刘勰所说的"人禀七情，应物斯感，感物吟志，莫非自然"紧承一脉。当然，有"感物"便有"吟志"，前者在于外物动人心，则后者便是由内及外的"心感物"的关系。

在《物色篇》中，刘勰又说：

> 写气图貌，既随物以宛转；属采附声，亦与心而徘徊。故"灼灼"状桃花之鲜，"依依"尽杨柳之貌，"杲杲"为出日之容，"瀌瀌"拟雨雪之状，"喈喈"逐黄鸟之声，"喓喓"学草虫之韵。"皎日"、"嘒星"，一言穷理；"参差"、"沃若"，两字连形；并以少总多，情貌无遗矣。虽复思经千载，将何易夺？及《离骚》代兴，触类而长，物貌难尽，故重沓舒状，于是"嵯峨"之类聚，葳蕤之群积矣。及长卿之徒，诡势瑰声，模山范水，字必鱼贯，所谓诗人丽则而约言，辞人丽淫而繁句也。

既言人心之感于物，又言作者之"约言繁句"，可见，"感物"必有"吟志"，"情动于中"则必"形之于言"，这也就是刘勰眼中"自然之道"在心物关系中的体现。对此，学界所论甚详，无多异议。不过，我们需要强调的是，前面所说的"物—心"关系是一种"物感"，这里的"心—物"也是一种"感"。此中有如下几个原因：一方面，我们在前面说到过，"感物"和"吟志"，从来都是密不可分的。所谓"吟志"，必然出于内心之所感；其中的"志"，也一定是感物之后之志。这也正是"诗人感物，联类不穷。流连万象之际，沉吟视听之区"意义之所在。在这种"感物吟志"的过程中，作为外物的"言"也一定包含着主观的情志，换句话说，这种由内及外的"心—物"传递过程，也是一种创作者移情于物、移情于言的过程。在50年代美学大讨论过程中，朱光潜先生曾提出"物甲"与"物乙"的说法，如果前者是纯粹的"外物"，是"不随人的意志为转移的事物的客观形态"，是科学家眼中的"物"；后者则是诗人眼中和心中之"物"，"是外物与人的主观条件结合的成果"。① 在童庆炳先生看来，"感物吟志"中的"物"就是这个"物乙"。"我们解读'感物吟志'中的'物'是'物乙'，实际上是把'物'理解为作品的'题材'，而不是一般意义上的'生活'。生活是外在于诗人的，而'题材'是内在于诗人的，外在的'物甲'只有内化为诗人情感世界中的'物乙'时，也才能化为诗人的'情性'，而诗的'志'不是直接从外在的'物甲'中来，而是从诗人的'情性'中来，'物乙'则已融化于'情性'中了。"② 所以说，没有感情的浸染，就没有由内及外的诗化语言的表达。这样说来，"物—心"是一种物感的话，"心—物"的表达过程，也是一种感。那么，心与物之间的关系，就成了一种互相交感的关系。在此，"感"永远不是单向的，而是双向互动的。关于这种双向互动，显然应当上推到《易传》。在《易传》中，对"感"作了最形象诠释的就是《咸》卦。《咸·彖》云："咸，感也。柔上而刚下，二气感应以相与。止而说，男下女，是以亨利贞，取女吉也。天地感而万物化生，圣人感人心而天下和平。观其所感，而天地万物之情可见矣。"《咸》卦的卦象下艮上兑，艮为山，兑为泽，如郑玄所说，"山气下，泽气上；二气通而相应，故曰'咸'也。"可见，《易传》以山泽之交比方男女之感，比方天地自然万物之交感。在这里，《易传》把这种交感的意义推举到与天地大化和圣人之道一样的高度，《系辞上传》曰："易无思也，无为也，寂然不动，感而遂通天下之故。非天下之至神，其孰能与于此。"所以，《乐记》仅仅是将"物感"与文学创作联系了起来；《易传》却从一个超越性的高度出发，看到了心物之间交互作用这种

---

① 《朱光潜全集》第5卷，见童庆炳：《〈文心雕龙〉"感物吟志"说》。
② 见童庆炳：《〈文心雕龙〉"感物吟志"说》。

"交感"普遍存在于宇宙大化之中,这才是《物色》中"心—物"阐释模式的真正来源。另一方面,"心—物"的表达过程,显然是借助于"象"而实现的。如前引《物色》篇推阐由心到言之"感"时,以"灼灼"状桃花之鲜,"依依"尽杨柳之貌,"杲杲"为出日之容,"瀌瀌"拟雨雪之状,"喈喈"逐黄鸟之声,"喓喓"学草虫之韵,此中的"状"、"尽"、"为"、"拟"、"逐"和"学"诸动作,均是一种"摹象":一边是"桃花之鲜"、"杨柳之貌"、"出日之容"等这些鲜活可感的物象,另一边则是"灼灼"、"依依"、"杲杲"等这些诗化的语言。但我们并不能说两者是对立可分的,而是融会于一体的,在观者眼中,既可看到鲜活的桃花,也可感到桃花的灼灼之美,夭夭之茂盛;既能听到黄鸟的林间脆鸣,也能体验到喈喈之韵和声之远闻。所以,这是融会了外物之形象和作者心中之体验的"象"。论者说到《物色》中的心物关系,总要强调其中之心物交融、主客融会,如罗宗强先生在解释"与心徘徊"时说:"万物已不再是纯客观的存在,而进入心中,成了心中之物,加进了主观色彩,经过组合、改装,是在心中重新展开的物象。"① 这个主观化了的物象实际上早已包含了"物—心"与"心—物"两个过程于一体,也就是说,主体与客体、心和物都融会到作者笔下的"象"之中了。这便是刘勰所说的"登山则情满于山,观海则意溢于海",此中之"山"和"海"早已不是"见山是山"、"见海是海"那个层次的"山"、"海",而已经是饱含着人之"情"和"意"的"山"、"海",虽然"还是山"、"还是海",但却已经是经过人之情意所洗礼、再造的一种"意象"了。在这"意象"之中,创作主体的主观视野与外物融为一体,这也便是"我才之多少,将与风云而并驱矣",在泛滥停蓄之间,心与物实现了生动的契合。此种契合又是开放的、极具召唤性的,所以,后来的观者往往能从这些意象体验到深蕴其间的主观情志,这些"象"都是可感可闻的。人们必然要从"灼灼"之象体会到

---

① 罗宗强:《魏晋南北朝文学思想史》,第321页。

"桃花之鲜",从"杲杲"之象看到"出日之容",从"瀌瀌"之象感受到"雨雪之状"。各种物象情志,都必须是接受者眼中的物象情志,否则它们的存在便没有意义。这样,我们看到,既然"物—心"和"心—物"已经是两种"感",则"感"的过程并未止于由心到物之"感"。借助于"象",此处又有了第三种"感",也便是接受者之"感"。刘勰在强调神思之美、物色之美、体性之美、情采之美、丽辞之美等,乃至各种文章体裁之美、各种经典谶纬之美、各种诗文辞章之美的时候,永远不可能忽视文学作品能带给人何样的审美感受。比如《情采》赞云:"言以文远,诚哉斯验。心术既形,英华乃赡"。心术必须有可感之"形",才能让人体会到曼妙多姿的英华之美;再比如前面说到的《隐秀》篇"使玩之者无穷,味之者不厌矣",专意强调了对文章之"玩味"者的感受恰恰是隐秀是否成功的试金石;还有《总术》"视之则锦绘,听之则丝簧,味之则甘腴,佩之则芬芳,断章之功,于斯盛矣",也都是从接受的角度在谈这"第三种感"。至如《比兴》"惊听回视",《才略》"皎然可品",都是对《知音》"缀文者情动而辞发,观文者披文以入情,沿波讨源,虽幽必显"理论的支持。诗人感物,内心产生触动,神思驰骋,情动于中,这是第一层感;掷翰吟志,窥意象而运斤,因内而符外,这是第二层感;而接受者披文以入情,于典坟之间怡情志、养体性,则是第三层感。到此,"感"也不会就此终止,后人对前人作品的接受,又会激发其创作新的作品,把饱含着对前作之体验而又遍染"我之色彩"的新体验铸造在新的"境象"之中。此中之"物感"和"感物"永远是联类不穷,形成了一个"阐释的循环"。心物感应之周流不息,就很自然地成就了"取类感通"的描述。而这种"取类感通",其本源也正在于《易传》。我们知道,正是由于《易传》作者对《易经》的接受,才有了一个完善的言—象—意的阐释结构,其中"意"这一层面就是《易传》作者从卦爻符号和卦爻辞中所体验的生命意识,经由十翼的文字敷演,《易传》将那深沉的生命体验落实于文字之中,并为人代代接受。此中,"象"的阐释层次起到了重要的作用。

《易传》把《易经》中本是散乱的卦爻象依照一个合理的顺序排列起来，原本那种只是含蕴着朴素的生命体验的卦爻辞也被《彖》、《象》、《文言》等篇以"漫画式"的语言，描画出一幅幅直观可感的图画来，其中既包含着《易传》创作者的体验与感受，其直观可感性也为后来的接受者能够感知《周易》之"意"提供了条件。在这个感知、接受的链条中，"联类"的思维方式起到了重要的作用。《系辞传》中，对"联类"的阐发随处可见。如"方以类聚，物以群分"；"八卦而小成。引而伸之，触类而长之，天下之能事毕矣"；"古者包羲氏之王天下也，仰则观象于天，俯则观法于地，观鸟兽之文，与地之宜，近取诸身，远取诸物，于是始作八卦，以通神明之德，以类万物之情"；"其称名也小，其取类也大"等等。至于像《说卦》"雷以动之，风以散之，雨以润之，日以烜之，艮以止之，兑以说之，乾以君之，坤以藏之"这种以八种符号推而广之，引而伸之，更是通过联类而成就了一个完整的象数图式。当然，这种"比类"的思维方式并非《易传》之首创，《易经》之成书便早已包含着此类比类思维于其中。但是，唯有《易传》所构筑的那种完善混成的象数体系，才是此种"联类"的最佳阐释。也正因为了有这样象数体系的范式存在，刘勰的《文心雕龙》才将心物之间这种"感"阐发得如此圆润完熟。

说到此，似乎已经足以说清《周易》之"取类感通"与《物色》之心物感应之间的关系了。但这还只是说完了第二层意思。《易传》与《文心雕龙》在心物感应上的联系还不止于此，因为这里还有第三层意思。

《易传》对《物色篇》的影响，远不止于"联类"：在生命美学层面上的契合，才是刘勰的真意所在。

在前文中，我们说过，《物色篇》"春秋代序，阴阳惨舒，物色之动，心亦摇焉"一段，以"四时之动物"比方了生生不息的生命时间对人的感召和触动。在这一段中，我们总能看到各种生命的灵动："阳气萌玄驹步，阴律凝丹鸟羞，微虫入感，四时动物"，至于"一叶且或迎意，虫声有足引心"，"桃花之鲜，杨柳之貌，黄鸟之声，草虫之韵"，都是那种"活生生的自然"的生动的描绘。在这里，我们很自然就联想到宗白华先生所说过的这段话："艺术家以心灵映射万象，代山川而立言，他所表现的是主观的生命情调与客观的自然景象交融互溶，成就一个鸢飞鱼跃，活泼玲珑，渊然而深的灵境，这灵境就是构成艺术之所以为艺术的'意境'。"[①] 鸢飞鱼跃，活泼玲珑。正是这种生命之灵动，才这样感人动物，因为在其中我们看到了一种生命的共通。而这种共通，又出于中国传统"象思维"中那种"天地与我并生，而万物与我齐一"的浩大境界。这种生命的共通，这种深沉的生命体验，也便是刘勰创作《文心雕龙》的真正内驱力，是刘勰创作《文心雕龙》最根本的内在视域。这样，我们就很自然地超越了《物色篇》的视野而回到"自然之道"的问题上来。

如前所引，刘勰在《原道》、《宗经》、《征圣》这几篇中，就已经把心物之"感"摆到了一个核心的位置，并将它们和生命美学联系在了一起。

  心生而言立，言立而文明，自然之道也。（《原道》）
  形立则章成矣，声发则文生矣。（《原道》）
  言之文也，天地之心哉！（《原道》）
  故知道沿圣以垂文，圣因文以明道。（《原道》）
  圣人之情，见乎文辞矣。（《征圣》）
  志足而言文，情信而辞巧，乃含章之玉牒，秉文之金科矣。（《征圣》）
  义既埏乎性情，辞亦匠于文理，故能开学养正，昭明有融。（《宗经》）

[①] 宗白华：《中国艺术意境之诞生》，载《艺境》，北京：北京大学出版社1989年版，第151页。

从以上这些引文来看，刘勰早已在《文心雕龙》的"枢纽"中描绘了一个心物相感的核心范式，为全书中的心物关系、言意关系、情物关系、心言关系等定下了一个基调。如果说这几篇"文之枢纽"为心物感应论"立其体"，则《物色篇》不过是"畅其支"。这种由本体到四支间的纽带，当然就是为刘勰反复强调的"联类"之思。只不过，在《原道》等篇的起点上，这种"联类"的出发点就已经出于生命美学的高境界。主要的原因就在于刘勰总是把人与天地自然放到同一个视域中，从天人并立的视域出发来看待"自然之道"和"文之为德"的关系："仰观吐曜，俯察含章，高卑定位，故两仪既生矣。惟人参之，性灵所钟，是谓三才。"对于"惟人参之"，罗宗强先生作了精到的阐析。他从"参"字之训释出发，分别梳理了联类中的"比象"和"比德"两种思路，最终归结于刘勰那种极富人性色彩的文学观念："论情采，他讲五情发而为辞章，乃是情理之数；论神思，他讲才、性、情、气在驰神运思过程中的作用；论物色，他强调了心物交融。心物之所以能交融，就在于心物都有其情，有其性，不惟人有春秋之感，万物亦有，由是而言'目既往还，心亦吐纳'。这种心物交融的观念究其渊源之所自，实来自于万物一气说，来自于比象天地说，更侧重于人的自然本性。"① 可见，"惟人参之"正是包括了《物色》等各种探讨心物关系之篇章的出发点。在此，《易传》的影响就不仅仅是浮光掠影、信手摭来的卮言妙句，因为刘勰表达这种生命美学的时候本就是依照《易传》的逻辑而敷演的。如前所引的"仰观吐曜，俯察含章"句，再如"人文之元，肇自太极"句等都几乎直接来自《易传》。更重要的是，不论是"与天地并生"，还是"两仪既生"再到"故形立则章成，声发则文生"，这些与《易传》直接相关的句子都有"生"的存在。用刘勰的话来说，这就是所谓的"心生而言立，言立而文明"，这也就是"自然之道"。

---

① 罗宗强：《读文心雕龙手记》，北京：生活·读书·新知三联书店2007年版，第30页。

如此，我们又完成了一个"阐释的循环"。从《原道》中的"自然之道"出发，到《隐秀》的"意中之象"，再到《物色》的"心物感应"，最后又回到了"自然之道"的原点上来。不过，在这个过程中，我们已经清晰地看到了刘勰《文心雕龙》对《易传》的深刻把握。他的《文心雕龙》确实是一部论说文学理论的著作，但他必然是从他那深沉的生命体验出发，进而铺演全书的。而这种生命体验，又必然受到《易传》所描述的那种象数体系的深刻影响，乃至于，全书五十篇之数，乃至整整部书的框架，都暗合《易传》所说的"大衍之数"。这样说来，刘勰的《文心雕龙》又可看做是对《易传》的又一次阐释。这正是"百龄影徂，千载心在"（《征圣》）。不过，这个循环并不会在刘勰这里终止，《易传》的生命美学还会通过彦和的后学，从《文心雕龙》的字里行间去体验那种"天地之心"，让这个接受的链条循环下去，生生不已，周流不息。

第六章 李白诗歌对《庄子》的接受

李白对《庄子》的文学接受,是"接受的"文学史的历史之链中一个极具典范意义的现象。李白与庄周,一个是"天仙才子",一个是"才子天仙",两人在中国文学史上,都是具有"骑鲸跨海"之气魄的巨擘,历来为后人所推重。而李白又以其万古难遇的妙翰神笔,极富创造性地接受了《庄子》,用其璀璨浪漫的一生来实现了他对《庄子》的文学接受。李白对《庄子》的文学接受并不是自他第一次翻开《庄子》时便开始的,更不会以他最后一次合上《庄子》这本书为终结。应该说,李白尚为"赤子"① 之时,已经开始了"作为李白"的"期待视野"的形成。彼时《庄子》本文已经泽被后世八百余年了。李白自身"视野"的每一次变化,都蕴涵着李白之视野与源发自《庄子》之视野的融合。这种视界融合,又可以看做文学接受的主客体之间的一次对话、交流,它的结果,便是创造出一个新的视野,或者说,审美经验。这一新的视野并不是静止不动的,因为它总是处于流动与转化的过程中;它也不应该被人为地条块分割,因为它是一个完备的整体;它还极具创造力,因为,这种基于直觉思维的审美经验本身就是一种创造,它又可以以诗文舞咏来实现新的一轮创生。我们无从把握李白的每一次"视界融合",却可以由他留下的诗歌创作,以及

---

① 《老子·五十五章》:"含'德'之厚,比于赤子。"《庄子·山木》:"林回弃千金之璧,负赤子而趋。或曰:'为其布与?赤子之布寡矣;为其累与?赤子之累多矣。弃千金之璧,负赤子而趋,何也?'"

与之相关的后人的接受成果来再现李白诗歌对《庄子》的文学接受，因为每一首诗歌的创作，都可以看做李白所进行的一次"文学接受"。从作为接受本文的《庄子》来看，它本身也以其极具审美意味的"召唤性"本文结构期待着李白的接受。在李白的期待视野与《庄子》的视野发生碰撞和融合的那一刻，也便是《庄子》本文中的"空白"得到填补、《庄子》作为文学作品的审美意义在李白的意识中得到再现的过程。

一 不言之言：作为接受本文的《庄子》

与《易经》本文一样，我们还是从《庄子》本文的"言"这一层面说起。

"言"的本文层次，是接受者读到《庄子》的时候最先接触到的一个层面，因此，这一层面也是直接面对接受者的一个层面。在前面我们讨论过，在接受现象中，接受本文之"言"绝不仅仅限于"语音"一个方面。这是因为，在中国古典文学史上，"言"指的是语词或者语句，而后者已经是音义复合体了，决不单纯是英加登所说的颇具符号学意义的"字音"。因而，在比较宽泛的意义上讲，"言"可以和"文"、"辞"、"语"互换。比如"辞达"之"辞"，"文逮意"之"文"等等。至于从"言不尽意"这一论题解析开来，则"言"还应该包括各种修辞格以及相应的语体风格。

这样，我们就可以发现，"言"这一层面实际上包括了英加登所列出的"字音"和"意义"两层，而朱立元先生提出的"修辞格层"也应该包括在"言"的层面当中。朱良志先生在《中国艺术的生命精神》一书中，将汉字提高到了"生命语言"的高度，因为"汉字创造始人对自然宇宙的全方位地体认，反映了主客之间的联系，有机性贯穿其中"。[①] 这种论述虽然尚有值得商榷之处，但它至少为我们提供这样一个认识：中国的汉

---

① 朱良志：《中国艺术的生命精神》，合肥：安徽教育出版社1998年版，第132页。

字所负载的意义远远胜过英加登所说的"字音"或"意义"层,在中国古典文学作品当中,音、意和各种语言技巧浑然形成一个完整的本文层次。《庄子》本文中的"言"便是如此。

> "以谬悠之说,荒唐之言,无端崖之辞,时恣纵而傥,不以觭见之也。以天下为沈浊,不可与庄语,以卮言为曼衍,以重言为真,以寓言为广,独与天地精神往来,而不敖倪于万物。不谴是非,以与世俗处。其书虽瑰玮,而连犿无伤也。"

这段话见于《庄子·天下》,是庄子后学对《庄子》语言的概括。与其他著作不同,《庄子》一书对"言"的定位和作用有着鲜明而且极富深意的认识,而这种认识也主导着《庄子》本文中的"言"的外在形态。这种认识便是《庄子》的"言意观":

> "世之所贵道者,书也。书不过语,语有贵也。语之所贵者,意也,意有所随。意之所随者,不可以言传也,而世因贵言传书。"(《庄子·天道》)

> "道不可闻,闻而非也;道不可见,见而非也;道不可言,言而非也。知形形之不形乎!道不当名。"(《庄子·知北游》)

可见,《庄子》从道论角度出发,从道"无名,不可名,不可言"的前提出发,对"言"持一种否定态度。然而,庄子却并不是完全否定"言"。正如宋人文及翁所云:"然则忘言可乎?言可忘,则《南华经》不作矣。"[1]

---

[1] 《南华真经义海纂微序》,引自谢祥皓、李思乐:《庄子序跋论评辑要》,武汉:湖北教育出版社2001年版,第26页。

对于《庄子》的"言意"观,最近几年来,很多学者都作了认真的探讨,本文不拟赘述。① 学界普遍认为《庄子》否定"言"可通"道",主要是因为相对于"道",普遍意义的"言"属于"形下"领域,重实;"道"属于"形上"领域,体无,集虚。因此,"言"是很难准确把握"道"的本体的,而不是说"言"完全不能把握"道"。

在《逍遥游》篇中,庄子借惠施"大瓠"、"大樗"的寓言,讲述了"无用之用"的道理。"大瓠"、"大樗"很难符合惠子的功利的要求。然而,顺物自然,"用得其所,则物皆逍遥也"。② 对此,成玄英疏解道:"无用之用,何所困苦哉! 亦犹庄子之言,乖俗会道,可以摄卫,可以全真。"可见,在庄子看来,只有"无用"才是"大用",因为"无用",才能"无心",才能去其成心,而"无心之言"才是"道言",才符合《庄子》一书的"真义":"天地有大美而不言,四时有明法而不议,万物有成理而不说"(《知北游》)。这种"无心之言",才可以通"不言之辩,不道之道"的形上境界。这种"言"便是"至言",而"至言去言,至为去为",这种"至理之言"因为"无言可言",因而"去言"、"不言",也就是"不言之言"。

因此,我们可以判定:《庄子》之言是"不言之言","无心之言",言,又否定言,只有这样,才能"达于道",成为"道言"、"至言"。所谓庄子之"道",即庄子哲学体系中的"无"之本体,《庄子》哲学和《庄子》本文实际上都是围绕着这一本体展开的。对于这一问题,总之,所谓"不言之言",在《庄子》文本中应该就是"体无"之言。

---

① 朱立元、王文英先生在《试论〈庄子〉的言意观》,中认为,道与言分属形上形下两个世界,《庄子》,所否定的是"形而下"的"言",与之相对,则是"大言";大言对应于"大知",是可以反映"道"的。此说可作参考,但是"大言"与"小言"的区分还有待商榷;王凯先生在《逍遥游——庄子美学的现代阐释》,一书中,把《庄子》言意观放到"语言维度"的横向阐析中,并与西方的语言观作了相当深入的比较;包兆先先生在《〈庄子〉生存论美学研究》,一书中,辨析了"可说"与"不可说"之限,实际上是对朱立元、王文英之"言意观"的延伸;还有从符号学、现象学角度辨析《庄子》言意观的。

② 郭象:《庄子》注,引自《庄子集释》,第42页。

那么，作为《庄子》本文的一个重要层次，《庄子》的"体无之言"应该具备哪些品格呢？

对于《庄子》的语言特色，学界的研究实际上已经十分透遍了，凡是通论《庄子》（而非专论《庄子》哲学思想）的学术著作，常常要涉及《庄子》的语言；至于专论《庄子》语言的文章就更不胜枚举了。① 而且，不论他们对《庄子》哲学的认识存在多大分歧，对于语言的分析却几乎同声同气、罕有分歧。因此，本文仅拟就《庄子》语言中与文学接受有关的方面作一个简要的介绍。

第一，《庄子》语言之自然天成、不受拘束。《庄子》的言意观反对那种拘执于形而下层次的语言而力求直通于道，因此，其语言便反对人工雕琢，而推重那种"横空而来，倏然而逝"的语言。在《应帝王》篇中，倏和忽"谋报中央之帝——混沌"之德，曰："人皆有七窍，以视听视息，此独无有，尝试凿之。"日凿一窍，七日而混沌死。对此，后人评道："倏忽取神速为名，浑沌以合和为貌。神速譬有为，合和譬无为。"② 这正说明了《庄子》语言反对人工穿凿的倾向。《庄子》的行文之中，各种寓言警句常常是随意而来，并不受行文逻辑的限制，语词句式没有定势，"篇中忽而叙事，忽而引证，忽而譬喻，忽而议论。以为断而非断，以为续而非续，以为复而非复"。这便是《庄子》的"神乎为文"的境界。方孝孺在《苏太史文集序》中论道："庄周之著书，李白之歌诗，放荡纵恣，惟其所欲，而无不如意。……庄周、李白，神于文者也，非工于文者所及也。文非至工则不可以为神，然神非工之所至也。"③ 方东树更直言道："大约太白诗与庄子文同妙：意接词不接，发想无端，如天上白云，卷舒灭现，无

---

① 如孙以昭、常森：《庄子散论》；孙以楷、甄长松：《庄子通论》；郎擎霄：《庄子学案》；刘生良：《鹏翔无疆——〈庄子〉文学研究》；包兆会：《庄子生存论美学研究》；王凯：《逍遥游——庄子美学的现代阐释》；崔大华：《庄学研究》，等等。此类文献还有很多，兹不一一列举。

② 《庄子集释》，第310页。

③ 《李白资料汇编》，第154页。按此语似乎由杨慎率先提出，在《升庵合集》，卷一百一十四。

有定形。"(《昭昧詹言》卷十二)

第二,《庄子》的语言之恍惚奇崛、正言若反。"混沌"的故事既代表了《庄子》之语言的反人工,也说明了它的"奇"。李白在《大鹏赋》中赞道:"吐峥嵘之高论,开浩荡之奇言。"刘熙载则在《艺概》中说庄子是"意出尘外,怪生笔端"。对于这一点,前人的议论已经很细致很全面了。从接受角度来看,《庄子》之奇正符合了盛唐诗人,尤其是李白这样的大诗人在开阔的眼界下求新求异的心态;在李白的超逸之才的驱策下,李白之奇"超脱妙绝,飘飘欲仙,泠然如列子御风而行,此夫专以奇胜者也"。(江盈科《解脱集序》)① 《庄子》语言的这种"奇",同时也是力避陷于形下,专意以奇崛的语言一反寻常行文章法和思维习惯,在接受美学来看,这种语言加强了文本的"陌生化"效果,加大了它与被接受者的"审美距离"。

第三,《庄子》的语言之汪洋恣肆、想落天外。《庄子》的语言,总是力图超出人们想象的境域。北溟之鲲其长不知几千里,化而为鹏,击长空抟扶摇,直上九万里。秋水时至,百川灌河,这种宏阔的气势已经能令人豪气陡升。但是,面对无边无际、深不可测的北海的时候,河伯却也只能望洋兴叹。这种宏大的气势,不是正与盛唐时代那昂扬向上开阔乐观的社会风貌有相契之处吗?清人贺裳在《载酒园诗话》中说:"太白胸怀高旷,有置身云汉、糠秕六合意,不屑屑为体物之言",正是这种风格的体现。实际上,《庄子》语言之奇不仅在于气势宏阔,书中的人名地名事物之名,也总是用一些奇诡的字眼;在论道说理的时候,大段大段的蒸云腾雾的语句,更把庄子所宗的"天道"、"真宰"形容得气度非凡:

> 非彼无我,非我无所取。是亦近矣,而不知其所为使。若有真宰,而特不得其朕。可行己信,而不见其形,有情而无形。百骸、九

---

① 《李白资料汇编》,第292、461、681页。

窍、六藏,赅而存焉,吾谁与为亲?汝皆说之乎?其有私焉?如是皆有为臣妾乎?其臣妾不足以相治乎?其递相为君臣乎?其有真君存焉!如求得其情与不得,无益损乎其真。一受其成形,不亡以待尽。与物相刃相靡,其行尽如驰而莫之能止,不亦悲乎!终身役役而不见其成功,苶然疲役而不知其所归,可不哀邪!人谓之不死,奚益!其形化,其心与之然,可不谓大哀乎?人之生也,固若是芒乎?其我独芒,而人亦有不芒者乎?(《齐物论》)

这样大段大段的"道言",《庄子》中比比皆是,在语言上都是云蒸霞蔚,使人难以辩驳,更难以突破它的笼罩。不过,我们也可以看到,以上所说的《庄子》之言的众多特点是难以完全割裂的,这三点实际上是互相渗透、互为辅弼的,因为它们不过是《庄子》的语言的一些浅层次意义上的方面,在更高的意义上,《庄子》之言作为体道之言,在通于"道"的时候,更无形无意地与庄子之"道"结合在了一起,我们将在后文中来解说这一点。

总之,《庄子》之言超越了一般的"形而下"之言,成为了"不言之言",以一种不断打破概念思维限制的语言方式来体无、达道。当然,《庄子》之言还具备"绘声绘色,仪态万方"的艺术特色,只不过,这种特色已经和《庄子》中的"象"结合起来了。

下面我们再说说"象"这一层面。

"象"这一范畴作为本文结构中的重要一层,其内涵是十分耐人寻味的。有的学者把这一层简单地归结为"艺术形象",虽然不无道理,但是可商榷的空间很大。朱立元在《接受美学导论》中将之总结为"意象意境层",应该说"是亦近矣",而未达"其所由使"。

在本文第一章中我们交代过,"象"这一范畴,早在上古时期就已经具有了"被意想"的特性。如王振复先生在《中国美学的文脉历程》中所概括的:"某物在以往被人见过、接触过,现在此物不在眼前,也无接触的可能,却对其保持着心理记忆,可被回想或是意想其大致的样子,这便是所谓'象'。"① 如果我们参考一下现象学的有关理论就会发现，现象学理论中的"意向性客体"范畴，完全可以用于解释本文中"象的层次"的这一特性：象有其存在之形式，它是可感知的，因此，它是意向性的"客体"；但是，象又不是纯粹的物质性的"形"，因为它有赖于人的感知而实现，因而它是"意向性"的客体。

在此，我们不妨将《庄子》中的象论与作为本文结构的"象"之层次观作一个比较。《庄子》极少言象，内篇中根本就没有谈到"象"。《庄子》中比较有代表性的"象"，一为《天地》篇中的"象罔"，一为《天道》篇中"故圣人取象"，一为《庚桑楚》篇中"以有形者象无形者而定"。黄帝遗其玄珠，代表着逻辑思维的"知"、"离朱"和"喫诟"都不能寻得到它，只有"象罔"得到了。包兆会先生从字面意义上将象罔理解成"形迹"、"迹象"，而后两者的"取象"和"象"则真正暗含了"比喻功能"和"意义增值"功能，② 实际上"象罔"的寓言主要说明"取象"的方式不应当经由概念思维这样的"寻常智慧"，而是应当依靠直觉思维。庄子讲求"绝圣弃知"，实际上他是想实现人们惯常的概念思维的终止，此时"天地与我为一"，主客之间完全实现了"天人合一"，"取象"就是在这整体的"一"之内部所进行的整体直观。而"言象意"中的"象"来自王弼的《周易》注，它直接的理论来源就是周易的"仰观天文，俯察地理"的"观物取象"。周易的"观"，以汉代"气论"哲学看来，其机理是人与天"同构于气"而"因气相感"。而《庄子》书中也认为"通天下一气耳"（《知北游》）。总之，《庄子》之象也是一种"直观"之象，它是可以通于"形下"之物，也可连于"形上"之"道"的。它并不是简单的"形象"或者"具象"，它由"形而下"的语言所构成，又与《庄子》之"道"一体相通。

刘熙载说《庄子》"寓真于诞，寓实于玄"，这是在说《庄子》的

---

① 《中国美学的文脉历程》，第531页。
② 《庄子生存论美学研究》，第150页。

"寓言"之妙。实际上，它也可以用来说明《庄子》之"言"和"象"的关系。《庄子》"大抵率寓言"（《史记·老子韩非列传》），但《庄子》本身并不是一部寓言总集，"寓言"是作为一种表达方式出现在《庄子》之中的，它的功能意义在书中远远超过了它的文体意义。这是因为，寓言是藉言以立象的最佳文体。一方面，寓言之言始终围绕着"象"而展开，或者汪洋恣肆如《秋水》中东海之"象"，或者妙语点睛如《齐物论》中南郭子綦之"象"。这真正体现了《庄子》"立象"过程中"体物入微"的特点。① 另一方面，作为"寓言"来说，"寓意"总在"象"之先，无论寓言中之形象的塑造多么细致入微完美完善，它总是为表现"寓意"而服务的。《庄子》中的"寓意"，或者"意"，并不是一个简单的概念化的道理，而是形而上之道，因此，《庄子》之"象"几乎都是"道"的化身。通过《庄子》之象，接受者是可以会"意"，体"道"的。下面，我们便说说《庄子》的"象"和"道"（"意"）的关系。

首先，概念思维的局限在《庄子》之"象"面前已经被突破，"鲲"与"鹏"已经超出人们想象的局限，而《德充符》篇中五位或身体残疾或丑陋无比的怪人竟然是"道德完美的象征"：王骀没有脚，而跟随他的门徒数量竟与孔子相当；申徒嘉作为刑戮之人，竟可以让郑国的贤臣子产羞愧难当；长相丑恶的哀骀它，竟然有让男子"与之处，思而不能去"的号召力；妇人见了他，居然愿做他的妾。至于说神秘绰约的天仙、高深莫测的得道者、怒发冲冠的盗跖，都使得正常的思维习惯失去了作用。这种"突兀"之象，当然得自《庄子》那奇崛的语言的的作用；但是，这种"象"之形成，也因为庄周能够从它们身上"体道"——这便引出了《庄子》之"象"的第二个特点：

其次，"道"就体现在《庄子》之象中。前面所说的"德充符"们虽

---

① 在这里我们也能看到《庄子》之寓言与文体意义上的《寓言》之不同。一般来说，寓言以拟人的手法塑造一个"人物"或拟人化的"人物形象"；《庄子》中事事物物皆可为象，未必一定是拟人化的"形象"。"体物入微"句引自《艺概》，第22页。

然形迹丑陋，但是他们"立不教，坐不议"，向他们学习的人"虚而往，实而归"，因为他们行的是"不言之教"，"无形而成心"。庖丁解牛，"以无厚入有间"，"游刃有余"，完全"依乎天理"，文惠君见了，不禁赞道："善哉！闻庖丁之言，得养生焉。"（《养生主》）再如："藐姑射之山，有神人居焉。肌肤若冰雪，淖约若处子；不食五谷，吸风饮露；乘云气，御飞龙，而游乎四海之外；其神凝，使物不疵疠而年谷熟。"（《逍遥游》）神人无己，与物为春。"一切无待，故何必五谷；无所不在，故游四海之外"。①

再次，因为"象"的直观性，《庄子》的象与象之间并没有字面上的或者形式逻辑上的必然联系，每个"象"都自成自为地、独立地通达于道。刘熙载云"《庄子》是跳过法"，"如《逍遥游》忽说鹏，忽说蜩与莺鸠"，都是如此。然而，《庄子》之"象"还有达道深浅之别，大鹏乘云气直上九霄，蜩与莺鸠只能决起尺许；列子御风而行，泠然善也，却"犹有所待"。但是，《庄子》中所谓"有待"之象，如《逍遥游》中的鲲鹏列子，《应帝王》中的神巫季咸，乃至那些在老聃面前常常处于问道者地位的孔丘，在庄子面前总落于下风的惠施，也总是给人以直观的启发，这些"象"之塑造，同样是为了"通达于意"。

以上三点，已经很能说明《庄子》书中之"象"在文学接受现象中的魅力所在了。超越寻常智慧，固为青莲、东坡这样的奇才所法；通达无极大道，更为那些仰慕庄玄禅理的诗人所宗。李白诗歌中大量出现"大鹏"意象，更有多次直接用到了《庄子》中的人物意象和事物意象。如"亦闻温伯雪，独往今相逢"（《送温处士归黄山白鹅峰旧居》）；"天籁何参差，噫然大块吹"（《感时留别从兄徐王延年从弟延龄》）；"无事坐悲苦，块然涸辙鲋"（《拟古十二首·其五》）等等。

总的说来，《庄子》一书中的"象"，因为与心理体验关联密切，对于"意境"的生成有着直接的作用。接受者在对《庄子》本文之"象"的接

---

① 曹础基：《庄子浅注》，北京：中华书局2000年版，第11页。

受过程中，通过直觉思维而形成心理体验，并由这种体验进入一种心意交融的境界。因此，《庄子》本文"象"的层次，可以概括为"象以筑境"。

《周易·系辞下》云："古者包犠氏之王天下也，仰则观象于天，俯则观法于地……近取诸身，远取诸物，于是始作八卦，以通神明之德，以类万物之情。"这种"天人感应"说对王弼的玄学思想产生了重要的影响，王弼那段著名的"言象意"说便本于此。卦爻象下连于形而下的"诸物"，上通形而上的"神明之德"，正对应着"言、象、意"之间的层递和感应关系。作为接受本文的《庄子》，也是存在着这三个层次的，已详前文。实际上，《庄子》的这种本文层次，和它的哲学体系也有着明显的对应关系。

《庄子》的哲学体系是学界的公案，笔墨官司极多，直到今天，争论都没有停止。本文当然不能对这一问题作出一个令学界满意的解决，但我们却可以确认：《庄子》一书是以"道"为本体的，全书都是围绕着"体道"、"达道"的哲学理想而作的。《庄子》中除了自然哲学，当然还有人生哲学和社会哲学的成分，但是庄子之自然哲学中的宇宙观，却应当是统照全书一切哲学的最高的"意"，那便是《庄子》的"道"论。这是因为，《庄子》书中，"道"是最高范畴。崔大华先生在《庄学研究》中对《庄子》之"道"作了比较系统的研究和阐发，本文不拟多谈。李泽厚先生认为《庄子》的核心是它的人生哲学，全书的落脚点在于对"人格理想的追求"，但是庄子对人格理想的追求，依然是"通过对'道'的论证来展开和达到的"。① 而且，不论是《人间世》的处世之道，还是《德充符》的完美人格，实际上都要以"道"为"大宗师"。更不用说，孔子为颜回讲解与卫君的相处之道的时候，他所讲的"万物之化"，不正是一种"体道"的表现吗？仲尼在《德充符》中为常季讲道时所说的"物视其一而不见其所丧"，更说明了《庄子》一书寻本溯源的哲学本质！

因此，我们可以看到，《庄子》一书所有篇章，都应该是围绕着"道"

---

① 《中国思想史论·上册》，第187—188页。

而展开的，全书都是体道之言，是一个整体。康中乾先生在《有无之辨》中说，"老、庄道家以'道'为宇宙万物的本根、本质，把'道'作为其哲学的核心范畴，自不待言"，便是明证。在关于《庄子》的争论中，各种说法都有。其中，束景南先生在《论〈庄子〉哲学体系的骨架》一文中所坚持的"道—心—道"的体系观①，这种体系观颇有代表性，也很能说明《庄子》在"道"本体统照下的本文结构："道通为一"。

那么，《庄子》之"道"具有什么样的品格呢？"夫道，有情有信，无为无形；可传而不可受，可得而不可见；自本自根，未有天地，自古以固存；神鬼神帝，生天生地；在太极之先而不为高，在六极之下而不为深，先天地生而不为久，长于上古而不为老。"这是《庄子》全书"最重要最完整"地论道的文字。②从中，我们可以总结出《庄子》之"道"的一些特点：首先，它具有功能性，从"有情有信"可以看出；其次，"道"是"可得""可传"的，却"不可受"、"不可见"；在此，我们看到了"道"的非实体性——它是不可见的，更不能通过"平常理智"，采用概念思维那种对象化的思维方式来"接受"。用什么方式？前文说过，自然是"直观"。再次，"道"是"自本自根"而"固存"的，可见，它正是庄周所认为的终极本根，它不依赖于他物而存在，它是先于一切而存在的；再次，"道"还具有巨大的"创生"功能，因为它"神鬼神帝，生天生地"。

在接受现象中，"道"的这一系列功能具有重要的意义。

首先，在接受现象中，《庄子》本文是可以接受的。但是，读者却不应该以一种对象化的概念思维来体会《庄子》，因为《庄子》之"道"本身就不是一个对象化的"实体"；以往的庄学研究中，那种将《庄子》思想条块分割为"自然哲学"、"人生哲学"和"社会哲学"，抑或以"唯物"还是"唯心"来析分《庄子》，都是在以概念哲学的思维方式将《庄

---

① 束景南：《论〈庄子〉哲学体系的骨架》，南宁：广西师范大学出版社2003年版，第103—122页。

② 《庄子浅注》，第95页。

子》之无形,或者说超越了形,或者直接说——"形而上",进行了肢解和分割。《庄子》反对的"人为",就在于此。"混沌"日开一窍,七日而亡,便是因为这种思维方式指导下的"人为",是违反《庄子》之道的。文学接受并不是哲学研究,因此,文学接受应当以直观方式去体会《庄子》之"道"或"意"。李白并没有为《庄子》作注作疏作笺,更没有什么道论存世,他对于《庄子》之意的体会,完全是通过同样具有直观性的诗歌之"象"来反映的。这便是"文学接受"的典型范例。

其次,在接受者面前,它是一部完整自足的接受对象,读者未必将一本书条块分割为"人生哲学"、"自然哲学"和"社会哲学",也未必在甫一展卷便以一个考据学家的态度来分章析句,真正通读了《庄子》一书的接受者,对于《庄子》的印象显然是一个整体的印象,这一印象首先在于《庄子》之"道"的"有情有信",其次便在于《庄子》之"道"——"意"的完备自足,因此,接受者才可以因而感发,进而生情,在体验中形成对《庄子》之道的完整印象。人的体验是一个完整的意识,它是不能被分割的。

再次,《庄子》之"道"体现出了该书"形而上"方面的那种巨大的创造性。对于这一点,仅仅一句"神鬼神帝,生天生地"是不能够说明问题的。王树人先生在《回归原创之思》一书中认为,"有"生于"无","无"作为本体,当然是"原发创生"的。《庄子》之"道"同样是本体,当然也具有此功能。从《庄子》本文中,我们也可以看到这一点:

> 狶韦氏得之,以挈天地;伏戏氏得之,以袭气母;维斗得之,终古不忒;明夷得之,终古不息;堪坏得之,以袭昆仑;冯夷得之,以游大川;肩吾得之,以处大山;黄帝得之,以登云天;颛顼得之,以处玄宫;禺强得之,立乎北极;西王母得之,坐乎少广。莫知其始,莫知其终。彭祖得之,上及有虞,下及五伯;傅说得之,以相武丁,奄有天下,乘东维,骑箕尾而比于列星。(《大宗师》)

可见，真正的"体道"者，是能够获得"挚天地、袭气母"的能量的。这种体道之后的"受用"，如庖丁所说的"提刀而立，为之四顾，为之踌躇满志"。这是一种经过对于"道"之体验形成之后的心理状态。这是不是可以理解为接受者在读了《庄子》一书之后，其创作的灵感和诗思得到极大的激发之后的一种心灵状态呢？

其实，《庄子》之"道"还有一个重要特征，那便是"流动和转化"。"在太极之先而不为高，在六极之下而不为深，先天地生而不为久，长于上古而不为老"这句话是可以启发我们对这种特征的认识的，但是它是很含混的。为什么《庄子》之"道"在不断地"流动和转化"？因为《庄子》的每一言，每一象，都是"道"的化身。书中不论是寓言、卮言还是重言，抑或各种层次的具象、形象、意象，都是"道"在不同层次的体现。不论其载体如何，"道"的本质永远是通而为一的。

因为"道"的以上诸种特征，我们可以知道，《庄子》一书的"道/意"是非实体性的、自本自根的、原发创生的。相对于"形而下"之"有"，它应该归于"形而上"的"无"之域。这种"无"，在文学接受论的本文观中，不就是最大的"空白"吗？文学接受论以"空白"在本文的存在为衡量本文之"召唤性"的标准。实际上，在东方哲学的视野中，所谓"空白"并不是简单的、对象化的空白，它是一种在哲学本体论关照下的本文状态。

二 定向与创新：李白对《庄子》的期待视野

在此前的李白研究中，虽然关于"李白对前人的学习与继承"，或者对于"前人对李白的影响"的发掘和阐析已经到了精益求精的地步，但是，论者多数将注意力放到"事实上的联系"上面，其研究方法多为在各方面比较异同，并以这种静态的比较结果为依据，来说明李白在创作上与前人的联系，进而说明李白对前人的学习和继承。

然而，文学接受是一个动态的过程。接受的主体与接受的客体，即接受者与被接受者是在一个动态的审美交流和对话过程中完成文学接受的。如果说还没有被接受者所接受的文学作品只能算做静态的"本文"的话,那么在接受过程中,本文的意义经由接受者的主体意识的运动得以显现,可以说,没有接受主体的意识流动,作为接受客体的文学作品在接受现象中是毫无意义的。因此,对文学接受的研究并不在于静态地分析"对象化"的文学作品,而是要从整体上考察文学接受这一动态的文学现象。为了达到这个目的,我们首先就应该加强对接受过程中接受主体的意识活动的研究。而"期待视野"作为文学接受的"前结构",则是主客体之间审美交流和对话的前提。因此,在这一部分中,我们首先要探讨一下李白对于《庄子》的期待视野。

"期待视野"是接受理论中最重要的范畴之一,尧斯将之称做自己的"方法论顶梁柱"。所谓"期待视野",指的是:"读者在阅读理解之前对作品显现方式的定向性期待,这种期待有一个相对确定的界域,此界域圈定了理解之可能的限度。"① 也就是说,接受者在接受一部作品之前相对于被接受作品的审美经验与生活经验的一个集合。它也可以被理解成接受者的一种"心理图式"。

实际上,在接受过程中,"期待视野"依然存在,并不断发生变化。因为接受现象是一个动态的交流和对话,因此,接受的主客体双方在不断地影响着对方,它的表现就是接受主体视野的改变。尧斯把它称做"视界融合"。这是因为,读者在接受一部作品之前,当然不可能处于一种"'零'度的纯中立的清白无染的'白板'状态",② 一定是具有一种先在的知识框架或者理解结构的。而在接受过程中,这种理解结构一定处于不断的发展和变化当中;而一部新作品也总是与读者处于一种"历史之链"当中,它总能够通过各种预告、公示之类的信息预先为读者提供一个特殊

---

① 黄光伟:《"期待视野"与接受主体审美心理结构的建构、调整》,载《北方论丛》2001年第3期。

② 金元浦:《接受反应文论》,第122页。

的接受，来唤起读者对此前的阅读的记忆，并对他即将阅读的这部作品产生一定的期待心理。因此，在阅读过程中，这种期待或者得到满足，或者导致读者的失望。这一期待视野一旦改变，还会与接受者此后所接受的作品发生"视界融合"。因此，期待视野的运动和变化，是贯穿文学接受现象的始终的。

在前文中我们说过，尧斯的"期待视野"理论大大提升了读者在接受研究中的地位，他甚至以"期待视野"与具体阅读之间的"审美距离"作为评判一部文学作品审美价值的标准。此外，我们也可以看到，"期待视野"作为一种"先在理解"，从解释学的角度来看，是一种"合法的偏见"，这又与现象学那种要求"悬置"一切"偏见"的主张产生了矛盾。更为重要的是，尧斯等人的理论似乎更接近于"阅读现象"之研究，这种所谓"阅读前"和"阅读后"的划分，是对文学接受这一极具流动性、整体性和创造性的运动过程的对象化的切割。

因此，国内一些学者已经开始对尧斯的"期待视野"理论进行改造。比如龙协涛从阅读学的角度将这种"期待视野"解释成"心理定势"；①比如朱立元在《接受美学导论》中指出：人的心理结构作为期待视野的"前结构"是作为一个完整的精神文化整体投入创作或鉴赏活动的，因此，接受者的期待视野之中除了文学方面的经验，还应该还包括艺术素养、审美感觉、审美理想等。因此，他指出，"阅读的前结构"至少应当包括这样几个层次和要素：世界观和人生观；一般文化视野；艺术文化素养；最后才是"尧斯所说到的文学方面的知识、阅读经验，对文学历史、文学类型、语言、主题、形式等封面的某种程度的熟悉和领悟……'文学能力'"。正是这多种层次和要素的有机组合，才能"以经验形式形成每个读者现实地进行审美阅读的前结构和心理图式"。②

影响李白的期待视野的因素，主要有三个方面：

---

① 龙协涛：《文学阅读学》，第162—172页。
② 《接受美学导论》，第205—206页。

首先，盛唐时代的文化精神对李白的影响。对于这一方面，李白研究界的探讨已经十分深化和细化了。本文无意赘述前人之研究成果，而是力图把那些与李白对《庄子》的期待视野有关的内容进行一下梳理。

唐代是一个极具包容性的时代，不同地域的文风、不同宗教之传播乃至中外各国文化的文化都可以共存于盛唐的时代文化之中。葛景春先生的《李白与唐代文化精神》、袁行霈先生的《李白诗歌与盛唐文化》① 等通论"李白与唐代文化"的文章都持此说。

实际上，唐代对不同文风、不同文化的"包容"都是有条件的、有限的涵纳，比如，隋唐时期对南方文风之华靡的批评还是比较明显的，一方面是唐初史官从正统儒学的立场对南方文风进行了批评，如朱东润在《中国文学批评史大纲》中说："……鄙薄萧梁，动称轻险，则李百药、魏征、令狐德棻三人之论，如出一手。"另一方面，唐代文人对南北文学各自的问题也是认识得比较清醒的，他们对曾在唐初的宫廷中风行一时的柔靡文风进行了批评，像陈子昂、王勃等人的批评还是十分激烈的。但他们绝不是完全否定南方文风，至少不是"身体力行"地去禁绝那些"清音佳句"的。因此，在盛唐时期，诗人们别裁伪体，转益多师，有选择地接受了前代文风。正是在这种"有选择地接受"的情况下，李白才形成了那种对六朝文学既批评又景仰的期待视野。也正因为如此，我们既能见到"自从建安来，绮丽不足珍"的感叹，也能看到李白对六朝文人的推崇。罗宗强先生作过一个统计："单是谢灵运的'池塘生春草'一句，李白就以十分崇敬的口吻，提到过四次。"罗先生进而指出：李白的文艺思想，应该是"反对模仿，反对雕饰，提倡质朴自然"。②

此外，唐代确实能够包容不同宗教的存在，不但儒、释、道并行，而且伊斯兰教、祆教、景教和摩尼教都曾流行过。不过，这种包容也不应笼

---

① 葛景春：《李白与唐代文化精神》，收于《李白研究管窥》，保定：河北大学出版社2002年版，第107—111页；袁行霈：《李白诗歌与盛唐文化》，载《文学遗产》1986年第1期。

② 朱东润：《中国文学批评史大纲》，上海：上海古籍出版社2004年版，第87页；罗宗强：《李杜论略》，呼和浩特：内蒙古人民出版社1981年版，第106页。

统地看待。徐连达先生在《唐朝文化史》中强调:"以上诸种外来宗教,多系突厥、回纥、波斯、阿拉伯诸民族所信仰,基本上被限制在他们的民族圈内传播,因此很少受到唐人的信奉。"① 而佛道之间的斗争也还是很激烈的。如果说武宗会昌年间的禁佛斗争不至于影响到李白的期待视野,则唐初佛道斗争对于唐代的文化精神之影响还是存在的。岑仲勉在《隋唐史》中就曾提及:高祖虽"受(隋)文、炀两帝佞佛之影响",而太宗又于"贞观十一年敕,老子是朕祖宗,名位称号,宜在佛先(《慈恩法师传》九)",高宗"乾封元年二月,更追尊为太上玄元皇帝","道与释向不相能,忽而得此背景,对释教自更不甘示弱"。② 唐代文人士大夫对佛教的批评也是很普遍的,如傅奕曾在高祖武德年间上述请废佛教;吕才详审玄奘宣译的《因明论》,与唯识哲学"诡辩说法"进行了论战,玄奘的弟子最后只能"以不了了之的方法"应付过去。而从武后朝开始,更有很多大臣看到佛教"饰弥盛而国弥空,信弥重而惑愈大",纷纷上疏反佛。③ 可见,所谓"盛唐对不同宗教的包容",也应当辩证地看。正因为这诸种宗教在摩擦不断的环境中共存,我们才可看到李白那种并不独宗于一门,胸中既有兼济天下的儒者理想,又有超世出尘的道家情怀,还有情景虚空的佛禅之心。

其次,李白个人的生活经历对其自身的期待视野之形成,也有着巨大的影响。

对于李白的生平,学界的研究更为细化,各种史料的开发和处理已经达到了相当高的境界。虽然对于李白的生平研究还存在很多疑点,在这些问题上的争论并没有终止,但此种具体问题的实证并不在本文的探讨之列。

李白自幼受到传统文化的教育,这当然是对于李白的期待视野之影响

---

① 徐连达:《唐朝文化史》,上海:复旦大学出版社2004年版,第408页。
② 岑仲勉:《隋唐史》,石家庄:河北教育出版社2001年版,第156页。
③ 王仲荦:《隋唐五代史》,上海:上海人民出版社2003年版,第1001—1002页。

最为深远绵长的因素。在《上安州裴长史书》中，李白自叙道："五岁诵六甲，十岁观百家。轩辕以来，颇得闻矣。常横经藉书，制作不倦，迄于今三十春矣。"① 此类自述还有很多，如"十五游神仙，仙游未曾歇"（《感兴》其五）；"十五观奇书，作赋凌相如"（《赠张相镐》）。可见，李白的"学力"是自幼打下的坚实基础。况周熙在《蕙风词话》中，借"词心书卷"之比较，探讨了才情和学问的关系："自唐五代已还，名作如林，那有天然好语，留待我辈驱遣。必欲得之，其道有二：曰性灵流露，曰书卷酝酿。性灵关天分，书卷关学力。学力果充，虽天分少逊，必有资深逢源之一日。书卷不负人也。中年以后，天分便不可恃。苟无学力，日见其衰退而已。江淹才尽，岂真梦中人索还囊锦耶？"才情，学力，二者不可偏废。李白之才情自不待言，但他的诗歌能够"光焰万丈，俊气烨然"，千百年来长盛不衰，李白所积累起来的书卷功夫决不能为我们所忽视。粗略地统计来，李白诗歌对《庄子》词句的化用，比较明显的就有一百余首（详见后文量化分析表），很多《庄子》典故完全是信手拈来，毫无阻滞。何止《庄子》，李白诗歌中，乐府史汉、神话传说、儒道经典，往往不着痕迹地化于诗句之中，没有这种深厚的文化功底，李白也不至于对《庄子》有着如此独特的期待视野了。这个问题我在下文还会详述。

此外，李白所交所游之中多有好老庄者，这也是一个重要因素。李白未离蜀时就曾同逸人东严子隐居学道②，离蜀后还结识了著名的茅山道士司马承祯，而吴筠、元丹丘、紫阳先生（胡公）、焦炼师等道士隐者也都与李白有过长时间来往，李白并深受他们的影响："客游会稽，与道士吴筠隐于剡中"（《旧唐书·文苑列传》）；"吾与霞子元丹，烟子元演，气激道合，结神仙交，殊身同心，誓老云海，不可夺也"（《冬夜于随州紫阳先生餐霞楼送烟子元演隐仙城山序》）。为了求仙学道，李白还对焦炼师赠

---

① 从瞿蜕园、朱金城：《李白集校注》，第1545页。有些本"藉"作"籍"字，依此本改。
② 东严子生平姓字已经无法详考，日本学者松浦友久依杨慎的说法认为他就是赵蕤，见《李白的客寓意识及其诗思——李白评传》，北京：中华书局2001年版，第70页。

言:"紫书傥可传,铭骨誓相学。"(《赠嵩山焦炼师》)而与李白有过交往的文人豪客,也常有"仙道"气质。这其中最著名的就是贺知章。李白曾在天宝初年拜谒贺知章①,"四明狂客"对李白的气质和诗作极为称赏,号其为"谪仙"。而贺知章本人在晚年也做了道士,归隐四明。通过李白对朋友的赠序,我们也可以看到李白对朋友的描述和称赞也多围绕着"仙侠气质"来写。比如他评江夏黄公"抗节玉立,光辉炯然,气高时英,辩折天口"(《送黄钟之鄱阳谒张使君序》)。又如在《奉饯十七翁二十四翁寻桃花源序》中,李白盛赞"二翁耽老氏之言,继少卿之作……卷舒天地之心,脱落神仙之境"。可见,与李白常日里耳鬓厮磨、觥筹换盏者有如此之多的仙道之士,这对于李白的期待视野之形成的作用便十分明显了。

在李白生平中,另一影响其期待视野的重要因素,便是李白的壮游。对这一点,也有很多学者展开了论述,李白与蜀中文化,李白与黄河,李白与长江,李白与荆楚文化,李白对胡风的熟悉,乃至李白"剔骨葬友"与南蛮文化的关系等话题的探讨,以及李白在长安、金陵、安陆、任城、宣城等地行踪的考证,早就被人研究透遍了。在这里需要我们提及的是,《庄子》一书对南方尤其是荆楚文化影响深远,自然也会影响李白的期待视野。

再次,《庄子》在唐代的传播和接受,对李白的期待视野之形成,也有着直接的作用。

李白自幼隐居游仙,"观奇书",览百家,对《庄子》原典的学习从很早就开始了。所谓李白所学习的"六甲"、"奇书"、"百家",虽然李白并未明确说那就包含着《庄子》,但是,松浦友久认为,这些"百家奇书"却早已超出了所谓"儒家经典"。在此,去考察李白到底什么时期读过《庄子》,他所指的书中哪些包含着《庄子》,对于文献考证学来说或有求证的可能和意义,但是对于接受研究来说,意义并不大。接受现象是一个

---

① 李白与贺知章的见面地点和具体细节,不同材料记载不同。王琦《年表》,记两人相遇于紫极官,《本事诗》载"贺知章闻其名,首访之",《唐摭言》记为"李太白谒贺知章"。

不断流动着的、极具整体性和创造性的文学现象,过于关注李白的生平细节,则容易陷入静态化研究的境地。在此意义上来说,我们仅从李白诗歌中上百次的化用《庄子》之文,以及李白在诗文赋中表现出来的对《庄子》的推重,就可以反观李白在"读书与学问倾向"中对《庄子》的学习情况了。

另外,唐人对《庄子》的广泛接受,也是显而易见的。唐初的王绩在《答处士冯子华书》中自叙:"床头素书三帙,《老》、《庄子》及《易》而已,过此以往,罕尝或披。"陈子昂则既崇儒家正统之学,又"耽受黄老易象",他的《感遇》诗,沈德潜指其"犹《庄子》之寓言也";刘熙载则在《艺概》中说:"射洪之《感遇》出于《庄子》。"① 卢照邻在《释疾文》中还曾说:"先朝好史,予方学于孔墨;今上好法,予晚学于老庄"。他在病中所作的《五悲文》、《病梨树赋并序》等文中把自己描写成了支离疏那样的"畸形人物",并在文中大谈"生死不能为其寿夭",足见《庄子》对他的影响。②

唐代遵奉道教,道家经典同样受到了重视。唐玄宗的崇道达到了一个顶峰,他在天宝年间追尊庄子为南华真人,列子为冲虚真人,《庄子》易名为《南华真经》,《列子》为《冲虚真经》。最重要的是,唐玄宗在京师设立崇玄学,置博士、助教各一人。此学馆和使职虽经变迁,却益发受到重视,每岁贡举有道举,"考试《道德经》、《南华真经》、《冲虚真经》和文子的《通元真经》等几部书"③,将之列为经典著作。

唐代流传的《庄子》版本当是以郭象注本为主,如陆德明《经典释文叙录》所云:"子玄所注,特会庄生之旨,故为世所贵。"④ 成玄英为此本作疏,它应当是在唐代最为流行的版本了。

---

① 沈德潜:《唐诗别裁集》,上海:上海古籍出版社1979年版,第3页;王气中:《艺概笺注》,贵阳:贵州人民出版社1986年版,第175页。
② 李生龙:《道家及其对文学的影响》,长沙:岳麓书社2005年版,第305—306页。
③ 王仲荦:《隋唐五代史》,第988—989页。
④ 《庄子集释·前言》,第1—5页。

以上诸方面未必全面，却已经能够揭示影响李白对《庄子》的期待视野之形成的最重要的因素了。这些多方面的因素不断地影响着李白的期待视野，并使之不断发生"视界融合"。当然，在"视界融合"这一主客体之间不断发生相互作用的过程中，根据主客体之间的关系，期待视野还可以分为两种倾向。

根据文学接受过程中主客体之间的关系，"期待视野"还可以分为"定向期待"和"创新期待"两种。本文将在下文中分别阐述李白对《庄子》文学接受过程中的两种"期待视野"。

所谓"定向期待"，即接受者对于被接受的作品的"求同"倾向。朱立元指出：读者在阅读一部作品的时候，往往会"按经验所提供的暗示去读解作品、体味作品"，以一种"求同排异"的心理倾向来看待文学作品。这样说或许未必能为中国古代文学研究的话语体系轻易接受，我们可以用古代文学研究中的大量材料来进一步阐析这种"求同"趋向。

对李白的《古风五十九首·其四》（《凤飞九千仞》），杨齐贤曰："此篇太白自况也。"萧士赟注云："此篇游仙诗，太白自言其志云。"胡震亨则认为，"旧注云：此游仙诗。太白少遇司马承祯，谓其有仙风道骨，可与学仙，故自言其志。今考《古风》为篇六十，言仙者十有一二，其九自言游仙，其三则讥人主求仙，不应通蔽户殊乃尔。白之自谓可仙，亦借以抒其旷思，岂真谓世有神仙哉！……是则虽言游仙，未尝不与讥求仙者合也。时玄宗方用兵吐蕃、南诏，而受箓投龙、崇尚玄学不废，大类秦皇、汉武之为，故白之讥求仙者，亦多借秦汉为喻。"① 不同注家对李白诗歌的"风刺"之义在理解上的矛盾，屡见于历代李白全集注本中。从实证的意义上看，则几家说法必然只有一个是正确的。然而，从接受美学意义上来说，接受主体的作用在接受过程中的地位与被接受的客体——文学作品的地位是等同的。因此，虽然萧士赟常以一种"经学"思路来阐释李白诗歌的意旨，而后代论者又有从文学角度或者从实证角度批驳萧注的"谬误"，

---

① 詹锳：《李白全集校注汇释集评》，第44页。

这之中无论谁的解释存在着"误读",都是一种加入了主观意识的、对李白诗歌的文学意义的再次显现。如果我们不考虑其"谬误"在考证研究上的后果的话,则不论是萧注胡注还是王注,都有可能以"己之意识"对"李白之意识"创造性地进行了接受,这一具体接受过程是通过注释评笺显现出来的。之所以不同的注家其接受结果常常不同,则是因为不同的接受主体的主观意识常常是不同的,他们对于李白诗文的"视野"便不同。在前文中我们曾说到《庄子》本文的召唤性,在本文中留下了很多"空白",则不同接受者在接受过程中以不同的主观意识来填补这个空白,这便是"定向期待"的作用了。

其实这种"求同排异"的"定向"作用,中国古今的学者都曾经作过总结。如王夫之以论家对《关雎》理解之不同,得出"作者用一致之思,读者各以其情而自得"(《薑斋诗话》卷一)的结论;鲁迅以读《红楼梦》为例:"单是命意,就因读者的眼光而有种种:经学家看见《易》,道学家看见淫,才子看见缠绵,革命家看见排满,流言家看见宫闱秘事……"(《鲁迅全集》第七卷)

"定向期待"作为一种极具主体色彩的意识取向,可以看做主体的一种自我显示,是主体本质的对象化。然而,几乎所有的中国古代文学接受研究者都认识到,完全重现那种主观性极强的"期待视野",是不可能的。实际上,如果我们把接受现象看做一个整体的话,通过对李白诗歌——李白对《庄子》的文学接受的显现之解析,以及对后人对李白的接受状况之考察,还是能够反观李白对于《庄子》的期待视野中"定向"的那一方面的。

首先,李白深受道家道教典籍浸染,并在离开长安回东鲁之后,亲受道箓于齐州紫极宫,这些内容前文既有论述,而学界考察详密,已经没有什么疑问了。从此意义上来讲,李白对《庄子》的宇宙观、人生观、世界观有很强烈的认同倾向。李白在《大鹏赋》中就对庄子赞颂道:"南华老仙,发天机于漆园。吐峥嵘之高论,开浩荡之奇言。"此类的例子很多,本文在此处无须赘述。李白的隐逸情结、高蹈不羁的个性,更可以在《庄子》之中找到自己的影子。

其次，李白在生活中，时而纵情任酒，潇洒飘逸，这种精神状态，常能使李白联想到《庄子》词句。如"饮冰事戎幕，衣锦华水乡"（《赠刘都使》），即来自《人间世》"今吾朝受命而夕饮冰"句；又如"我本楚狂人，凤歌笑孔丘"（《庐山谣寄卢侍御虚舟》），也是用的《人间世》中的典故。另外，李白也有极为困顿的时候："一朝乌裘蔽，百镒黄金空"（《赠从兄襄阳少府皓》）。因此，我们也能见到李白的"蹉跎人间世，寥落壶中天"（《赠饶阳张司户燧》）的慨叹。李白与庄子在精神气质上的相通之处，明人王心根据自己对庄白等人的接受而评道："心尝读古人书，见漆园吏、谪仙人、东坡翁之文，如天马行空，不可施以羁勒，信天才所到，非学力可及。庄、苏以辩论，李以诗。"（《李诗选注辩疑》卷首）①

至于说司马承祯、贺知章等人对李白的"谪仙"气质的赞誉，也很能够说明问题。

所谓"创新期待"，即"与定向期待相反的、对立的方面"。如果说"定向期待"在于从接受主体的视野出发，对被接受的客体进行"同化性"的接受，则"创新期待"是主体在阅读过程中，不断地改变自身的意识结构以顺应被接受的新客体。这种"创新期待"对于被接受的文学作品的要求则是"喜新厌旧"的心理欲求。

朱立元先生认为这种对于"新奇"的渴望是"人类更内在、更深层的自然倾向"，"审美和文学意识的最初产生，其心理根源就是求新探奇"。实际上，"创新期待"与"定向期待"在接受活动中是难以完全割裂的。确如朱立元所说，"人总是同时具有维护和保存现状不变的保守倾向和改造、打破现状，以新事物取代旧事物的倾向"②，但是，在人进行审美接受的过程中，两种期待总是同时在发挥作用，一方面，人总会以一种"先在"的审美意识去接受一部文学作品；另一方面，人们总会在审美活动中

---

① 《李白资料汇编》，北京：中华书局2004年版，第321页。
② 《接受美学导论》，第211—212页。

避免陈词滥调、毫无新意的作品。在人的"求新"的倾向得到满足的时候，他的"定向期待"也会发生新的改变，也就是说，在接受了一部文学作品之后，整个人的审美意识都会发生质的改变。这就是不同倾向的期待视野在文学接受活动中的发展和变化。

李白的"求新"、"求异"的心态在他的文学创作中体现得极为明显。可以说，李白之好"奇"，就是他的"创新期待"的体现；而李白作诗一气贯注自然天成不喜拘束，也是"创新期待"在起作用。

更为重要的是，无论定向期待还是创新期待，它们都是一种心理倾向，并不是一种对象化的"视野"。作为接受本文的《庄子》，它本身也包含着定向期待和创新期待。所谓李白对《庄子》的定向期待和创新期待，更大意义上还取决于李白的定向期待和《庄子》的定向期待，以及李白的创新期待和《庄子》的创新期待的融合。对于这种融合，本文将在下文中具体展开论述。

实际上，"期待视野"在文学接受过程中所起的作用，还需要结合具体的接受情况的分析来演绎。我们将在下一部分中详细阐述。

三 雪泥鸿爪：李白诗歌对《庄子》的直接接受

人生到处知何似？应似飞鸿踏雪泥。
泥上偶然留指爪，鸿飞那复计东西。
老僧已死成新塔，坏壁无由见旧题。
往日崎岖还记否，路长人困蹇驴嘶。

苏轼的这首《和子由渑池怀旧》，正可以用来诠释文学接受现象中的直接接受。所谓直接接受，指的是接受者与被接受的本文的直接交流、对话，它作为一种意识活动，在"视界交融"的那一刻，就如飞鸿踏雪，只在须臾之间；指爪常常是偶然留下的，并不是刻意为之，更突出了直接接受的直觉性；留下指爪之后，鸿雁自会飞走，至于它在何处留下新的爪痕，却已和眼前的指爪痕迹没有"必然"的关联，所谓"后念"非"前念"是也。子瞻子由兄弟意在慨叹人生之足迹不定，而发生在千百年前的接受现象，不也是难以捉摸难以复其原貌的吗？

然而，文学接受活动并不是一个孤立的运动，它是不断地向前循环的。鸿雁所到之处，会不断留下指爪；而当年偶然在某处留下的指爪，也会被有心人所注意，并在内心对此发生感触，物之感人，故形诸文字，再为后人代代接受，这就是所谓"文学接受的历史之链"。没有接受者的不断接受，最初的雪泥鸿爪，只能湮没在断垣坏壁之中。李白当年的诗文散佚了很多，从接受研究角度看，那些从没有被前人所接受的佚诗佚文，只能算是消失了的本文，却不能成为真正意义上的"文学作品"。

"直接接受"并不是全部的接受过程。伊泽尔等人的"阅读接受"研究颇有些以直接接受代替全部接受过程的意思，但是，作为极具整体性、流动性和创造性的文学现象，文学接受是不断发展变化的过程，它是由一次次具体的接受活动所组成、又超越每次具体接受的。所谓直接接受，仅仅是文学接受整体现象的一种体现，对于它的发掘，主要是依靠一些直接性的材料所完成的。与直接接受相比，"间接接受"则非直接的影响和接受，一般可看做被接受客体以间接的方式为接受者所接受的一种接受现象。

为了还原李白诗歌对《庄子》的直接接受，我们在浩如烟海的材料中搜缉有价值的线索，所得到的，也不过是前人留下的"雪泥鸿爪"。但是，对于接受研究来说，也只有通过这些具体的材料，而不是纯粹的主观臆测和联系猜想，才能尽量接近当年的接受现象的真实情况。李白对《庄子》的直接接受，首先是通过字里行间那种带有《庄子》印痕的诗句来体现的。这便是体现李白对庄子的文学接受现象的直接材料。

现将李白诗歌中与《庄子》有关的诗句列表如下：

	李白诗歌对《庄子》的接受情况			
	诗歌题目	诗句	篇目	《庄子》原文
1	古风其三·秦王扫六合	挥剑决浮云,诸侯尽西来。	说剑	天子之剑,上决浮云
2	其九·庄周梦蝴蝶	庄周梦蝴蝶,蝴蝶为庄周。	齐物论	昔者庄周梦蝴蝶
3	其十三·君平既弃世	寂寞缀道论,空帘闭幽情。	天道	寂寞无为者……道德之至
4	其二十五·世道日交丧	世道日交丧,浇风散淳源。	缮性	世道日交丧,浇风散淳源
5	其二十九·三季分战国	至人洞元象,高举凌紫霞。	逍遥游	至人无己
6	其三十·玄风变太古	大儒挥金槌,琢之诗礼间。	外物	儒以诗礼发冢
7	其三十三·北溟有巨鱼	通篇	逍遥游	北溟有鱼,其长不知几千里
8	其三十五·丑女来效颦	丑女来效颦,还家惊四邻。	天运	西施……丑人亦捧心而颦其里
		寿陵失本步,笑杀邯郸人。	秋水	寿陵余子之学行于邯郸
		安得郢中质,一挥成风斤。	徐无鬼	运斤成风
9	其三十六·抱玉入楚国	直木忌先伐,芳兰哀自焚。	山木	直木先伐,甘井先竭
10	其三十九·登高望四海	梧桐巢燕雀,枳棘栖鸳鸯。	秋水	南方有鸟……非梧桐不止……
11	其四十·凤饥不啄粟	凤饥不食粟,所食唯琅玕。	佚文,见《太平御览》	老子曰:南方有鸟为凤……
12	其四十二·摇裔双白鸥	吾亦洗心者,忘机从尔游。	天地	有机事者必有机心
13	其四十五·八荒驰惊飙	浮云蔽颓阳,洪波振大壑。	大宗师	大壑之为物也,注焉而不满
14	天马歌	羁金络月照皇都	马蹄	齐之以月蹄

(续表)

	李白诗歌对《庄子》的接受情况			
	诗歌题目	诗句	篇目	《庄子》原文
		愿逢田子方，恻然为我悲。	田子方	田子方
15	日出入行	其始与终古不息	大宗师	日月得之，终古不息
		木不怨落于秋天	郭象注	故凋落者不怨
16	侠客行	赵客缦胡缨，吴钩霜雪明。	说剑	蓬头突鬓垂冠缦胡之缨
		十步杀一人，千里不留行。	说剑	臣之剑十步杀一人，千里……
17	设辟邪伎鼓吹稚子班曲辞	善卷让天子，务光亦逃名。	让王	舜以天下让善卷
18	长干行	常存抱柱信，岂上望夫台。	盗跖	尾生抱柱而死
19	上之回	岂问渭川老，宁邀襄野童。	徐无鬼	至于襄野之外，七圣皆迷
20	妾薄命	咳唾落九天，随风生珠玉。	秋水	唾者喷则大小如珠
21	君子有所思行	紫阁连终南，青冥天倪色。	齐物论	和之以天倪
22	来日大难	蟪蛄蒙恩，深愧短促。	逍遥游	蟪蛄不知春秋
23	猛虎行	我从此去钓东海，得鱼笑寄情相亲。	外物	任公子投竿东海，旦旦而钓
24	鸣皋歌	邈仙山之峻极兮，闻天籁之嘈嘈。	齐物论	地籁则……敢问天籁
25	临路歌	大鹏飞兮振八裔，中天摧兮力不济。	逍遥游	化而为鸟，其名为鹏
26	草书歌行	墨池飞出北溟鱼，笔锋杀尽中山兔。	逍遥游	北溟有鱼，其长不知几千里

(续表)

李白诗歌对《庄子》的接受情况			
诗歌题目	诗句	篇目	《庄子》原文
27 和卢侍御通塘曲	偶逢佳境心已醉, 忽有一鸟从天来。	应帝王	郑有神巫曰季咸, 列子见之而心醉
28 赠孟浩然	红颜弃轩冕, 白首卧松云。	缮性	古之所谓得志者, 非轩冕之谓也
29 赠任城卢主簿潜	海鸟知天风, 窜身鲁门东。	至乐	昔者海鸟止于鲁郊
30 赠瑕丘王少府	清风佐鸣琴, 寂寞道为贵。	刻意	恬淡寂寞,虚无无为
31 见京兆韦参军量移东阳二首	潮水还归海, 流人却至吴。	徐无鬼	子不闻夫越之流人乎
32 赠丹阳横山周处士惟长	抱石耻献玉, 沉泉笑探珠。	列御寇	千金之珠,必在九重之渊……
33 玉真公主别馆苦雨赠卫尉张卿二首	泥沙塞中途, 牛马不可辨。	秋水	两涘渚崖之间不辨牛马
34 赠韦秘书子春	谈天信浩荡, 说剑纷纵横。	说剑	说剑全篇
35 赠何七判官常浩	有时忽惆怅, 匡坐至夜分。	让王	匡坐而弦
36 述德兼陈情上哥舒大夫	天为国家孕英才, 森森矛戟拥灵台。	庚桑楚	不可内于灵台
37 赠参寥子	参寥子	大宗师	玄冥闻之参寥, 参寥闻之疑始
38 赠饶阳张司户燧	宁知鸾凤意, 远托椅桐前。	秋水	夫……飞于北海,非梧桐不止
	蹉跎人间世, 寥落壶中天。	人间世	人间世
39 赠清漳明府侄	心和得天真, 风俗由太古。	渔父	真者,所以受于天也
40 赠临洺县令皓弟	大音自成曲, 但奏无弦琴。		

(续表)

	李白诗歌对《庄子》的接受情况			
	诗歌题目	诗句	篇目	《庄子》原文
41	赠郭季鹰	一击九千仞，相期凌紫烟。	逍遥游	
42	赠卢征君昆弟	沧州即此地，观化游无穷。	至乐	吾与子观化而化及我，吾又何恶焉
43	赠崔侍御	扶摇应借便，桃李愿成阴。	逍遥游	鹏……水击三千里，抟扶摇而上者九万里
44	上李邕	大鹏一日同风起，扶摇直上九万里。	逍遥游	鹏……水击三千里，抟扶摇而上者九万里
45	赠张公洲革处士	井无桔槔事，门绝刺绣文。	天地	子贡……
46	书情赠蔡舍人雄	投汨笑古人，临濠得天和。	秋水	庄子与惠子游于濠上……
47	访道安陵遇盖寰为予造真箓临别留赠	为我草真箓，天人惭妙工。	天下	不离于宗，谓之天人
48	赠别从甥高五	天地一浮云，此身乃毫末。	秋水	此其比万物也，不似毫末之在于马体乎
		忽见无端倪，太虚可苞括。	大宗师	反复终始，不知端倪
			知北游	是以不过乎昆仑，不游乎太虚
49	赠柳园	竹实满秋浦，凤来何苦饥。	秋水	南方有鸟……非练食不食
50	在水军宴赠幕府诸侍御	浮云在一决，誓欲清幽燕。	说剑	天子之剑，上决浮云
51	赠武十七谔	不数数于世间事	逍遥游	彼其于世，未数数然也
		林回弃白璧，千里阻同奔。	山木	林回弃千金之璧，负赤子而趋
52	赠张相镐·其一	大块方噫气，何辞鼓青蘋。	齐物论	大块噫气，其名为风

(续表)

	李白诗歌对《庄子》的接受情况			
	诗歌题目	诗句	篇目	《庄子》原文
53	赠张相镐·其二	英烈遗厥孙，百代神犹王。	养生主	神虽王，不善也
54	赠刘都使	饮冰事戎幕，衣锦华水乡。	人间世	今吾朝受命而夕饮冰
55	江夏使君叔席上赠史郎中	涸辙思流水，浮云失旧居。	外物	周顾视车辙中有鲋鱼焉
		希君生羽翼，一化北溟鱼。	逍遥游	北溟有鱼，其名为鲲
56	对雪醉后赠王历阳	有身莫犯飞龙鳞，有手莫辫猛虎须。	盗跖	疾走料虎头，编虎须，几不免虎口哉
57	赠宣城宇文太守兼呈崔侍御	岂蒙广成子，倜傥鲁仲连。	在宥	黄帝……闻广成子在空同之上
		过此无一事，静谈秋水篇。	秋水	秋水
58	增宣城赵太守悦	伊昔簪白笔，幽都逐游魂。	在宥	流共工于幽都
59	赠从弟宣州长史昭	当结九万期，中途莫先退。	逍遥游	鹏之徙于南冥也……抟扶摇而上者九万里
60	赠友人·其三	莫持西江水，空许东溟臣。	外物	我且南游于吴越之王，激西江之水而邀子
61	赠从弟冽	自居漆园北，久别咸阳西。		庄子漆园人
62	赠僧行融	海若不隐珠，骊龙吐明月。	列御寇	千金之珠必在九重之渊而骊龙颔下
63	经乱后将避地剡中留赠崔宣城	我垂北溟翼，且学南山豹。	逍遥游	北溟有鱼，其长不知几千里
64	献从叔当涂宰阳冰	金镜霾六国，亡新乱天经。	在宥	乱天之经，逆物之情，玄天不成
65	依旧游寄谯郡元参军	海内贤豪青云客，就中与君心莫逆。	大宗师	子祀……四人相视而笑，莫逆于心

(续表)

	李白诗歌对《庄子》的接受情况			
	诗歌题目	诗句	篇目	《庄子》原文
66	庐山谣寄卢侍御虚舟	我本楚狂人，凤歌笑孔丘。	人间世	孔子适楚，楚狂接舆游其门，曰凤兮凤兮
67	留别河西刘少府	世人若醯鸡，安可识梅生。	田子方	丘之于道也，其犹醯鸡与
68	感时留别从兄徐王延年从弟延陵	天籁何参差，噫然大块吹。	齐物论	汝闻地籁而未闻天籁乎
69	将游衡岳过汉阳双送停留别族弟浮屠谈皓	凉花拂户牖，天籁鸣虚空。	齐物论	汝闻地籁而未闻天籁乎
70	留别金陵崔侍御十九韵[a]	拂剑照严霜，雕戈缦胡缨。	说剑	垂冠缦胡之缨
71	送族弟凝之滁求婚崔氏	与尔情不浅，忘筌已得鱼。	外物	筌者所以在鱼，得鱼而忘筌
72	送温处士归黄山白鹅峰旧居	亦闻温伯雪，独往今相逢。	田子方	温伯雪子至齐反……目击而道存焉
		归休白鹅岭，渴饮丹砂井。	逍遥游	归休乎君，予无所用天下焉
73	送方士赵叟之东平	长桑晚洞视，五藏无全牛。	养生主	臣之解牛时，所见无非全牛者
74	送杨少府赴选	尔见山吏部，当应无陆沉。	则阳	方且与世违而心不屑与之俱，是陆沉者也
75	送薛九被谗去鲁	梧桐生蒺藜，绿竹乏佳实。	秋水	非梧桐不止，非练食不食
76	送于十八应四子举落第还嵩山	吾祖吹橐籥，天人信森罗。	天下	不离于宗，谓之天人
		炎炎四真人，摛辩若涛波。	齐物论	大言炎炎，小言詹詹
		夫子闻洛诵，夸才我故多。	大宗师	副墨之子闻诸洛诵之孙
		为金好踊跃，久客方蹉跎。	大宗师	大冶铸金……我且为镆铘

(续表)

	李白诗歌对《庄子》的接受情况			
	诗歌题目	诗句	篇目	《庄子》原文
77	送侯十一	余亦不火食，游梁同在陈。	山木	孔子围于陈蔡之间，七日不火食
78	奉饯高尊师如贵道士传道箓毕归北海	道隐不可见，灵书藏洞天。	知北游	道不可闻，闻而非也
79	送岑征君归鸣皋山	贵道皆全真，潜辉卧幽邻。	盗跖	子之道……非可以全身也
80	送李青归华阳川	化心养精魄，隐几宵天真。	齐物论	南郭子綦隐几而坐
81	江夏送友人	凤无琅玕食，何以赠远游。	佚文，见《艺文类聚》	吾闻南方有鸟，其名为凤
82	登黄山陵高台送族弟溧阳尉济充泛舟赴华阴	文章辉五色，双在琼树栖。	佚文，见《艺文类聚》	吾闻南方有鸟，其名为凤
83	答长安崔少府见寄[b]	河伯见海若，傲然夸秋水。	秋水	河伯望洋向若……
84	答王十二寒夜独酌有怀	君不能狸膏金距学斗鸡	佚文，见《艺文类聚》	非良鸡也……以狸膏涂其头
		世人闻此皆掉头，有如东风射马耳。	在宥	鸿蒙拊髀雀跃掉头曰：吾弗知
		折杨黄花合流俗，晋君听琴枉清角。	天地	大声不入于里耳，折杨、皇华则嗑然而笑
85	游南阳白水登石激作	目送去海云，心闲游川鱼。	秋水	子非鱼，安知鱼之乐
86	同友人舟行游台越作	空持钓鳌心，从此谢魏阙。	让王	身在江海之上，心居乎魏阙之下
87	登峨眉山	泠然紫霞赏，果得锦囊术。	逍遥游	列子御风而行，泠然善也
88	大庭库	我来寻梓慎，观化入寥天。	至乐/大宗师	吾与子观化而及我，我又何恶焉/安排而去化，乃入于寥天
89	天台晓望	云垂大鹏翻，波动巨鳌没。	逍遥游	其名为鹏……其翼若垂天之翼

(续表)

	李白诗歌对《庄子》的接受情况			
	诗歌题目	诗句	篇目	《庄子》原文
90	登太白峰	愿乘泠风去， 直出浮云间。	逍遥游	列子御风而行，泠然善也
91	秋日登扬州西灵塔	宝塔凌苍苍， 登攀览四荒。	逍遥游	天之苍苍，其正色邪
92	下途归石门旧居	俛仰人间易凋朽， 钟峰五云在轩辕。	在宥	其疾俛仰之间
93	纪南陵题五松山	旷哉至人心， 万古可为则。	逍遥游	至人无己，神人无功，圣人无名
94	与元丹丘方城寺谈玄作	茫茫大块中， 唯我独先觉。	齐物论	觉而后知其梦也。且有大梦，而后知此其大梦也
95	安州般若寺水阁纳凉喜遇薛员外乂	倏然金园赏， 远近含晴光。	大宗师	古之真人，倏然而往，倏然而来
96	秋夜独坐怀故山	庄周空说剑， 墨翟耻论兵。	说剑	昔赵文王喜剑……左右曰：庄子当能
97	拟古十二首·其五	无事坐悲苦， 块然涸辙鲋。	外物	周顾视车辙中有鲋鱼焉
98	寓言三首	诗题	寓言	庄子三言
99	上崔相百忧草	鲲鲸喷荡， 扬涛起雷。	逍遥游	北溟有鱼，其名为鲲
100	万愤词投魏郎中	舜昔授禹， 伯成耕犁。	天地	尧授舜，舜授禹，伯成子高辞为诸侯而耕
101	田园言怀	何如牵白犊， 饮水对清流。	高士传	许由洗耳
102	咏山樽二首·其二	拥肿寒山木， 嵌空成酒樽。	逍遥游	惠子曰：吾有大树，人谓之樗，其大木拥肿而不中绳墨
103	嘲鲁儒	足着远游履， 首戴方山巾。	天下	王注《庄子》记载宋钘、尹文作华山之冠

[a] 完整题目为:《闻李太尉大举秦兵百万出征东南懦夫请缨冀申一割之用半道病还留别金陵崔侍御十九韵》。

[b] 完整题目为:《答长安崔少府叔封游终南翠微寺太宗皇帝金沙泉见寄》。

从以上列表中,我们首先可以看到,李白诗歌与《庄子》的关联极为密切。①

一方面,李白诗歌存世九百余首,其中与《庄子》有明显关联的,就多达一百余首。这些诗歌基本上覆盖了李白所有类型所有体裁和所有时期的诗歌,而且李白诗中所见《庄子》典故也覆盖了内、外、杂篇,足见《庄子》对李白的巨大影响。当然,这其中有相当一部分并不是直接来自《庄子》原文的,但其内容却与《庄子》息息相关。比如《江夏送友人》中"凤无琅玕食,何以赠远游",詹本《校注汇释集评》指出此句典出《艺文类聚》"吾闻南方有鸟,其名为凤……其树名琼枝,高百仞,以璆琳琅玕为实"。按今本《庄子》并无此文,它应是《庄子》逸文。但李白诗歌中的"凤"意象却屡用此典,可见,《庄子》中这一典故虽然不见于今本《庄子》,但它却为李白所接受,并再现于李白诗歌之中,成为极具生命力的诗歌意象。因此,我们完全有理由将其视做李白诗歌对《庄子》的直接接受。

表中还有少数诗句,显然是后代注家看到它们与《庄子》的星点的联系而以《庄子》之文解诗。比如《下途归石门旧居》中"俛仰人间易凋朽,钟峰五云在轩牖",詹本引《在宥》篇中"其疾俛仰之间"解之。实际上,李白用"俛仰"一词与《庄子》原文殊无关系,在文意句式和意象的形成等方面几乎毫无联系。更何况,王羲之《兰亭诗序》中也有"俛仰之间,已为陈迹"之语。这当然不应算做李白对《庄子》的"直接接受"。然而,此种现象的出现,毫无疑问地说明了李白对《庄子》之接受

---

① 这种分析就是典型的"逻辑思维分析",可见,"象思维"虽然要求"中止概念思维",但"中止"不等于"终止",象思维和概念思维应该是一种交会互补的关系,为了重现接受现象,概念思维也是不可少的。

的整体性和历史的流动性。李白与《庄子》显然是同处于一个接受话语环境之中，并为后人所不断接受着的。本文将在后文中进行解析。

另一方面，李白诗歌对《庄子》之直接接受绝非简单的"同"或"异"的问题。从上表中，我们就可以见到：李白绝非完全沿用《庄子》中原文或原意。据粗略统计，李白诗歌与《庄子》原文本无直接联系的诗句，即多达十余处，如前文"俛仰之间"，再如《赠何七判官常浩》中"有时忽惆怅，匡坐至夜分"与《让王》篇中的"匡坐而絃"；再如《访道安陵遇盖寰为予造真箓临别留赠》中"为我草真箓，天人惭妙工"；更如《送于十八应四子举落第还嵩山》中"世人闻此皆掉头，有如东风射马耳"。而李白明显他直接用《庄子》典故而不同于原文之原意的，更多达二十余处。至于说我们仅以"寂寞缀道论，空帘闭幽情"（《古风其十三·君平既弃世》）来说明李白完全接受了庄子之道家思想，则李白诗中之儒家济世理想和对纵横家的景仰，便与之形成了明显的矛盾。总之，李白诗歌对《庄子》之接受，还需要通过对文献材料的深入发掘来展开研究。在下文中，我们分别就"言"、"象"、"意"的不同层面来分析。

在本章第一章中，我们对作为接受本文的《庄子》之"言"进行了一个简单的分析。《庄子》之言是体道之言，在极具整体性的《庄子》本文中，"言"是其中一个层次，是"不言之言"。可以说，《庄子》之言的各种表现都是围绕着《庄子》之"道"而作的，它的韵律、它的用词、它的章法结构等都是"道"的体现。《庄子》一书之所以对后人有着巨大的魅力，首先就在于这一点。李白诗歌对《庄子》之文学接受，也是首先体现在"言"的层面。

如前文所言，李白诗歌之用典来自《庄子》者极多。其中，直观地采用原句的便多达二十余处。如《古风其三·秦王扫六合》中"挥剑决浮云，诸侯尽西来"与《说剑》篇中的"天子之剑，上决浮云"；再如《古风其九·庄周梦蝴蝶》中"庄周梦蝴蝶，蝴蝶为庄周"与《齐物论》中"庄周梦蝶"的寓言；至如《玉真公主别馆苦雨赠卫尉张卿二首》中

"泥沙塞中途,牛马不可辨"的诗句,也能让人马上联想到《秋水》中"两涘渚崖之间不辨牛马"之语。可见,此类句典,让人一目了然。而至于化用《庄子》事典者则有七十余处以上,如《来日大难》中"蟪蛄蒙恩,深愧短促",便使用了《逍遥游》篇"蟪蛄不知春秋"的典故;再如《猛虎行》中"我从此去钓东海,得鱼笑寄情相亲",也来自《外物》中"任公子投竿东海,且旦而钓"。而那抟扶摇而上九霄的鲲鹏,涸辙中的鲋鱼,恍惚难觅的天籁,非梧桐不止的凤凰,更是李白诗中所常见的。可见,李白诗歌大量使用《庄子》词句,这便是对《庄子》之文学接受最直接最鲜明的表现。《庄子》文字中各类事典警句在李白诗歌中得到重现,这一过程便是李白对《庄子》之文学接受的第一个循环。

从李白诗歌对《庄子》之言的接受之分析中,我们已经看到了李白在象的层面上对《庄子》的接受。李白用到的事典已经构成了固定的意象。一方面,这些意象已经具有颇为固定的审美意蕴。比如"大鹏"意象,多具有抟扶摇击千仞的豪迈气势,如《天台晓望》中的"云垂大鹏翻,波动巨鳌没",再如《上李邕》中的"大鹏一日同风起,扶摇直上九万里"。值得注意的是,李白诗歌中还有很多大鹏意象的影子,如"一击九千仞,相期凌紫烟"(《赠郭季鹰》),还有"当结九万期,中途莫先退"(《赠从弟宣州长史昭》)等等,历代注家都毫不犹豫地以《逍遥游》篇中之大鹏来解此诗,这也代表了文学接受的历史之链中那些具有稳定的审美意蕴的意象的影响。至于"宁知鸾凤意,远托椅桐前"(《赠饶阳张司户燧》)、"凤无琅玕食,何以赠远游"(《江夏送友人》)中的凤鸟,以及"庄周梦蝴蝶,蝴蝶为庄周"(《古风其九·庄周梦蝴蝶》)中的蝴蝶,"目送去海云,心闲游川鱼"(《游南阳白水登石激作》)中的濠上之鱼,还有"楚狂"、"寿陵"、"郢中质"等等都是审美意义颇为稳定的意象。有的学者在研究李白诗歌中"鸟类意象"的时候曾指出,李白诗歌的鸟类意象具有"现成思路"的特点,这"现成思路",指的是"诗中经常出现的具有象征性的景物会引发起人们习惯性的联想和固定的情绪"。① 如果我们以接受美学的观点来解释这种现象，就可以看到"定向期待"的作用：《庄子》作为接受过程中的典范文本，常常会以其自身的巨大魅力把书中的一些意象固化成生命力极强的审美期待，当它为后人所接受时，也会使得接受者形成一种习惯性的期待视野，这便是接受者与被接受意象的"视界融合"。发生融合之后的视野当中便出现一种思维定势，如"大鹏"的出现，常常被接受者习惯性地联想到《庄子》中原初的大鹏意象。而这种类比联想的思维方式作为直观思维的一种，也可以反过来说明文学接受活动的直观特性。有关李白诗歌的语言和意象，学界论述阐发极多，本文就不再赘述了。

沈德潜在《与陈耻庵书》中说："太白之诗浸淫《庄子》《骚》……盖能根柢于学，则本原醇厚，而因出之以性情之和平，将卓而树，立成一家言。"② 李白对《庄子》的文学接受，首先就是"本于学"，这一方面指李白对《庄子》之学习，没有这一学习过程，哪来的"浸淫《庄子》《骚》"之深厚功力？李白对于《庄子》的典故意象完全是舒卷自如，任意取用，足见李白对《庄子》所下的功夫。另一方面，"学习"也在于对整个传统文化的学习和接受，这便是"游文章之林府，嘉丽藻之彬彬。沉浸浓郁，含英咀华"（《文赋》）。只有如此，李白才能超拔古今，形成自己独到的风格。如章学诚所云："清真者，学问有得于中，而以诗文抒写其所见，无意工辞，而尽力于辞者莫及也。"③ 除了《庄子》，李白的接受对象覆盖面极广，既有先秦的诗骚，也有汉魏之古诗，六朝之陶谢，北方之乐府，南方之宫商。然而，仅仅积学还未必能够"储宝"，李白个人的性情气质对于李白的接受活动更有提纲挈领的作用。这就是"本原醇厚，

---

① 引自李浩：《李白诗文中的鸟类意象》，载《文学遗产》1994年第3期。"诗中经常出现的具有象征性的景物会引发起人们习惯性的联想和固定的情绪"，出自赵沛霖：《兴的源起》，北京：中国社会科学院出版社1987年版，第8页。

② 《归愚文钞·卷十五》，引自《李白资料汇编》，第798页。

③ 《诗话》，见《文史通义·内篇五》，引自《李白资料汇编》，第974页。

而因出之以性情之和平"。这一点也有两种表现：一为其本身所固有的天分和品性。"太白以天分驱学力"①，在李白对《庄子》的文学接受活动中，他的个性气质与庄子有如此多的共通之处，使得后人常常会不自觉地将两人联系起来："天仙才子万古庄周；才子天仙千秋李白。"②"庄子'柳生左肘'……太白更为'绕朝鞭'"。③ 二为李白本人的思想和意识。对于这一点，赵翼总结道："青莲少好学仙，故登真度世之志十诗而九，盖出于性之所嗜，非矫托也。然又慕功名，所企羡者鲁仲连、侯嬴、郦食其、张良、韩信、东方朔等，总欲有所建立，垂名于后世，然后拂衣还山，学仙以求长生。"④ 可见，李白的求仙意识作为他的一种强烈的定向期待，与《庄子》文中那种缥缈逍遥的神仙意境之契合自是出于必然。李白诗歌对《庄子》之接受有两类现象特别值得注意，那就是李白诗歌中所体现出来的《庄子》的世界观，如"天籁何参差，嗒然大块吹"（《感时留别从兄徐王延年从弟延龄》）；再如"贵道皆全真，潜辉卧幽邻"（《送岑征君归鸣皋山》）等等；还有一类，则体现了《庄子》超尘出世的社会思想，如"愿乘泠风去，直出浮云间"（《登太白峰》）；还有"目送去海云，心闲游川鱼"（《游南阳白水登石激作》）等等。但李白的思想并不是单纯和单向的。他也有对功名的索求，甚至他当年交游道教人士，也有此类动机；李白对《庄子》诗歌的文学接受，就不是一味地呈现出仙道面貌，比如他多次使用大鹏意象，所要表达的志向情感却未必便如《逍遥游》中所倡的"无待"之逍遥；他所要表达的往往是个人的社会理想，如《上李邕》中的"大鹏一日同风起"。而诗歌中的"凤"意象也未必全都代表着高蹈出世的得道之士，如《寓言三首》中的"摇裔双彩凤"便用来喻奸邪佞幸之徒。

以上论述，实际上是在"意"的层面解释了李白对《庄子》的直接接

---

① 刘五渊：《隐居通义·卷十》，引自《李白资料汇编》，第39页。
② 李鼎：《偶谈》，引自《李白资料汇编》，第467页。
③ 谢肇淛：《文海披沙·卷四》，引自《李白资料汇编》，第460页。
④ 《瓯北诗话·卷一》，引自《李白资料汇编》，第937页。

受。三个层面之所以并不那么界限分明，正因为它们始终是一个整体，所谓"意以象尽，象以言著"，李白诗歌作为文学本文，它的语言最终还是要表现诗歌中"形而上"的因素，它体现了李白的情感志趣，折射出李白的个性天分，反映出李白在创作诗歌那一刻的思想和理想。这些都不是对象化的实体，更不是静态化的对象，而是非实体性、时时处在流动与转化过程中的形而上的"意"。"象"的层面完全是一种中介，它的作用和意义已详见于第四、第五和第七章。

总的说来，李白对《庄子》的直接接受，极具整体性。这一方面意味着李白诗歌与作为接受本文的《庄子》通过接受活动连接在了一起，《庄子》中的语词、意象因李白诗歌而得到了重现，不但经李白"善掉弄，造出奇怪，惊心动目，忽然撇出"① 的高绝手法融入李白的诗歌，与李白的诗句"妙合无垠"；这也就带出了另一方面，即李白诗歌本身作为一个整体，往往是在一个完整的诗歌创作过程中实现对《庄子》乃至李白之前所有先贤的文学接受的。文学创作是一个整体性的活动，我们不应该将其静态化地分割为彼此前后。诚然，"推敲"有别，不论是"推"在前"敲"在后，抑或"敲"在前"推"在后，整首诗歌的完成总是以一个完整的创作进程展现出来的；作为一个诗人，他一生的诗歌创作同样应该被看做一个整体。这种整体，就是文学接受现象中接受主体和接受客体主客合一之后所形成的整体。

此外，李白对《庄子》的直接接受，还具有流动性的特征。李白诗歌之意脉流动，自不待言；而李白诗歌对于《庄子》典故的使用，常由其创作时的情绪和思想所支配，因此，李白诗歌便呈现出不同的思想倾向，有的诗歌表达了李白超世出尘的向往，如前文提到的《游南阳白水登石激作》；有的诗歌却表现出李白汲汲于功名的渴望，如《上李邕》；有的诗歌表现了李白积极乐观的心态，如《赠从弟宣州长史昭》；有的诗歌则表现了李白的悲观和绝望，如《临路歌》。以往的李白研究中，看到李白诗歌

---

① 陈绎曾语，载胡震亨：《李诗通·卷一》，引自《李白资料汇编》，第103页。

的矛盾，往往是将它们客观而静态地罗列出来。实际上，李白的诗歌创作作为一种文学接受活动，极具流动性，所谓此一念沮丧，彼一念昂扬是也。这些情绪和思想是不断地根据李白身之所处和心之所思而转化着，但它总不会超过李白的文学创作/文学接受这一整体现象。因此，不论我们把李白对《庄子》之接受如何细化，历代论者却总会对李白诗歌作出一个总体的把握。朱熹曾说"李白诗如无法度，而从容于法度之中"，这一"法度"，历代论者都以己之见解对其进行了把握。本文在第十三章还会详述。

还需要指出的是，李白对《庄子》的直接接受，也具有直观性。这一点，前人也论得颇为细致了。本文再补充几点。李调元在说到李白诗歌与陶渊明的关系时，曾强调："李诗本陶渊明……李与陶似绝不相近。不知善读古人书在观其神与气之间，不在于区区形迹也。"① 不在于区区形迹，正说明了接受的直观性，仅仅求助于人为性的概念推理是无助于对李白诗歌接受的研究的，只有那种以极具形而上意味的"神与气之间"为对象的"观"，才是"善读古人书"者所采用的思维方式。这种"观"，便是一种超越概念思维的"直观"。这种"直观"是反对那种"人为功夫"的，如杨慎所云："庄周、李白，神于文者也，非工于文者所及也。文非至工则不可为神，然神非工之所可至也。"② 我们知道，李白诗歌用《庄子》典故，多为比兴。比兴以"类比—联想"为主要思维方式，而这种类比—联想，正是整体直观最原初的思维形态之一。它的理论背景应当是气论哲学，主客体之间同为气所构成，即"人有喜怒哀乐犹天之有春秋冬夏也……皆天然之气也，其宜直行而无郁，一也"（《春秋繁露》）。因同为气所构成而主客同构，又因为主客同构而相感相应，这便有了"物感—类比"的思维方式。历代论家同样以"气"来评判李白对《庄子》和前人的文学接受现象，如郑燮用"大乘佛法"和"小乘佛法"评诗，《庄子》、

---

① 《雨村诗话·卷下》，引自《李白资料汇编》，第967页。
② 《升庵合集·卷一百一十四》，引自《李白资料汇编》，第292页。

李白诸人皆为大乘。"读书深，养气足，恢恢游刃有余地矣。"① 如果说郑板桥的例子未必应用了气论哲学，则"李……气之大者"、"太白以气为主"、（江文通、李太白）"二子之天才绝人，得于气之清而纯者"② 等等，已经能够说明问题了。

四　历史之链：李白诗歌对《庄子》的间接接受

在前文中，我们曾经提到，所谓"直接接受"，指的是"接受者与被接受的本文的直接交流、对话"。实际上，文学接受主客双方的交流和对话是贯穿于文学接受的全过程的。在此，我们有必要对"交流、对话"作一个进一步的说明。

> 花间一壶酒，独酌无相亲。
> 举杯邀明月，对影成三人。
> 月既不解饮，影徒随我身。
> 暂伴月将影，行乐须及春。
> 我歌月徘徊，我舞影零乱。
> 醒时同交欢，醉后各分散。
> 永结无情游，相期邈云汉。

李白的这首《月下独酌》，"脱口而出，纯乎天籁"③，"一步一转，愈转愈奇"，在意脉流动中，在饮酒行乐间，"孤独之感，穷愁之绪，情溢乎

---

① 《郑板桥集·补遗》，引自《李白资料汇编》，第824页。
② 阙名：《静居绪言》，引自《李白资料汇编》，第340页；王世贞：《艺苑卮言·卷四》，引自《李白资料汇编》，第360页；贝琼：《梦笔居士说》，引自《李白资料汇编》，第125页。
③ 沈德潜：《唐诗别裁》，引自《李白集校注》，第1331页。

词"。① 从接受角度看，这首诗歌还在不经意间诠释了文学接受的"交流"理论。

一方面，文学接受虽然常常表现为接受者的主体意识行为，但是，被接受客体的地位同样是极为重要的。就如李白在月下饮酒，虽然表面上看是伶仃一人，但是李白却有月与影为伴。两者虽然是李白的"无中生有"，而且月"既不饮"，影"徒随身"，它们都与李白存在着审美距离；但是，以月与影为伴的饮酒行乐，依然能够让李白"与月徘徊，影随凌乱"。《毛诗序》云："情动于中而形于言，言之不足故嗟叹之，嗟叹之不足故永歌之，永歌之不足，不知手之舞之，足之蹈之也。"可见，在被接受客体的作用下，接受主体由感而生情，情动于中，则形诸诗歌、舞咏，创作潜能便由此得到了激发。

另一方面，文学接受的主客体之间是一种"交流、对话"的关系，谭元春评《月下独酌》时说：(此诗)"妙在实作三人算。"为什么"妙在三人"呢？因为，由独酌而三"人"对饮，正体现出了李白与月、影间的交互关系，这便是"同交欢"。醉后分散，"看似无情"，但这种"无情游"，却是一种"忘却世俗之情"的"无待之游"，如庄子在回答惠子"人故无情"的诘问时所说的："人之不以好恶内伤其身，常因自然而不益生也。"（《德充符》）因此，钟惺赞曰："无情"二字近道。② 这种交流的结果，竟是"无情游"的审美境界，无怪乎人与月及影可以"相期邈云汉"了。李白对《庄子》的文学接受之所以为后人所津津乐道，不断在文学接受的历史之链中为人们流动不殆地接受、阐释，这不正是"相期云汉之间吗"？

可见，文学接受完全可以被理解为主客体之间的交流，只不过这种交流并非概念思维视野下的对象化的交流，文学接受之交流，更多地体现在

---

① 以上两条皆引自《李白全集校注汇释集评》，第3268—3270页。前者来自傅庚生：《中国文学欣赏举隅》，后者来自安旗：《李白全集编年注释》。

② 见于《李白全集校注汇释集评》，第3271页，原话为"钟惺云：'无情游'二字近道"。

"合"上，这一点已详前文。如果说文学接受现象中的"直接接受"是接受主体与接受客体之间的直接对话，如李白在诗歌中直接以《庄子》事类起兴，或以《庄子》书之意象象征自己的主观情志，使得《庄子》本文直接在李白诗歌中审美地再现，则"间接接受"是接受客体以间接的方式为接受主体所接受，或体现在风格气质上，或体现在接受者的思想理念上。接受主体与接受客体之间似乎没有直接的联系，但是主客体之间经由一些媒介而发生的对话与交流却依然能够通过对文献的钩棘整理而得以再现。

李白对《庄子》的间接接受，可以通过如下两个方面体现出来：

首先便是文学风格。在这方面，方东树的总结最具代表性："大约太白诗与庄子文同妙，意接而词不接，发想无端，如天上白云，卷舒灭现，无有定形。"① 李白诗歌与庄子散文相近之处，历代注家多有论及。在王琦《李太白集注》中，我们可以看到，李白诗文中与《庄子》有牵连之处几乎都为后人标出。至于"庄周、李白，神于文者也"②、"文惟孟、庄，诗惟苏、李……后来太白之诗，子瞻之文，庶几近之"③、"七言歌行……李太白、苏子瞻似《庄子》"④ 等等，则屡见于历代诗论诗话之中。以前学界谈到这一点，多以之为"《庄子》对李白之影响"的根据。然而，这种风格的模习，似乎还有细辨的余地。

沈德潜在《许竹素诗序》中云："青莲负旷世才，有浩然之气……故其为诗，落想天外，局自生变：此由天授，非关人力者然。后之为诗者，亦必负旷世才有浩然之气，而后发而为言，不求合而自然吻合；彼舍神理袭形似，沾沾焉以率意狂纵求之，去青莲远矣！"⑤ 可见，文学风格之接近，未必是"步趋古人绳墨"得来的；反过来，它也说明，先有精神境界

---

① 《昭昧詹言·卷十二》。
② 方孝孺：《苏太史文集序》，引自《李白资料汇编》，第154页。
③ 贺贻孙：《诗筏》，引自《李白资料汇编》，第573页。
④ 王士禛：《带经堂诗话·卷一》，引自《李白资料汇编》，第662页。
⑤ 《归愚文钞·卷十四》，引自《李白资料汇编》，第797—798页。

之接近，才有文风之"同妙"。清人叶燮在谈到李杜之齐名的时候，强调"非才为之，而气为之也"①。在此，我们可以联想到：如果李白不是在精神气质上近乎庄，则不论他如何苦其心智，也不会达到那种"意接而词不接，发想无端，如天上白云，卷舒灭现，无有定形"的境界。这便是接受主体在文学接受中的能动作用，而不是简单地以《庄子》对李白之影响来解释就可以说明问题。

此外，李白诗歌在文学风格上对《庄子》的接受，是处于文学接受之链中的间接接受，而未必直接得自《庄子》散文。这一点颇为重要，因为以往的研究中往往以为李白之诗风直承《庄子》，这样的论述很多，如葛晓音在《论李白乐府的复与变》中说："《北风行》最能体现李白善于夸张的特色，而夸张的手法来自庄子和阮籍"。② 实际上，《庄子》之"乘云气，御飞龙，而游乎四海之外"的极具浪漫色彩的夸饰手法，并非文学史上唯一的范例。即以李白这首《北风行》来说，王琦注云："鲍照有《北风行》，伤北风雨雪，行人不归，太白拟之而作。"③ 鲍照的《北风行》第一句即云："北风十二月，雪下如乱巾"。这难道不是夸饰吗？李白《北风行》拟鲍照，有"燕山雪花大如席，片片吹落轩辕台。幽州思妇十二月，停歌罢笑双蛾摧"的诗句。那么，我们为何要将李白这首诗歌的"近源"高束一旁，而强调"李白之夸饰来自庄子"呢？应该说，李白学诗无所不窥，他的诗歌创作手法本应是在一个诗歌文化的整体环境下孕育而成的。《庄子》当然对李白的创作风格有影响，然而，应该如方东树所言："庄以放旷，屈以穷愁，古今诗人，不出此二大派"④，李白本是在开启于《庄子》的一种整体性的诗学流演中形成自己的创作风格的，《庄子》之"谬悠之说，荒唐之言，无端崖之辞"（《天下》）为后人代代接受，形成一个

---

① 《原诗·外编下》，引自《李白资料汇编》，第642页。
② 《李白研究》，第387页。
③ 《李白集校注》，第274页。
④ 《昭昧詹言·通论五古》，引自《李白资料汇编》，第1103页。

又一个"周行而不殆"的接受之链,李白就处于这种接受之链当中,并以极具个性的诗歌创造形成了一个全新的文学接受的循环。尧斯力图建构的"文学史观",其构成形式大略如此。

其次则是李白的仙道思想。有关李白的神仙道教思想,前贤论述极多,本文仅拟从接受角度对这个问题进行一定程度的补充。"吾将囊括大块,浩然与溟涬同科"(《日出入行》),很能概括李白的宇宙观。萧士赟认为李白此诗全祖《庄子》"云将鸿蒙"之意。是为李白对《庄子》道家宇宙观的直接接受。但是,通观李白诗歌,仙道思想和道教思想之雪泥鸿爪随处可见。李白多与道家道教人士交游,本身又亲受道箓,他对道家、道教思想是有着系统和全面的认识的。正因为如此,孙昌武在《道教与唐代文学》一书中这样总结道:"神仙观念是被李白利用多种方式、通过多种构思转化为特殊的诗情了,从而他在艺术上把神仙观念广泛而深刻地向积极方向发挥了"①。这是就"神仙道教"而言。实际上,一方面李白对道家思想和道教思想的接受都具有这种个人色彩,属于"以我观道",处处带有"我"之色彩。罗时进先生曾作过一个详细的统计,李白诗歌中"我"字的出现便有568处②,可见其自我色彩在诗歌中是多么强烈。因此,李白并不是被动接受某一部道家典籍或者道教箓,他完全是以一种极具创造力的期待视野来面对《道德》、《南华》等经典的影响的;此外,既然李白是全面地接受了到家、道教思想,则李白在这方面对《庄子》之接受,显然是通过弥漫于整个盛唐时期的崇尚道教之风气而进行的,而道家道教又导源自先秦庄老。这便是李白对《庄子》道家思想之间接接受。

总之,李白对《庄子》的间接接受,是处于文学接受的"历史之链"中的一个特定现象。这种现象的廓清,其意义在于跳出"学习和影响"的

---

① 孙昌武:《道教与唐代文学》,北京:人民文学出版社2001年版,第216—217页。
② 罗时进:《唐诗演进论》,南京:江苏古籍出版社2001年版,第54页。

惯性视角，而从"文学接受"的新视角来审视李白与《庄子》，乃至所有"接受之源"的关系。所谓"间接接受"，并非简单化的"影响"或者"学习"，接受的主客体之间依然存在一个交流关系，两者互相依存，共处于文学接受的整体的历史之链当中，它也不是静态的客观存在，接受者完全是以一生的文学创作不断地实现着文学接受的"视界交融"，而后人通过对前人的文学接受之再接受，比如他们对于李白对《庄子》之接受的不断阐释和再创造，周流不断地推进着文学接受。

参考文献

一、"象思维"方面论著

[1] 王树人：《回归原创之思》，南京：江苏人民出版社 2005 年版。

[2] 张岱年、成中英等：《中国思维偏向》，北京：中国社会科学出版社 1991 年版。

[3] 刘长林：《中国系统思维》，北京：中国社会科学出版社 1997 年版。

[4] 刘士林：《中国诗性文化》，海口：海南出版社 2006 年版。

[5] 蔡尚思：《中国传统思想总批判》，上海：上海古籍出版社 2006 年版。

[6] 宗白华：《美学的散步》，合肥：安徽教育出版社 2002 年版。

[7] 宗白华：《中国美学史论集》，合肥：安徽教育出版社 2005 年版。

[8] 宗白华：《艺境》，北京：北京大学出版社 1989 年版。

[9] 朱良志：《中国艺术的生命精神》，合肥：安徽教育出版社 1998 年版。

[10] 谢松龄：《天人象：阴阳五行学说史导论》，济南：山东文艺出版社 1997 年版。

[11] 颜炳罡：《当代新儒学引论》，北京：北京图书馆出版社 1998 年版。

[12] 金岳霖：《论道》，北京：商务印书馆 1987 年版。

[13] 熊十力：《原儒》，北京：中国人民大学出版社 2006 年版。

[14] 熊十力：《新唯识论》，北京：中国人民大学出版社 2006 年版。

[15] 徐复观：《中国文学精神》，上海：上海世纪出版集团、上海书店出版社 2006 年版。

[16] 牟宗三：《周易哲学演讲录》，上海：华东师范大学出版社 2007 年版。

[17] 牟宗三：《才性与玄理》，桂林：广西师范大学出版社 2006 年版。

[18] 牟宗三：《中国哲学的特质》，上海：上海古籍出版社 1997 年版。

[19] 牟宗三：《中西哲学之会通十四讲》，上海：上海古籍出版社 2007 年版。

[20] 唐君毅：《哲学概论》，北京：中国社会科学出版社 2005 年版。

[21] 张世英：《境界与文化》，北京：人民出版社 2007 年版。

[22] 张世英：《天人之际》，北京：人民出版社 2007 年版。

[23] 康中乾：《有无之辨》，北京：人民出版社 2003 年版。

[24] 古风：《意境探微》，南昌：百花洲文艺出版社 2001 年版。

[25] 冯友兰：《中国哲学史新编》，北京：人民出版社 2004 年版。

[26] 葛兆光：《中国思想史》，上海：复旦大学出版社 2003 年版。

[27] 李泽厚：《美学三书》，合肥：安徽文艺出版社 1999 年版。

[28] 李泽厚：《中国思想史论》，合肥：安徽文艺出版社 1999 年版。

[29] 李泽厚，刘纲纪：《中国美学史》，合肥：安徽文艺出版社 1999 年版。

[30] 孙昌武：《禅思与诗情》，北京：中华书局 2006 年版。

[31] 周裕锴：《中国禅宗与诗歌》，上海：上海人民出版社 2000 年版。

[32] 余敦康：《易学今昔》，北京：新华出版社 1993 年版。

[33] 金岳霖：《形式逻辑》，北京：人民出版社 2003 年版。

[34] 苗力田，李毓章：《西方哲学史新编》，北京：人民出版社 2002 年版。

[35] 孙正聿：《哲学通论》，上海：复旦大学出版社 2005 年版。

[36] 韩水法：《康德物自身学说研究》，北京：商务印书馆 2007 年版。

[37] 那薇：《道家与海德格尔相互诠释》，北京：商务印书馆，2004 年版。

[38] 恩斯特·卡西尔著，甘阳译：《人论》，上海：上海世纪出版集团、上海译文出版社 2004 年版。

[39] 罗素著，何兆武、李约瑟译：《西方哲学史》，北京：商务印书馆

2002年版。

[40] 黑格尔著，贺麟、王太庆译：《哲学史讲演录》，北京：商务印书馆1997年版。

[41] 怀特海著，刘放桐译：《思维方式》，北京：商务印书馆2006年版。

[42] 柏格森著，吴士栋译：《时间与自由意志》，北京：商务印书馆2005年版。

[43] 朱光潜：《无言之美》，北京：北京大学出版社2005年版。

[44] 朱光潜：《诗论》，合肥：安徽教育出版社2003年版。

[45] 郁沅：《心物感应与情景交融》，南昌：百花洲文艺出版社2006年版。

二、接受美学方面论著（外国作者译名以该译作版权页为准）

[1] H. R. 姚斯、R. C. 霍拉勃著，周宁、金元浦译：《接受美学与接受理论》，沈阳：辽宁人民出版社1987年版。

[2] W. 伊泽尔著，霍桂桓、李宝彦译，杨照明校：《审美过程研究》，北京：人民大学出版社1988年版。

[3] H. R. 耀斯著，顾建光、顾静宇、张乐天译：《审美经验与文学解释学》，上海：上海译文出版社1997年版。

[4] 张廷琛编：《接受理论》，成都：四川文艺出版社1989年版。

[5] 汉斯·尧斯著，朱立元译：《审美经验论》，北京：作家出版社1992年版。

[6] 汉斯－格奥尔格·加达默尔著，洪汉鼎译：《真理与方法》，上海：上海译文出版社2005年版。

[7] 汉斯－格奥尔格·加达默尔著，夏镇平、宋建平译：《哲学解释学》，上海：上海译文出版社2005年版。

[8] Roman Ingarden, Translated and Introduced by George G. Grabowicz: *The Literary Work of Art*, Chicago: Northwestern University Press, 1973.

[9] 罗曼·英加登著,陈燕谷译:《对文学的艺术作品的认识》,北京:中国文联出版公司1988年版。

[10] 埃德蒙德·胡塞尔著,埃尔玛·霍伦斯坦编,倪梁康译:《逻辑研究》,上海:上海译文出版社2005年版。

[11] 埃德蒙德·胡塞尔著,克劳斯·黑尔德编,倪梁康译:《现象学的方法》,上海:上海译文出版社2005年版。

[12] 埃德蒙德·胡塞尔著,舒曼编,李幼蒸译:《纯粹现象学通论》,北京:商务印书馆1997年版。

[13] 戴维·霍伊:《阐释学与文学》,沈阳:春风文艺出版社1988年版。

[14] 米·杜夫海纳:《审美经验现象学》,北京:文化艺术出版社1992年版。

[15] 费什:《读者反映批评:理论与实践》,北京:中国社会科学出版社1998年版。

[16] A. D. 史密斯著,赵玉兰译:《胡塞尔与〈笛卡尔式的沉思〉》,桂林:广西师范大学出版社2007年版。

[17] 马丁·海德格尔著,陈嘉映、王庆节译:《存在与时间》,北京:生活·读书·新知三联书店2006年版。

[18] 海德格尔著,熊伟、王庆节译:《形而上学导论》,北京:商务印书馆2005年版。

[19] 克罗齐著,田时纲译:《美学的理论》,北京:中国社会科学出版社2007年版。

[20] W. 伊泽尔著,周宁、金元浦译:《阅读活动:审美响应理论》,北京:中国社会科学出版社1991年版。

[21] 梅拉赫著,程正民、徐玉琴、张冰译:《创作过程和艺术接受》,郑州:黄河文艺出版社1989年版。

[22] 斯宾格勒著,吴琼译:《西方的没落》,上海:上海三联书店2006年版。

[23] M. H. 艾布拉姆斯著，郦稚牛、张照进、童庆生译：《镜与灯：浪漫主义文论及批评传统》，北京：北京大学出版社2004年版。

[24] 亨利·柏格森：《创造进化论》，北京：商务印书馆2004年版。

[25] 勒内·韦勒克、奥斯汀·沃伦：《文学理论》，南京：江苏教育出版社2006年版。

[26] 康德著，蓝公武译：《纯粹理性批判》，北京：商务印书馆2002年版。

[27] 康德著，邓晓芒译，杨祖陶校：《判断力批判》，北京：人民出版社2004年版。

[28] 黑格尔著，朱光潜译：《美学》，北京：商务印书馆1996年版。

[29] 亚里士多德著，陈中梅译注：《诗学》，北京：商务印书馆2002年版。

[30] 维柯著，张小勇译：《论意大利最古老的智慧》，上海：上海三联书店2006年版。

[31] 维柯著，朱光潜译：《新科学》，北京：商务印书馆1986年版。

[32] 高宣扬：《德国哲学通史》，上海：同济大学出版社2007年版。

[33] 拉曼·塞尔登编，刘象愚、陈永国等译：《文学批评理论：从柏拉图到现在》，北京：北京大学出版社2006年版。

[34] Terry Eagleton, *Literary Theory: An Introduction*, Foreign Language Teaching and Research Press, Chichester: Blackwell Publishers, 2005.

[35] Hazard Adams, Leroy Searle, *Critical Theory Since Plato*, Beijing: Peking University Press, 2006.

[36] 尚学锋、过常宝、郭英德：《中国古典文学接受史》，济南：山东教育出版社2000年版。

[37] 王兆鹏、尚永亮主编：《文学传播与接受论丛（第一辑）》，北京：中华书局2006年版。

[38] 於可训、陈国恩主编：《文学传播与接受论丛（第二辑）》，北京：中华书局2007年版。

[39] 朱立元：《接受美学导论》，合肥：安徽教育出版社2004年版。

[40] 金元浦：《接受反应文论》，济南：山东教育出版社2002年版。

[41] 金元浦：《文学解释学》，长春：东北师范大学出版社1998年版。

[42] 陈文忠：《中国古典诗歌接受史研究》，合肥：安徽大学出版社1998年版。

[43] 张思齐：《中国接受美学导论》，成都：巴蜀书社1989年版。

[44] 潘知常：《美学的边缘——在阐释中理解当代审美观念》，上海：上海人民出版社1998年版。

[45] 龙协涛：《文学阅读学》，北京：北京大学出版社2005年版。

[46] 傅修延：《文本学》，北京：北京大学出版社2005年版。

[47] 丁宁：《接受之维》，天津：百花文艺出版社1999年版。

[48] 高中甫：《歌德接受史1773—1945》，北京：社会科学文献出版社1993年版。

[49] 刘宏斌：《〈红楼梦〉接受美学论》，郑州：河南人民出版社1992年版。

[50] 王卫平：《接受美学与中国现代文学》，长春：吉林教育出版社1994年版。

[51] 王攸欣：《选择·接受与疏离：王国维接受叔本华，朱光潜接受克罗齐美学比较研究》，北京：生活·读书·新知三联书店1999年版。

[52] 李剑锋：《元前陶渊明接受史》，济南：齐鲁书社2002年版。

[53] 李剑峰：《陶渊明及其诗文渊源研究》，济南：山东大学出版社2005年版。

[54] 刘学锴：《李商隐诗歌接受史》，合肥：安徽大学出版社2004年版。

[55] 朱丽霞：《清代辛稼轩接受史》，济南：齐鲁书社2005年版。

[56] 王玫：《建安文学接受史论》，上海：上海古籍出版社2005年版。

[57] 高日晖、洪雁：《水浒传接受史》，济南：齐鲁书社2006年版。

[58] 申迎丽：《理解与接受中意义的构建》，上海：上海译文出版社2008

年版。

[59] 李根亮：《〈红楼梦〉的传播与接受》，哈尔滨：黑龙江人民出版社2007年版。

[60] 李冬红：《〈花间集〉接受史论稿》，济南：齐鲁书社2006年版。

[61] 吴波：《明清小说创作与接受研究》，长沙：湖南人民出版社2006年版。

[62] 查清华：《明代唐诗接受史》，上海：上海古籍出版社2006年版。

[63] 曾军：《接受的复调》，桂林：广西师范大学出版社2004年版。

[64] 米彦青：《清代李商隐诗歌接受史稿》，北京：中华书局2007年版。

[65] 刘中文：《唐代陶渊明接受研究》，北京：中国社会科学出版社2006年版。

[66] 马金科：《朝鲜诗学对中国江西诗派的接受》，北京：民族出版社2006年版。

[67] 佘正松、周晓琳主编：《〈诗经〉的接受与影响》，上海：上海古籍出版社2006年版。

[68] 邬国平：《中国古代接受文学与理论》，哈尔滨：黑龙江人民出版社2005年版。

[69] 刘月新：《解释学视野中的文学活动研究》，上海：华东师范大学出版社2007年版。

[70] 胡经之、王岳川：《文艺美学方法论》，北京：北京大学出版社2003年版。

[71] 张少康：《中国文学理论批评史教程》，北京：北京大学出版社2004年版。

[72] 伍蠡甫、胡经之主编：《西方文艺理论名著选编》，北京：北京大学出版社2003年版。

[73] 朱光潜：《西方美学史》，北京：人民文学出版社2003年版。

[74] 王岳川：《现象学与解释学文论》，济南：山东教育出版社2003

年版。

[75] 方珊:《形式主义文论》,济南:山东教育出版社2002年版。

[76] 蒋孔阳:《德国古典美学》,北京:商务印书馆2005年版。

[77] 苏宏斌:《现象学美学导论》,北京:商务印书馆2005年版。

[78] 苏宏斌:《文学本体论引论》,上海:上海三联书店2006年版。

[79] 陈嘉映:《海德格尔哲学概论》,北京:生活·读书·新知三联书店2005年版。

[80] 倪梁康:《现象学及其效应》,北京:生活·读书·新知三联书店2005年版。

[81] 倪梁康主编:《面对事实本身:现象学经典文选》,北京:东方出版社2000年版。

[82] 赵炎秋:《形象诗学》,北京:中国社会科学出版社2004年版。

[83] 马惠玲:《言意关系的修辞学阐释》,北京:学林出版社2007年版。

[84] 邵子华:《对话诗学》,昆明:云南大学出版社2006年版。

[85] 郑昕:《康德学述》,北京:商务印书馆2003年版。

[86] 杨国荣:《存在之维》,北京:人民出版社2005年版。

[87] 朱立元:《理解与对话》,武汉:华中师范大学出版社2000年版。

[88] 宋学智:《翻译文学经典的影响与接受》,上海:上海译文出版社2006年版。

三、专论部分专著

【周易部分】

[1] 黄寿祺、张善文:《周易译注》,上海:上海古籍出版社2002年版。

[2] 金景芳讲述,吕绍纲整理:《周易讲座》,桂林:广西师范大学出版社2005年版。

[3] 朱伯崑主编:《周易通释》,北京:昆仑出版社2004年版。

[4] 朱伯崑:《易学哲学史》,北京:昆仑出版社2005年版。

[5] 刘纲纪：《周易美学》，武汉：武汉大学出版社2006年版。

[6] 李镜池：《周易探源》，北京：中华书局2007年版。

[7] 蔡尚思主编：《十家论易》，上海：上海人民出版社2006年版。

[8] 杨庆中：《周易经传研究》，北京：商务印书馆2005年版。

[9] 杨庆中：《二十世纪中国易学史》，北京：人民出版社2000年版。

[10] 王振复：《大易之美》，北京：北京大学出版社2006年版。

[11] 王振复：《巫术：〈周易〉的文化智慧》，杭州：浙江古籍出版社1999年版。

[12] 王振复：《中国美学的文脉历程》，成都：四川人民出版社2002年版。

[13] 高亨：《周易古经今注》，北京：中华书局1984年版。

[14] 高亨：《周易大传今注》，济南：齐鲁书社2006年版。

[15] 李学勤：《周易溯源》，成都：巴蜀书社2006年版。

[16] 刘大钧主编：《简帛考论》，上海：上海古籍出版社2007年版。

[17] 陈良运：《〈周易〉与中国文学》，南昌：百花洲文艺出版社1999年版。

[18] 乌恩溥：《周易——古代中国的世界图示》，长春：吉林文史出版社1988年版。

[19] 高怀民：《先秦易学史》，桂林：广西师范大学出版社2007年版。

[20] 高怀民：《两汉易学史》，桂林：广西师范大学出版社2007年版。

[21] 余敦康：《汉宋易学解读》，北京：华夏出版社2006年版。

[22] 黄庆萱：《周易纵横谈》，桂林：广西师范大学出版社2006年版。

[23] 黄黎星：《易学与中国传统文艺观》，上海：上海三联书店2008年版。

[24] 陈鼓应：《易传与道家思想》，北京：商务印书馆2007年版。

[25] 郭彧：《京氏易源流》，北京：华夏出版社2007年版。

[26] 吴克峰：《易学逻辑研究》，北京：人民出版社2005年版。

[27] 成中英：《易学本体论》，北京：北京大学出版社2006年版。

[28] 李光地编纂，刘大钧整理：《周易折中》，成都：巴蜀书社2006年版。

[29] 林忠军：《〈易纬〉导读》，济南：齐鲁书社2003年版。

[30] 张乾元：《象外之意：周易意象学与中国书画美学》，北京：中国书店2006年版。

[31] 伍晓明：《有（与）存在》，北京：北京大学出版社2005年版。

[32] 胡阳、李长铎：《莱布尼茨二进制与伏羲八卦图考》，上海：上海人民出版社2006年版。

[33] 皮锡瑞：《经学通论》，北京：中华书局2003年版。

[34] 章学诚撰，叶瑛校注：《文史通义校注》，北京：中华书局2004年版。

[35] 马承源主编：《上海博物馆藏战国楚竹书（三）》，上海：上海古籍出版社2003年版。

[36] 宋祚胤：《周易经传异同》，长沙：湖南师范大学出版社1990年版。

[37] 吴前衡：《〈传〉前易学》，武汉：湖北人民出版社2008年版。

【文心雕龙部分】

[1] 黄侃：《文心雕龙札记》，上海：上海古籍出版社2006年版。

[2] 刘永济：《文心雕龙校释》，北京：中华书局2007年版。

[3] 詹锳：《文心雕龙义证》，上海：上海古籍出版社1989年版。

[4] 詹锳：《文心雕龙风格论》，北京：人民文学出版社1982年版。

[5] 杨伯峻：《论语译注》，北京：中华书局2000年版。

[6] 夏传才：《诗经研究史概观》，北京：清华大学出版社2007年版。

[7] 杨明照：《杨明照论文心雕龙》，上海：上海科学技术文献出版社2008年版。

[8] 牟世金：《文心雕龙研究论文选》，济南：齐鲁书社1987年版。

[9] 陈鼓应：《老子注译及评介》，北京：中华书局2003年版。

[10] 张少康：《文心雕龙研究》，武汉：湖北教育出版社2002年版。

[11] 黄霖编：《文心雕龙汇评》，上海：上海古籍出版社2006年版。

[12] 李泽厚、刘纲纪：《中国美学史·魏晋南北朝编》，合肥：安徽文艺出版社1999年版。

[13] 罗宗强：《魏晋南北朝文学思想史》，北京：中华书局2002年版。

[14] 周振甫：《文心雕龙今译》，北京：中华书局2005年版。

[15] 古风：《意境探微》，南昌：百花洲文艺出版社2001年版。

[16] 王瑶：《中古文学史论集》，上海：上海古典文学出版社1956年版。

[17] 宗白华：《艺境》，北京：北京大学出版社1989年版。

[18] 罗宗强：《读文心雕龙手记》，北京：生活·读书·新知三联书店2007年版。

【李白部分】

[1] 瞿蜕园、朱金城：《李白集校注》，上海：上海古籍出版社1998年版。

[2] 安旗、薛天纬、房日晰等：《李白全集编年注释》，成都：巴蜀书社1992年版。

[3] 詹锳主编：《李白全集校注汇释集评》，天津：百花文艺出版社1996年版。

[4] 金涛声、朱文彩：《李白研究资料汇编（唐宋之部）》，北京：中华书局2007年版。

[5] 裴斐、刘善良：《李白研究资料汇编（金元明清之部）》，北京：中华书局2004年版。

[6] 《全唐诗》，上海：上海古籍出版社1988年版。

[7] 史成编：《全唐诗索引》，上海：上海古籍出版社1990年版。

[8] 周勋初主编：《李白研究》，武汉：湖北教育出版社2003年版。

[9] 葛景春：《李白研究管窥》，保定：河北大学出版社2002年版。

[10] 王瑶：《李白》，上海：上海人民出版社1979年版。

[11] 王运熙、李宝均：《李白》，上海：上海古籍出版社1979年版。

[12] 王兆彤、郭向群：《李白》，南京：江苏古籍出版社1989年版。

[13] 李长之：《李白》，北京：生活·读书·新知三联书店1952年版。

[14] 郁贤浩：《李白丛考》，西安：陕西人民出版社1983年版。

[15] 李从军：《李白考异录》，济南：齐鲁书社1986年版。

[16] 乔象钟：《李白论》，济南：齐鲁书社1986年版。

[17] 安旗、薛天纬：《李白年谱》，济南：齐鲁书社1982年版。

[18] 黄锡珪：《李太白年谱》，北京：作家出版社1958年版。

[19] 王伯祥编著：《增订李太白年谱》，成都：四川人民出版社1981年版。

[20] 詹锳编著：《李白诗文系年》，北京：人民文学出版社1984年版。

[21] 裴斐：《李白十论》，成都：四川人民出版社1981年版。

[22] 安旗：《李白研究》，西安：西北大学出版社1987年版。

[23] 安旗：《李白纵横探》，西安：陕西人民出版社1981年版。

[24] 刘忆萱、管士光：《李白新论》，太原：山西人民出版社1987年版。

[25] 裴斐主编：《李白诗歌赏析集》，成都：巴蜀书社1988年版。

[26] 松浦友久：《李白的客寓意识及其诗思》，北京：中华书局2001年版。

[27] 松浦友久：《李白——诗歌及其内在心象》，西安：陕西人民出版社1983年版。

[28] 李白研究学会：《李白研究论丛》，成都：巴蜀书社1987年版。

[29] 杨海波：《李白思想研究》，北京：学林出版社1997年版。

[30] 林庚：《诗人李白》，北京：古典文学出版社1957年版。

[31] 杨义：《李杜诗学》，北京：北京出版社2001年版。

[32] 罗宗强：《李杜论略》，呼和浩特：内蒙古人民出版社1981年版。

[33] 葛景春：《李白与唐代文化》，郑州：中州古籍出版社1994年版。

[34] 郭沫若：《李白与杜甫》，北京：人民文学出版社1972年版。

[35] 傅璇琮：《唐才子传校笺》，北京：中华书局2002年版。

[36] 岑仲勉：《隋唐史》，石家庄：河北教育出版社2001年版。

[37] 王仲荦：《隋唐五代史》，上海：上海人民出版社2003年版。

[38] 马鞍山市李白研究会：《中日李白研究论文集》，北京：中国展望出版社1986年版。

[39] 李白学刊编辑部：《李白学刊》，北京：生活·读书·新知三联书店1989年版。

[40] 《中国李白研究（一九九零年集）》，南京：江苏古籍出版社1990年版。

[41] 赵沛霖：《兴的源起》，北京：中国社会科学院出版社1987年版。

【庄子部分】

[1] 曹础基：《庄子浅注》，北京：中华书局2000年版。

[2] 段干木明译注：《庄子》，合肥：黄山书社2002年版。

[3] 王先谦：《庄子集解》，成都：成都古籍书店1988年版。

[4] 郭庆藩：《庄子集释》，北京：中华书局2004年版。

[5] 支伟成：《庄子校释》，北京：中国书店1988年版。

[6] 谢祥皓、李思乐：《庄子序跋论评辑要》，武汉：湖北教育出版社2001年版。

[7] 崔大华：《庄学研究》，北京：人民出版社1997年版。

[8] 胡道静主编：《十家论庄》，上海：上海人民出版社2004年版。

[9] 郎擎霄：《庄子学案》，上海：上海书店1992年版。

[10] 钱穆：《庄老通辨》，北京：生活·读书·新知三联书店2005年版。

[11] 刘生良：《鹏翔无疆——〈庄子〉文学研究》，北京：人民出版社2004年版。

[12] 包兆会：《庄子生存论美学研究》，南京：南京大学出版社2004年版。

［13］杨国荣：《庄子的思想世界》，北京：北京大学出版社2006年版。

［14］韩林合：《虚己以游世》，北京：北京大学出版社2006年版。

［15］孙克强、耿纪平：《庄子文学研究》，北京：中国文联出版社2006年版。

［16］孙以楷、常森：《庄子散论》，合肥：安徽大学出版社1997年版。

［17］王凯：《逍遥游——庄子美学的现代阐释》，武汉：武汉大学出版社2004年版。

［18］钟泰：《庄子发微》，上海：上海古籍出版社1988年版。

［19］陈鼓应：《庄子浅说》，北京：生活·读书·新知三联书店1999年版。

［20］方勇、陆永品：《庄子诠评》，成都：巴蜀书社1998年版。

［21］王厚琮、朱宝昌：《庄子三篇疏解》，北京：华文出版社1991年版。

［22］孙以楷、甄长松：《庄子通论》，北京：东方出版社1995年版。

［23］李锦全、曹智频：《庄子与中国文化》，贵阳：贵州人民出版社2001年版。

［24］张恒寿：《庄子新探》，武汉：湖北人民出版社1983年版。

［25］陈少明：《〈齐物论〉及其影响》，北京：北京大学出版社2002年版。

［26］马叙伦：《庄子天下篇述义》，北京：龙门联合书局1958年版。

［27］蒋锡昌：《庄子招学》，成都：成都古籍书店1988年版。

［28］刘绍瑾：《庄子与中国美学》，广州：广东高教出版社1992年版。

［29］苏民、方兴主编：《庄子语录》，武汉：湖北人民出版社2002年版。

四、其他相关著述

［1］陈良运：《中国诗学批评史》，南昌：江西人民出版社2007年版。

［2］汪涌豪：《中国文学批评范畴及体系》，上海：复旦大学出版社2007年版。

［3］张伯伟：《中国古代文学批评方法研究》，北京：中华书局2006年版。

［4］殷国明：《20世纪中西文艺理论交流史论》，上海：华东师范大学出

版社 1999 年版。

[5] 顾祖钊、郭淑云：《中西文艺理论融合的尝试》，北京：人民文学出版社 2005 年版。

[6] 叶维廉：《中国诗学》，北京：生活·读书·新知三联书店 1996 年版。

[7] 汪涌豪：《风骨的意味》，南昌：百花洲文艺出版社 2001 年版。

[8] 陈良运：《文质彬彬》，南昌：百花洲文艺出版社 2001 年版。

[9] 张方：《文论通说》，北京：学苑出版社 2003 年版。

[10] 李春青：《在文本与历史之间》，北京：北京大学出版社 2005 年版。

[11] 曾繁仁：《美学之思》，济南：山东大学出版社 2003 年版。

[12] 李零：《中国方术考》，北京：东方出版社 2001 年版。

[13] 李零：《中国方术续考》，北京：东方出版社 2001 年版。

[14] 张节末：《禅宗美学》，北京：北京大学出版社 2006 年版。

[15] 吴言生：《禅宗思想渊源》，北京：中华书局 2002 年版。

[16] 罗安宪：《虚静与逍遥》，北京：人民出版社 2005 年版。

[17] 卢国龙：《道教哲学》，北京：华夏出版社 2007 年版。

[18] 小野泽精一、福永光司、山井涌等编：《气的思想》，上海：上海人民出版社 2007 年版。

[19] 曾振宇：《中国气论哲学研究》，济南：山东大学出版社 2003 年版。

[20] 杜泽逊：《文献学概要》，北京：中华书局 2002 年版。

[21] 张之洞撰，范希曾补正：《书目答问补正》，上海：上海古籍出版社 2004 年版。

[22] 吴国盛：《时间的观念》，北京：北京大学出版社 2006 年版。

[23] 冯时：《中国天文考古学》，北京：中国社会科学出版社 2007 年版。

五、相关期刊文献

[1] 张小元：《从接受美学看意境》，载《文艺研究》1988 年第 1 期；

[2] 朱立元、杨明：《试论接受美学对中国文学史研究的启示》，载《复旦大学学报》1989 年第 4 期；

[3] 潘啸龙:《屈原评价的历史审视》,载《文学评论》1990年第4期;

[4] 樊宝英、殷杰:《中国诗论的接受意蕴》,载《华中师范大学学报》1992年第3期;

[5] 孙立:《"诗无达诂"论》,载《文学遗产》1992年第6期;

[6] 紫地:《中国古代的文学鉴赏接受论》,载《北京大学学报》1994年第1期;

[7] 金元浦:《空白与未定性:中国诗学的内在精蕴》,载《东方丛刊》1995年第1期;

[8] 陈文忠:《从阐释史看〈饮酒·其五〉的诗学意义》,载《东方丛刊》1996年第2期;

[9] 程继红:《七百年词学批评视野中的辛弃疾》,载《上饶师专学报》1996年第4期;

[10] 王宇根:《"比兴"与中国诗学意义的动态生成》,载《北京大学学报》1996年第6期;

[11] 樊宝英:《接受美学与中国古代文论研究》,载《学术研究》1997年第5期;

[12] 王树人、喻柏林:《论"象"与"象思维"》,载《中国社会科学》1988年第4期;

[13] 王树人、喻柏林:《〈周易〉的"象思维"及其现代意义》,载《周易研究》1998年第1期;

[14] 周山:《〈易经〉与中国的类比逻辑》,载《哲学研究》1993年增刊;

[15] 毛怡红:《海德格尔与形而上学》,载《哲学研究》1994年第9期;

[16] 汪裕雄:《"道"与"逻各斯"再比较》,载《学术月刊》1995年第1期;

[17] 赵仲牧:《时间观念的解析及中西方传统时间观的比较》,载《思想战线》2002年第5期;

[18] 张节末:《纯粹直观与境界—意境》,载《浙江大学学报》2003年第4期;

[19] 杨国荣：《理性与非理性》，载《学术月刊》2007 年第 11 期；

[20] 朱伯崑：《易经的忧患意识与民族精神》，载《北京大学学报》1997 年第 1 期；

[21] 张其成：《象数范畴论》，载《周易研究》1998 年第 4 期；

[22] 王新春：《〈周易〉时的哲学发微》，载《孔子研究》2001 年第 6 期；

[23] 黎康：《略论"阴阳—五行"思维模式的形成及其特征》，载《江西社会科学》1996 年第 6 期；

[24] 黄黎星：《与时偕行，趣时变通：〈周易〉"时"之观念析》，载《周易研究》2004 年第 4 期；

[25] 陈坚：《〈易经〉意义的来源》，载《周易研究》2005 年第 3 期；

[26] 李欣人：《〈周易〉与接受美学》，载《周易研究》2005 年第 3 期；

[27] 薛富兴：《〈易传〉与中国古典美学》，载《思想战线》2006 年第 1 期；

[28] 王振复：《〈周易〉时间问题的现象学探问》，载《学术月刊》2007 年第 11 期；

[29] 朱立元、王文英：《试论庄子的言意观》，载《学术季刊》1994 年第 4 期。

后 记

2014年6月10日，本书终于完稿了。这部小书首先是在我的博士生导师张锡坤先生指导下完成初稿，在加拿大期间又得到阿尔伯塔大学傅云博（Daniel Fried）教授的指导，此后有幸回母校北京师范大学文艺学研究中心，在李春青先生的提点和敦促下，最终完成了书稿。这些年来，锡坤先生的敏锐详审，傅云博教授的端明严谨，春青老师的宽仁博大，无不激励着我。没有先生们的谆谆教诲和无私襄助，我还真不知道何时能见到这部小书付梓的一天。

接受美学的"中国化"，是一个极富兴味的问题。一个纯粹在西方文化土壤中成长起来的美学理论能够漂洋过海，在世界各地激起强烈的反响，甚至在中国也能落地生根，二十年来不但没有归于沉寂，成为人们在书写文论史中仅仅列为一章的陈迹，而是越流传越广，越来越为文学研究界所普遍重视的方法论和美学理论，其根由就在于接受理论是西方百余年来那个反科学主义思潮的必然产物。如果说狄尔泰、胡塞尔、海德格尔、英加登、伽达默尔等哲学家立足于人的主体性，重新张扬了生命美学的终极意义的话，接受美学则把它扩展到了文学史的领域。虽然它作为一种作品中心论的激烈反拨而体现出了鲜明的读者中心论的倾向，但是，在后来的理论建设中，文学活动的整体性、动态性、交流性和直观性得到了很好的张扬。从根本意义上来说，这种在生命美学指引下的理论体系正可以与中国传统文论找到契合点。中国传统的思维方式——象思维,在诸多方面都与接受美学"不谋而合"。因此,接受美学的理论体系与中国文论体系的融合具备了很强的可行性和必然性。通过对《周易》经传接受、《文心雕龙》对易学之接受和李白对《庄子》的文学接受的考察,我们看到:一方面,接受本文是一个由"言、象、意"所构成的多层次存在。而接受者对《易经》本文的接受,也必然是由"意"到"象",再由"象"到"言"。这是一个循环的过程,但这个循环已经经历了接受者主体意识的洗礼,因此,这种循环的过程也是一个接受主客体视野之融合的过程。在这个循环过程中,文学本文的意义得到了新的生成,它的生命也就此延续了下来。在后代的不断接受和阐释的过程中,文学本文就这样"生生不已"地周行不殆,构成了一个整体的、动态的文学史。另一方面,在这个链条般的接受的历史中,接受者对于接受本文的接受总会分为"直接接受"和"间接接受"两种,直接接受指那些具有明显联系的语言上的化用、借用、典型意象的再现和接受本文的思想和精神的直接体现。这种直接接受具有整体性、流动性和直观性的特点;间接接受则指那些经由被接受本文之接受者的影响而实现的接受现象。后者所体现的范围更广,更可显现出文学史的"接受之链"的循环特征。

  不过,本文所选取的几个典型的接受现象,还只是中国文学接受史上的沧海一粟。要想真正地再现中国文学接受史,还需要不断地扩展思路、扩大题材,还需要不断地穷本溯源、深入思考。比如,当前的接受研究,比较多地参照的是尧斯、伊泽尔等人的早期观点。至于两人晚年、乃至他们去世之后在文学批评界和美学界的"理论转化",都还没有很好地纳入接受研究。是不是还有一个"接受之后"的研究,在两人去世、接受美学的热潮逐渐消歇的今天,对接受美学五十年来的传播、研究和应用作一个全面的反思呢?希望这一存疑能够成为"接受美学中国化"研究的一个新起点。

最后，我还要感谢中央编译出版社，感谢本书的责编苗永姝女士。拙稿实在鄙陋，能得到中央编译出版社的认可，并在撰稿过程中得到苗女士的大力支持，这是我的荣幸。希望这部小书能对得起各位恩师的期许，对得起朋友、同学们的支持，更要对得起家人对我的宽容和信任。

吉林大学文学院　窦可阳
2014 年 6 月 15 日

图书在版编目(CIP)数据

接受美学与象思维：接受美学的"中国化"/窦可阳 著
—北京：中央编译出版社，2014.8

ISBN 978-7-5117-2274-4

Ⅰ.①接… Ⅱ.①窦… Ⅲ.①接受美学-研究-中国
Ⅳ.①B83-069

中国版本图书馆 CIP 数据核字(2014)第 183667 号

接受美学与象思维：接受美学的"中国化"

| 出 版 人：刘明清
| 责任编辑：苗永姝
| 责任印制：尹 珺
| 出版发行：中央编译出版社
| 地 址：北京西城区车公庄大街乙 5 号鸿儒大厦 B 座(100044)
| 电 话：(010)52612345（总编室） (010)52612335（编辑室）
| (010)52612316（发行部） (010)52612317（网络销售）
| (010)52612346（馆配部） (010)66509618（读者服务部）
| 传 真：(010)66515838
| 经 销：全国新华书店
| 印 刷：北京中兴印刷有限公司
| 开 本：787 毫米×1092 毫米 1/16
| 字 数：320 千字
| 印 张：22.75
| 版 次：2014 年 8 月第 1 版第 1 次印刷
| 定 价：69.00 元

网 址：www.cctphome.com 邮 箱：cctp@cctphome.com
新浪微博：@中央编译出版社 微 信：中央编译出版社(ID：cctphome)
淘宝店铺：中央编译出版社直销店(http://shop108367160.taobao.com)

本社常年法律顾问：北京市吴栾赵阎律师事务所律师 闫军 梁勤
凡有印装质量问题，本社负责调换。电话：010-66509618